高职高专"十一五"规划教材

机床电气自动控制

第二版

廖兆荣 主编

化学工业出版社

·北京·

本书从机床电气自动控制的应用和维修出发，把握典型机床和数控机床的电气自动控制系统应用特点，系统介绍了机床电气自动控制的基本概念及发展过程、电力拖动系统及其运动分析、常用电动机应用基础、机床常用低压电器、电气控制基本环节、典型机床电气控制、可编程控制器及其应用、自动控制基础、步进电动机控制系统、直流调速控制系统、交流调速控制系统、位置随动控制系统等内容。

本书可作为高职高专机电一体化、数控技术应用、自动化等机电类专业教材，也可作为职工培训和自学教材，还可供从事机床电气自动控制的技术人员参考。

图书在版编目（CIP）数据

机床电气自动控制/廖兆荣主编．—2版．—北京：化学工业出版社，2010.8（2019.4重印）
高职高专"十一五"规划教材
ISBN 978-7-122-08848-2

Ⅰ.机⋯ Ⅱ.廖⋯ Ⅲ.数控机床-电气控制：自动控制-高等学校：技术学院-教材 Ⅳ.TG659

中国版本图书馆CIP数据核字（2010）第111568号

责任编辑：高 钰　　　　　　　　　文字编辑：张燕文
责任校对：王素芹　　　　　　　　　装帧设计：史利平

出版发行：化学工业出版社（北京市东城区青年湖南街13号　邮政编码100011）
印　　装：北京虎彩文化传播有限公司
787mm×1092mm　1/16　印张19¼　字数473千字　2019年4月北京第2版第2次印刷

购书咨询：010-64518888　　　售后服务：010-64518899
网　　址：http://www.cip.com.cn
凡购买本书，如有缺损质量问题，本社销售中心负责调换。

定　价：58.00元　　　　　　　　　　　　　　　　　　　　版权所有　违者必究

第二版前言

本书第一版自 2003 年出版以来，受到了广大师生的欢迎和好评，第二版仍然以机床电气自动控制的应用和维修为主线，突出应用能力的培养，具有较强的应用特色。

① 器件内容侧重于常用器件的外部接口、特性、选择和使用注意事项，简化了内部结构和原理；系统内容结合模块化器件的应用，突出模块化器件接口、系统连接、控制方法和系统性能。

② 在各章中穿插了电气图识图制图、器件的选择、控制电路设计、可编程控制器控制系统设计等方法，并详细阐述了各种电动机模块化控制器件的接口定义、连接和调试，可以很好地满足课堂训练、课程设计和毕业设计的需要。

③ 实践性内容的编写注重训练课题要求及训练思路，便于各院校根据自身的设备仪器条件组织教学，有助于强化实践动手能力的培养。

全书共分十二章。第一章阐述了现代机床的组成和作用，介绍了电力拖动和电气自动控制系统的组成及发展过程；第二章描述了电力拖动系统运动方程及各种运动的实现，介绍了多轴电力拖动系统的折算方法；第三章介绍了常用电动机的结构及其简单工作原理，并重点阐述了常用电动机的启动、调速、制动方法及相关特性；第四章介绍了机床常用低压电器的结构、原理、选择和使用注意事项；第五章从三相异步电动机的启动、调速、制动出发，介绍了继电-接触器控制的基本控制环节和简单电路设计方法；第六章简单介绍了电气图的识图和制图方法，对典型机床的结构、工作过程、控制原理进行了较详细的分析，并介绍了机床简单故障的分析、诊断和维修方法；第七章介绍了可编程控制器的结构、原理、指令系统，并以实例阐述了可编程控制系统的设计、编程和实现；第八章介绍了自动控制的相关基础；第九章介绍了步进电动机控制系统的组成原理、步进电动机驱动器的接口定义与应用；第十章介绍了直流电动机调速系统的组成、原理和工作特性；第十一章介绍了异步电动机的变频调速控制系统组成原理、变频器接口定义及应用；第十二章分析了位置随动控制系统的组成原理，阐述了位置随动控制系统性能对加工的影响，并介绍了交流伺服电动机驱动模块的接口定义和应用。

本书可作为高职高专机电一体化、数控技术应用、自动化等机电类专业教材，也可作为职工的培训和自学教材，还可供从事机床电气自动控制的技术人员参考。

本书由廖兆荣担任主编，并编写了第一章、第二章、第三章、第四章、第九章；第五章、第六章由王玺珍、陈顺科编写；第七章由方宁编写；第八章、第十章、第十一章、第十二章由方忠明、杨旭丽编写。

本书由唐松如担任主审，提出了许多宝贵的修改和补充意见，特在此表示感谢。

编者

2010 年 6 月

第一版前言

本书是根据全国高职教育协作会专业课指导委员会数控加工技术专业教材编写要求编写的。教材的编写按"一条主线，两个原则"的基本要求编写。"一条主线"是内容取舍始终围绕机床电气自动控制的应用主线，体现高职的应用性特色。"两个原则"一是体现了以实例为核心，概念原理及元器件尽量结合图表和简单实例的原则；二是体现了以学生为主体，系统及综合应用循序渐进，从简单到复杂的原则。在教材的编写形式、语言文字等方面，也充分考虑了学生的思维特点，便于学生复习和自学。

本书从机床电气自动控制的应用和维修出发，把握典型机床和数控机床的电气自动控制系统应用特点，系统地介绍了机床的电气控制、调速控制、步进电动机控制和可编程序控制器（PC）应用。在理论上只求必须、够用，突出应用能力的培养，介绍了机床常用低压电器、常用电动机应用基础、电气控制基本环节、典型机床电气控制、可编程控制器及应用、自动控制基础、步进电动机控制、直流调速控制系统、交流调速控制系统、位置随动控制系统。

全书具有内容实用、全面，注重应用，适用性广等特点。

① 在常用低压电器中增加了压力传感器、速度传感器、接近开关、电磁铁、电磁阀、电磁离合器、电磁制动器等实际应用较多的电器内容；将直流电动机、交流电动机、步进电动机的结构和应用作了简单概括，便于前后的应用联系；在典型机床电气控制第一节介绍了电气图识图方法，有利于教学的组织；针对控制器件的模块化发展方向，介绍了应用较多的常用步进电动机驱动模块及其应用、常用变频器及其应用、常用位置控制单元及其应用等新技术。

② 在器件类内容的编写中，简化器件内部结构和原理，突出其输入输出接口定义和外部应用特性，体现了高职的应用性教学特色。

③ 实验内容的编写只考虑实验课题要求及思路，尽量不涉及具体的实验设备和操作步骤，便于各院校组织教学，提高学生的主动性，有助于学生素质的培养。

④ 本书的电气控制线路的图形符号和文字符号，均按最新国家标准绘制和标注。

本书可作为高职高专机电一体化、数控技术应用、自动化等机电类专业的教材，也可作为职工培训、自学教材，对从事机床电气自动控制的技术人员也有重要的参考价值。

本书由廖兆荣担任主编，并编写了第一章、第四章、第八章第五节、第十章第四节和第十一章。第二章第一节及第九章由于丹编写，第二章第二节由赵继永编写，第二章第三节及第八章由罗庚合编写，第三章由蒋仕博编写，第五章由孔杰编写，第六章由迟之鑫编写，第七章由汤光华编写，第十章由蒋正炎和赵继永共同编写。

本书由唐松如担任主审，提出了许多宝贵的修改和补充意见，特在此表示感谢。

编者
2003 年 4 月

目　录

第一章　绪论 …………………………………………………………………………… 1
 一、机床在国民经济中的重要性 ………… 1
 二、电气自动控制的作用 ………………… 1
 三、现代机床的结构组成及作用 ………… 1
 四、机床电气自动控制的发展概况 ……… 2
 五、课程概况 ……………………………… 5
 思考题与习题 ……………………………… 7

第二章　电力拖动系统运动分析和折算 …………………………………………… 8
 第一节　电力拖动系统的运动分析 ……… 8
  一、电力拖动系统的运动方程 …………… 8
  二、电力拖动系统的运动状态及实现 …… 9
 第二节　多轴电力拖动系统的折算 ……… 9
  一、旋转运动折算 ………………………… 10
  二、直线运动折算 ………………………… 12
 思考题与习题 ……………………………… 13

第三章　常用电动机应用基础 ……………………………………………………… 14
 第一节　直流电动机应用基础 …………… 14
  一、直流电动机的工作原理 ……………… 14
  二、直流电动机的基本结构 ……………… 15
  三、直流电动机的励磁方式 ……………… 17
  四、他励直流电动机的机械特性 ………… 17
  五、他励直流电动机的启动、调速、制动
   和反转 …………………………………… 19
  六、数控机床常用直流伺服电动机的
   特点 ……………………………………… 21
 第二节　异步电动机应用基础 …………… 22
  一、异步电动机的分类 …………………… 23
  二、三相异步电动机的结构 ……………… 23
  三、三相异步电动机的工作原理 ………… 25
  四、三相异步电动机的机械特性 ………… 25
  五、三相异步电动机的启动 ……………… 27
  六、异步电动机调速方式及性能比较 …… 27
  七、异步电动机的制动 …………………… 29
 第三节　同步电动机应用基础 …………… 32
  一、永磁交流伺服电动机结构 …………… 32
  二、永磁交流伺服电动机工作原理 ……… 33
  三、永磁交流伺服电动机的启动 ………… 33
  四、永磁交流伺服电动机的调速和制动 … 33
 第四节　步进电动机应用基础 …………… 33
  一、步进电动机分类 ……………………… 33
  二、反应式步进电动机结构 ……………… 34
  三、反应式步进电动机工作原理 ………… 34
  四、三相反应式步进电动机的通电方式和
   步距角 …………………………………… 35
  五、步进电动机的应用特点 ……………… 35
  六、步进电动机的主要参数和特性 ……… 36
 第五节　电力拖动系统中电动机的选择 … 37
  一、电动机选择的一般原则 ……………… 37
  二、电动机选择的具体内容和方法 ……… 37
 思考题与习题 ……………………………… 40

第四章　机床常用低压电器 ………………………………………………………… 42
 第一节　低压电器的基本知识 …………… 42
  一、低压电器的分类 ……………………… 42
  二、低压电器的基本结构 ………………… 42
 第二节　开关电器 ………………………… 44
  一、低压隔离开关 ………………………… 44
  二、低压断路器 …………………………… 47
 第三节　信号控制开关 …………………… 50
  一、按钮开关 ……………………………… 50
  二、位置开关 ……………………………… 51
  三、选择开关 ……………………………… 54

  第四节 接触器 …………………… 56
   一、接触器的结构原理 …………… 56
   二、接触器的图形和文字符号 …… 58
   三、接触器的技术参数 …………… 58
   四、接触器的选用 ………………… 59
  第五节 继电器 …………………… 59
   一、中间继电器 …………………… 59
   二、时间继电器 …………………… 60
   三、压力继电器 …………………… 62
   四、速度继电器 …………………… 63
  第六节 保护电器 ………………… 64
   一、熔断器 ………………………… 64
   二、热继电器 ……………………… 66
   三、电流继电器 …………………… 68
   四、电压继电器 …………………… 69
  第七节 执行电器 ………………… 69
   一、电磁阀 ………………………… 69
   二、电磁离合器 …………………… 69
   三、电磁制动器 …………………… 70
  低压电器认识与调整实训 …………… 71
  思考题与习题 ………………………… 73

第五章 电气控制基本环节 ………… 75
  第一节 三相笼型异步电动机启动控制
     线路 ……………………… 75
   一、直接启动控制线路 …………… 75
   二、降压启动控制线路 …………… 76
  第二节 三相异步电动机正反转控制线路 … 78
   一、开关控制的正反转控制线路 … 79
   二、接触器控制的正反转线路 …… 79
  第三节 三相笼型异步电动机制动控制
     线路 ……………………… 80
   一、反接制动控制线路 …………… 80
   二、能耗制动控制线路 …………… 81
  第四节 其他基本控制线路 ……… 82
   一、点动控制 ……………………… 82
   二、多地控制 ……………………… 83
   三、顺序控制 ……………………… 83
   四、联锁控制 ……………………… 83
  第五节 简单控制电路设计 ……… 84
   一、生产设备电气控制系统设计的要求 … 85
   二、生产设备电气控制系统设计的内容 … 85
   三、控制电路设计的基本方法 …… 85
   四、电气控制线路设计的注意事项 … 86
   五、电气控制系统设计实例 ……… 92
  第六节 电气维修基础 …………… 96
   一、电气设备维修的一般要求 …… 96
   二、电气设备维修的一般方法 …… 97
  三相异步电动机正反转控制实训 …… 99
  三相异步电动机丫-△降压启动控制实训 … 99
  三相异步电动机能耗制动控制实训 … 100
  思考题与习题 ………………………… 100

第六章 典型机床电气控制 ……………………………………………………………… 102
  第一节 电气识图与制图基础知识 … 102
   一、电气控制系统图的基本表达方法 … 103
   二、电气原理图 …………………… 104
   三、电器布置图 …………………… 106
   四、电气安装接线图 ……………… 106
   五、机床电气控制电路分析具体步骤 … 106
  第二节 CA6140型卧式车床电气控制 … 107
   一、CA6140型卧式车床主要结构 … 107
   二、CA6140型卧式车床运动形式和
    控制要求 ……………………… 107
   三、CA6140型卧式车床电气原理图
    分析 …………………………… 108
  第三节 M7130型平面磨床电气控制 … 110
   一、M7130型平面磨床主要结构 … 110
   二、M7130型平面磨床运动形式和控制
    要求 …………………………… 111
   三、M7130型平面磨床电气原理图
    分析 …………………………… 112
  第四节 Z3040型摇臂钻床电气控制 …… 114
   一、Z3040型摇臂钻床主要结构 … 115
   二、Z3040型摇臂钻床运动形式和控制
    要求 …………………………… 115
   三、Z3040型摇臂钻床电气原理图分析 … 115
  第五节 X62W型铣床电气控制 …… 119
   一、X62W型卧式万能铣床主要结构 … 119
   二、X62W型卧式万能铣床基本运动形式
    及控制要求 …………………… 119
   三、电气原理图分析 ……………… 120

C6140 型车床常见电气故障分析与维修实训 …………………………………… 124
　　X62W 型铣床常见电气故障分析与维修实训 …………………………………… 125
　思考题与习题 ………………………………… 128

第七章　可编程控制器及其应用 …………… 129
　第一节　概述 ………………………………… 129
　　一、可编程控制器的产生和发展 ………… 129
　　二、可编程控制器的主要特点 …………… 129
　　三、PLC 的发展方向 ……………………… 130
　第二节　可编程控制器的组成及工作原理 …………………………………… 130
　　一、可编程控制器的组成 ………………… 130
　　二、可编程控制器的工作原理 …………… 133
　第三节　可编程控制器的编程语言 ………… 134
　　一、梯形图法 ……………………………… 134
　　二、指令助记符法 ………………………… 135
　第四节　可编程控制器的内部器件 ………… 135
　　一、可编程控制器的等效电路 …………… 135
　　二、可编程控制器的内部器件 …………… 136
　第五节　可编程控制器的指令系统 ………… 139
　　一、基本指令 ……………………………… 139
　　二、功能指令 ……………………………… 144
　第六节　可编程控制器的编程原则 ………… 154
　第七节　可编程控制器控制系统的设计与实现 …………………………………… 157
　　一、PLC 应用系统设计的内容和步骤 …… 157
　　二、PLC 应用系统的硬件设计 …………… 160
　　三、PLC 应用系统的软件设计 …………… 164
　第八节　可编程控制器应用实例 …………… 166
　　一、机械手的工作过程 …………………… 166
　　二、机械手的工作原理 …………………… 166
　　三、方案选择 ……………………………… 167
　　四、控制流程图设计 ……………………… 168
　　五、控制梯形图和程序设计 ……………… 169
　可编程控制器基本实训 ……………………… 170
　　实训一　程序的输入与编辑 ……………… 170
　　实训二　程序的监控操作 ………………… 174
　　实训三　几个基本电路的编程 …………… 178
　　实训四　移位寄存器的应用 ……………… 182
　可编程控制器编程与调试实训 ……………… 185
　　实训五　可编程控制器在动作顺序控制器中的应用 …………………… 185
　　实训六　可编程控制器在时间顺序控制中的应用 …………………………… 187
　　实训七　可编程控制器对交通信号灯的控制 …………………………… 187
　思考题与习题 ………………………………… 188

第八章　自动控制基础 ……………………… 190
　第一节　概述 ………………………………… 190
　　一、自动控制的基本概念 ………………… 190
　　二、自动控制系统的基本构成及控制方式 …………………………………… 190
　第二节　自动控制系统性能及评价 ………… 192
　　一、自动控制系统的基本要求 …………… 192
　　二、自动控制系统的性能指标 …………… 193
　第三节　控制系统的数学模型 ……………… 195
　　一、建立系统微分方程的一般步骤 ……… 195
　　二、传递函数 ……………………………… 196
　　三、动态结构图 …………………………… 196
　第四节　控制系统的时域分析 ……………… 197
　　一、典型输入信号 ………………………… 197
　　二、一阶系统分析 ………………………… 199
　　三、二阶系统分析 ………………………… 199
　思考题与习题 ………………………………… 202

第九章　步进电动机控制系统 ……………… 203
　第一节　步进电动机控制系统组成 ………… 203
　第二节　环形分配器 ………………………… 203
　　一、硬件组成的环形分配器 ……………… 204
　　二、软件组成的环形分配器 ……………… 205
　第三节　步进电动机驱动功率放大器原理和应用 ……………………………… 206
　　一、单电压供电的功率放大器 …………… 207
　　二、双电压供电功率放大器 ……………… 207
　　三、斩波驱动电路 ………………………… 208
　第四节　常用步进电动机驱动模块简介 …… 208
　　一、脉冲分配器 TD62803P 应用简介 …… 208
　　二、国产 PM03(三相)集成电路环形脉冲

　　　　分配器简介 …………………………… 210
　　三、PPMC101B 可编程脉冲分配器应用
　　　　简介 …………………………………… 211
第五节　步进电动机驱动系统及其应用 …… 212
步进电动机驱动系统的调试及使用实训 …… 214
思考题与习题 ………………………………… 217

第十章　直流调速控制系统 ……………………………………………………………………… 219

第一节　概述 ………………………………… 219
　　一、调速的定义 ………………………… 219
　　二、直流电动机的调速方案 …………… 219
　　三、直流调速控制系统的分类 ………… 219
第二节　单闭环直流调速系统 ……………… 220
　　一、系统的组成 ………………………… 220
　　二、系统的稳态特性 …………………… 220
第三节　单闭环无静差直流调速系统 ……… 223
　　一、比例积分调节器 …………………… 223
　　二、单闭环无静差调速系统工作原理 … 223
第四节　带电流截止环节的单闭环直流调速
　　　　系统 …………………………………… 224
　　一、截流反馈装置 ……………………… 224
　　二、带截流反馈装置的单闭环直流调速
　　　　系统的静特性 ……………………… 225
第五节　双闭环直流调速系统 ……………… 225
　　一、双闭环直流调速系统的组成 ……… 225
　　二、双闭环直流调速系统的静特性 …… 226
　　三、双闭环直流调速系统的动态特性 … 226
第六节　可逆直流调速系统 ………………… 229
　　一、可逆直流调速系统的原理 ………… 229
　　二、可逆直流调速系统的工作状态 …… 230
　　三、可逆直流调速系统的环流 ………… 231
　　四、有环流可逆调速系统 ……………… 233
　　五、无环流可逆调速系统 ……………… 234
第七节　直流脉宽调速系统 ………………… 236
　　一、脉宽调制式变换器 ………………… 236
　　二、典型双闭环控制的直流脉宽调速
　　　　系统 ………………………………… 237
思考题与习题 ………………………………… 238

第十一章　交流调速控制系统 …………………………………………………………………… 239

第一节　变频调速基础 ……………………… 239
　　一、变频器的基本构成 ………………… 239
　　二、交-直-交变频器的工作原理 ……… 240
　　三、变频器的分类 ……………………… 241
第二节　交-直-交变频器 …………………… 243
　　一、交-直-交电压型变频器 …………… 243
　　二、交-直-交电流型变频器 …………… 244
第三节　高速磨床的变频调速 ……………… 247
　　一、异步电动机的调速原理与调速
　　　　方式 ………………………………… 247
　　二、高速磨床拖动系统的结构和工作
　　　　特点 ………………………………… 247
　　三、原拖动方案及存在问题 …………… 248
　　四、高速磨床的变频调速系统 ………… 249
　　五、高速磨床变频器的技术发展 ……… 250
第四节　数控车床的变频调速 ……………… 251
　　一、通用变频器接口定义 ……………… 251
　　二、通用变频器在数控车床上的应用 … 251
变频调速系统的构成、调整及使用实训 …… 253
思考题与习题 ………………………………… 258

第十二章　位置随动控制系统 …………………………………………………………………… 259

第一节　概述 ………………………………… 259
　　一、位置随动系统及其组成 …………… 259
　　二、数控机床的伺服系统分类 ………… 259
　　三、数控机床对伺服系统的基本要求 … 260
第二节　脉冲比较伺服系统 ………………… 261
　　一、脉冲比较伺服系统组成原理 ……… 261
　　二、脉冲比较电路 ……………………… 261
第三节　相位比较伺服系统 ………………… 262
　　一、相位比较伺服系统组成原理 ……… 262
　　二、脉冲调相器 ………………………… 263
　　三、鉴相器 ……………………………… 264
第四节　幅值比较伺服系统 ………………… 264
　　一、幅值比较伺服系统的组成原理 …… 265
　　二、鉴幅器 ……………………………… 265
　　三、极性处理电路和电压/频率变换器 … 266
第五节　交流伺服电动机驱动模块及其
　　　　应用 ………………………………… 267
第六节　闭环伺服系统性能分析 …………… 272
　　一、典型闭环伺服系统的传递函数 …… 272
　　二、闭环伺服系统的性能分析 ………… 273

三、伺服系统的可靠性 …………… 277
第七节　闭环伺服系统性能对加工的
　　　　影响 ……………………………… 277
　一、开环增益对加工的影响 ………… 277
　二、位置精度对加工的影响 ………… 278
　三、调速范围对加工的影响 ………………… 278
　四、速度误差系数对加工的影响 ………… 278
交流伺服系统的构成、调整及使用实训 …… 280
思考题与习题 ……………………………… 286

附录一　常用电气图形符号新旧对照表 …………………………………………………… 287

附录二　常用基本文字符号新旧对照表 …………………………………………………… 291

附录三　常用辅助文字符号的新旧对照表 ………………………………………………… 292

附录四　C 系列 P 型可编程控制器指令表 ………………………………………………… 293

参考文献 ……………………………………………………………………………………… 296

第一章 绪 论

一、机床在国民经济中的重要性

工业、农业、科学和国防的现代化，要求机械产业不断地提供各种先进的机器装备，如飞机、火车、汽车、工程机械、农业机械、纺织机械、起重运输机械等。要制造和维修这些机器装备，首先必须制造出各种机器的零件。

机床就是将金属毛坯加工成机器零件的机器，是制造机器的机器，所以又称为"工作母机"或"工具机"，习惯上简称机床。现代机械制造中制造机械零件的方法很多，除铸造、锻造、焊接、冲压外，对形状精度、尺寸精度和表面粗糙度要求较高的零件，一般都采用切削的方法进行最终加工，且往往需要经过几道甚至几十道切削加工工序才能完成。在一般机械制造厂中，机床所担负的加工工作量约占机器制造总工作量的 40%～60%。

机床的性能直接影响机械产品的性能、质量和经济性，因此，机床工业是国民经济中具有战略意义的基础工业。机床的拥有量及其先进程度将直接影响到国民经济各行业的发展状况和技术进步。

二、电气自动控制的作用

自动控制是指在没有人力直接参与或仅有少量人力参与的情况下，利用自动控制系统，使被控对象或生产过程自动地按预定的规律工作。如机床按规定的程序自动地启动和停车；机床按照可编程控制器中预先编制的程序，实现各种自动加工循环；数控机床按照计算机发出的程序指令，自动按预定的轨迹加工等。

实现自动控制的手段是多种多样的，可以用电气的方法实现，也可以用机械、液压、气动等方法实现。由于现代机床均采用交流或直流电动机作为原动机，因而电气自动控制是现代机床的主要控制手段，即使采用其他控制方法，也离不开电气自动控制的配合。而且电气自动控制化程度越高，机床的结构越简单，机床加工的性能、质量、效率就越高。

现代机床在电气自动控制方面综合应用了许多先进科学技术成果，如计算机技术、电子技术、传感技术、伺服驱动技术等。机床电气自动控制的这些方法同样也适用于其他机器设备和生产过程。

电气自动控制使工业生产的自动化程度、加工效率、加工精度、可靠性不断提高，同时扩大了工艺范围，缩短了新产品的试制周期，在加速产品更新换代、降低成本和减轻工人劳动强度等方面起到了重要作用。

由此可见，电气自动控制对于现代机床、其他机器设备及生产过程有着极其重要的作用。

三、现代机床的结构组成及作用

现代机床由工作机构、传动机构、原动机、自动控制系统组成。

原动机通过传动机构，带动工作机构，而自动控制系统的目的就是控制原动机和其他执行电器，使工作机构按规定的要求运动，从而完成机床预定的加工过程。

自 19 世纪出现了电动机以后，由于电力在传输、分配、使用和控制方面的优越性，使电动机拖动得到了广泛应用。现代机床的动力主要由电动机来提供，即由电动机来拖动机床的主轴和进给系统。电动机通过传动机构来带动工作机构的拖动方式称为电力拖动。

机床的控制任务是实现对工作机构的速度和位移控制，如主轴和进给系统的控制，同时还要完成保护、冷却、照明等控制功能。机床的电气自动控制系统就是用电气手段为机床提供动力，并实现上述控制目标的系统。

人们通常将电动机、传动机构及工作机构视为电力拖动系统；把为满足加工工艺要求，实现各个电动机启动、制动、反向、调速的控制部分视为电气自动控制系统。

从图1-1及图1-2中，可清楚地看出卧式车床及数控机床这两大部分的工作关系。

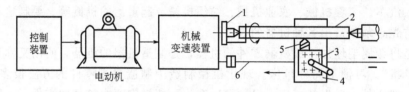

图1-1 卧式车床加工示意图

1—主轴；2—工件；3—刀架；4—拖板；5—车刀；6—光杠

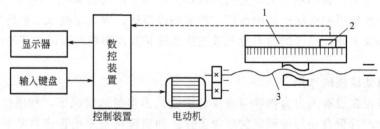

图1-2 数控机床工作示意图

1—工作台；2—测量装置；3—滚珠丝杠

四、机床电气自动控制的发展概况

机床电气自动控制的发展，与电力拖动和电气自动控制的发展紧密联系在一起。

（一）电力拖动的发展过程

20世纪初，由于电动机的出现，使得机床的拖动发生了根本性的变革，电动机代替了蒸汽机，机床的电力拖动也随着电动机的发展而不断更新。

1. 成组拖动

19世纪末，交、直流电动机相继出现，最初是由电动机直接代替蒸汽机，即由一台电动机拖动一组机床，称为成组拖动。电动机是通过拖动传动轴（天轴），再由传动轴经过皮带来实现能量分配与传递。这种拖动方式机构复杂、传递路径长、损耗大、生产灵活性也小，工作中极不安全，在电动机成本逐渐下降后，就已被淘汰。

2. 单电机拖动

20世纪20年代，出现了单独拖动形式，即由一台电动机拖动一台机床，称为单电机拖动。与成组拖动相比较，简化了传动机构，缩短了传动路径，降低了能量传递中的损失，提高了传动效率，同时也可充分利用电动机的调速性能，并易于实现自动控制。至今仍有部分中小型通用机床采用单电机拖动。

3. 多电机拖动

由于生产的发展，机床的运动要求增多，机床在结构上有所改变。如果各种辅助运动也用同一台电动机拖动,其机械传动机构将变得十分复杂,很难满足生产工艺的需要,因此采用多台电动机分别拖动不同的运动机构,称为多电机拖动。

采用了多电机拖动以后,不但简化了机床的机械结构,提高了传动效率,还可使各运动部件选择最合理的运动速度,缩短了加工时间,而且便于分别控制,实现各运动部件的自动化,提高机床整体的自动化程度。多电机拖动已经成为现代机床最基本的拖动方式。

(二) 电气自动控制的发展过程

在电力拖动方式的演变过程中,电力拖动的控制方式也由手动控制逐步向自动控制方向发展。电气自动控制发展的历史,也就是电动机调速技术和电气控制技术发展的历史。

1. 现代机床常用调速系统

为了提高机床的工作效率,在满足加工精度与表面粗糙度的前提下,对于不同的工件材料和不同的刀具,应选择各自不同的最合理的切削速度。同时,机床的快速进刀、快速退刀和对刀调整等辅助工作,也需要不同的运动速度。因此,为了保证机床能在不同的速度下工作,要求包括主拖动和进给拖动在内的电力拖动系统,必须具备调节速度的功能。

现代机床常常采用如下三种调速系统。

(1) 机械有级调速系统 在机械有级调速系统中,采用不调速的电动机,速度的调节是通过改变齿轮箱的变速比来实现的。在普通车床、钻床、铣床中一般都采用这种调速系统。

该系统中,负载转矩是经机械传动机构传递到电动机轴上的,电动机轴上转矩只是负载转矩的传动比倒数倍,所以可以选择转矩较小、转速较高的电动机。但机械系统变得复杂,增加了机床成本和能量消耗。

(2) 电气-机械有级调速系统 在机械有级调速系统中,用多速笼型异步电动机代替不能调速的笼型异步电动机,就可简化机械传动机构,这样的系统就是电气-机械有级调速系统。多速电动机一般采用双速电动机,少数机床采用三速、四速电动机。中小型镗床的主拖动系统多采用双速电动机。

(3) 电气无级调速系统 通过直接改变电动机转速来实现机床工作机构转速的无级调节的拖动系统,称为电气无级调速系统。这种调速系统具有调速范围宽、调速平滑、调速精度高、控制灵活等优点,还可大大简化机床的机械传动机构,因而广泛应用于机床的主拖动和进给拖动系统中。

电气无级调速系统主要分为直流无级调速系统和交流无级调速系统两大类。

2. 机床调速技术的发展过程

(1) 机械调速 由于交流电动机具有结构简单、造价低及容易维护等特点,采用交流电动机和机械有级调速的交流拖动系统在普通机床中占主导地位。

(2) 多速电动机有级调速 随着多速电动机的发展,多速电动机和机械有级调速的交流拖动系统得到应用,扩大了机床调速范围,简化了机床传动机构。

(3) 直流电动机无级调速 直流电动机具有良好的启动、制动和调速性能,可以很方便地在宽范围内实现平滑无级调速,20 世纪 30 年代以后,直流发电机-直流电动机-电磁扩大机组直流调速系统在重型和精密机床上得到广泛应用。20 世纪 60 年代以后,由于大功率晶闸管的问世,大功率整流技术和大功率晶体管的发展,晶闸管直流电动机无级调速系统取代了直流发电机-直流电动机-电磁扩大机组直流调速系统,采用脉宽调制的直流调速系统也得到了广泛应用。

(4) 交流电动机无级调速 20 世纪 80 年代以来,随着电力电子学、电子技术、大规模集成电路和计算机控制技术的发展，以及现代控制理论向电气传动领域的渗透，高性能交流调速系统在机床上应用越来越广泛。特别是以笼型交流伺服电动机为对象的矢量控制技术，使交流调速具有直流调速的优越调速性能。交流调速的单机容量和转速可大大高于直流电动机，且交流电动机无电刷和换向器，易于维护，可靠性高，能用于有腐蚀性、易爆性、含尘气体等特殊环境中。交流变频调速器、矢量控制伺服单元及交流伺服电动机等交流调速技术已经取代直流调速技术，成为机电传动技术的主流选择，得到了广泛应用。

3. 电气控制技术的发展过程

在机床调速技术发展的过程中，电气控制技术也由手动方式逐步向自动控制方向发展。

(1) 手动控制　采用一些手动电器（如刀开关、控制器等）控制执行电器（电动机），适合容量小、动作单一、不需要频繁操作的场合。

(2) 继电器接触器控制　20世纪20～30年代出现了继电-接触器控制，采用继电器、接触器、位置开关、保护元件，实现对控制对象的启动、停车、调速、制动、自动循环以及保护等控制，通常称为电器控制。

由于控制器件结构简单、价廉，控制方式简单直接、工作可靠、易维护，因此继电-接触器控制在机床控制上得到长期、广泛的应用。其缺点一是接线固定，一台控制装置只能针对某一种固定程序的设备，一旦工艺程序有所变动，改变控制程序困难，需要重新配线，满足不了对程序经常改变、控制要求比较复杂的系统的需求；二是控制装置体积大、功耗大、控制速度慢；另外它采用触点控制，在复杂控制时可靠性降低。

(3) 顺序控制器控制　为了解决复杂和程序可变控制对象的需要，在20世纪60年代出现了顺序控制器。它是继电器和半导体元件综合应用的控制装置，通过编码、逻辑组合来改变程序，实现对程序经常变动的控制要求。具有通用性强、程序可变、编程容易、可靠性高、使用维护方便等特点，广泛应用于组合机床和自动线上。

(4) 可编程控制器控制　随着计算机技术的发展，出现了以微型计算机为基础的，具有编程、存储、逻辑控制及数字运算功能的可编程控制器（PLC）。PLC的设计以工业控制为目标，接线简单、通用性强、编程容易、抗干扰能力强、工作可靠。它一问世即以强大的生命力，大面积地占领了传统的控制领域。PLC的发展方向之一是微型、简易、价廉，以图取代传统的继电器控制；而它的另一个发展方向是大容量、高速、高性能、对大规模复杂控制系统能进行综合控制。

(5) 数字控制　是机床电气自动控制发展的另一个重要方面。数控机床就是将数控技术用于机床的产物。它是20世纪50年代初，为适应中小批量的机械加工自动化的需要而出现的，集合了电子技术、计算技术、现代控制理论、精密测量技术、伺服驱动技术等现代科学技术的成果。

数控机床既具有专用机床生产效率高的优点，又具有通用机床工艺范围广、使用灵活的特点，并且还具有能自动加工复杂成型表面且精度高的优点。数控机床集高效率、高精度、高柔性于一身，成为当今机床自动化的理想形式。

数控机床的控制系统，最初是由硬件逻辑电路组成的专用数控装置（NC），它的灵活性差，可靠性不高。随着价格低廉工作可靠的微型计算机的发展，数控机床的控制系统无疑已为微机控制所取代，成为CNC或MNC系统。

加工中心机床是工序高度集中的数控机床。具有刀库和换刀机械手是它的显著特性。在加工中心机床上，工件可以通过一次装夹，完成多道工序的加工。

(6) 自适应控制　从现代控制理论中的"最优控制理论"出发，研制了自适应数控机床（AC）。它能自动适应毛坯裕量变化、硬度不均匀、刀具磨损等随机因素的变化，使刀具具有最佳的切削用量，从而始终保证较高的生产效率和加工质量。

(7) 计算机集成制造系统　由于计算机运算速度快，可由一台计算机控制多台数控机床，称为计算机群控系统（DNC），又称为直接数控系统。

20世纪90年代后，直接数控系统在不断消退，而由柔性制造系统（FMS）取代。该系统是由一中心计算机控制的机械加工自动线，是数控机床、工业机器人、自动搬运车、自动化检测、自动化仓库组成的高技术产物。

柔性制造系统加上计算机辅助设计（CAD）、计算机辅助制造（CAM）、计算机辅助质量检测（CAQ）及计算机信息管理系统，将构成计算机集成制造系统（CIMS），它是当前机械加工自动化发展的最高形式。机床电气自动化在电气自动控制技术迅速发展的进程中也将被不断推向新的高峰。

五、课程概况

（一）课程的性质、任务、内容和目标

《机床电气自动控制》是数控专业的一门电类专业课。

本课程教学必须具备《电工技术》课程的基础，最好是在《电子技术》、《电力电子技术》和《金属切削机床》等课程之后开出，学生更容易理解接受。如能在电工实习的基础上进行教学，学生有了相关的实践和体验，教学效果更佳。

《机床电气自动控制》课程的任务是以机床为主要对象，介绍自动控制技术的基本原理和实现手段。包含了常用低压电器、电力拖动系统运动分析和折算、电动机应用基础、电气控制基本环节、典型机床电气控制的结构和原理、可编程控制器及其应用、自动控制基础、步进电动机控制、直流调速系统、交流调速系统、位置随动控制系统等内容。各章主要内容、学习目标及与其他章关系见表1-1。

表1-1　各章主要内容、学习目标及与其他章关系

章	主要内容	学习目标	与其他章关系
第一章　绪论	机床在国民经济中的重要性； 电气自动控制的作用； 现代机床的结构组成及其作用； 机床电气自动控制的发展概况	了解机床在国民经济中的作用及重要性； 了解电气自动控制的作用； 理解现代机床的结构组成及各部分作用； 理解电力拖动、自动控制、电气自动控制等概念； 了解机床调速技术和电气控制技术的发展过程	明确其他各章所述内容在机床电气控制整体结构中的地位、作用及发展趋势
第二章　电力拖动系统运动分析和折算	电力拖动系统运动方程及分析； 多轴电力拖动系统的折算	掌握电力拖动系统运动方程； 能分析电力拖动系统的运动状态； 能将多轴电力拖动系统折算成单轴电力拖动系统	是理解各章中电动机运动状态变化的重要基础
第三章　常用电动机应用基础	常用电动机的原理、结构、分类、工作特性； 常用电动机的启动、调速和制动方法	了解常用电动机的结构和分类； 理解常用电动机的原理； 掌握常用电动机的工作特性； 掌握常用电动机的启动、调速和制动方法	电动机是电气自动控制的最终电气控制对象，是实现机械运动的原动机，是理解各章控制原理和机床运动的出发点

续表

章	主要内容	学习目标	与其他章关系
第四章 机床常用低压电器	机床常用低压电器的外形、结构、原理、作用；机床常用低压电器的选择和使用	识别常用低压电器；理解常用低压电器的原理、结构；掌握机床常用低压电器的作用、选择和使用注意事项	常用低压电器是实现电气控制基本环节和典型机床电气控制的基本器件，是原理分析和故障诊断维修相联系的纽带
第五章 电气控制基本环节	异步电动机的启动和制动线路；点动、多地控制、顺序控制、联锁控制的实现；简单控制电路设计方法；电气维修的一般要求和方法	理解各种控制线路原理；掌握简单控制电路设计，包括器件和导线选择；掌握电气维修的一般方法	是典型机床控制、可编程控制器及应用等章节中电气控制线路的基本组成环节，是原理分析、故障诊断维修的基础
第六章 典型机床电气控制	电气识图与制图基础；典型机床结构及原理分析；典型机床常见故障分析与维修	了解电气控制系统图的类别、作用及要求；掌握典型机床结构、原理分析、故障诊断维修	是前述各章内容的综合应用，是电气控制的基本，可编程控制、调速控制、位置控制都是在此基础上的性能优化
第七章 可编程控制器	可编程控制器结构组成及工作原理；可编程控制器的编程语言及指令系统；可编程控制器应用及实例	理解可编程控制器的结构组成及工作原理；掌握可编程控制器编程语言和指令系统；掌握可编程控制器的应用	是普通机床电气控制的发展趋势，是调速控制、位置控制中不可缺少的控制器件
第八章 自动控制基础	自动控制的概念及自动控制系统基本控制方式；自动控制系统的性能要求及指标；自动控制系统的数学模型及性能分析	了解自动控制的概念；理解自动控制系统基本控制方式；理解自动控制系统的性能要求及指标；理解自动控制系统的数学模型及性能分析	是理解调速控制、位置控制的基础，是分析自动控制系统原理和性能的基本工具
第九章 步进电动机控制系统	步进电动机控制系统组成和原理；步进驱动器及其应用	了解步进电动机控制系统组成；理解步进电动机控制系统原理；掌握步进电动机驱动器及其应用	是开环的速度和位置控制系统，有助于调速控制和位置控制的理解
第十章 直流调速控制系统	单闭环和双闭环直流调速系统的结构、原理和性能特点；可逆直流调速系统的结构、原理和特点；直流脉宽调速系统的组成、原理和特点	理解单闭环和双闭环直流调速系统的结构、原理和性能特点；了解可逆直流调速系统的结构、原理和特点；理解直流脉宽调速系统的组成、原理和特点	是调速控制的基础，是位置控制的基础环节。与交流调速只是变流原理的不同而已
第十一章 交流调速控制系统	变频器的分类和原理；变频器的应用实例	了解变频器的分类和原理；掌握变频器及其应用方法	是调速技术发展的重要方向，在位置控制中也得到广泛应用
第十二章 位置随动控制系统	位置随动控制系统及其组成；伺服系统分类和基本要求；脉冲、相位和幅值比较伺服系统原理；闭环伺服系统性能分析及对加工的影响；交流伺服驱动器及其应用	了解随动系统及其组成；理解伺服系统分类和基本要求；了解脉冲、相位和幅值比较伺服系统原理；理解闭环伺服系统性能分析及对加工的影响；掌握交流伺服驱动器及其应用	是机床电气自动控制的较高级形式，是数字控制、自适应控制、计算机集成制造系统中最基础的控制单元

（二）教与学的建议

全书一是始终围绕机床电气自动控制的应用这一主线，体现高职的应用性特色，只涉及最基本、最典型的控制线路及控制实例，以继电-接触器控制为基本内容，同时注重电气自动控制的先进技术和发展趋势。二是体现以实例为核心，在章节内容和习题中，概念原理及元器件的阐述尽量结合图表、简单实例和综合应用实例。三是体现了以学生为主体，充分考虑了学生的思维特点和习惯，便于学生复习和自学。四是实验内容的编写只考虑实验课题内容及要求，不涉及具体的实验设备，便于学生自主设计线路，选择设备，加强对学生能力的培养，提高了学生的学习主动性，同时适应各学校使用。

学生学习本课程时，应通过对典型设备和系统的学习，深入研究和体会元器件和线路的应用特点，不要过分强求理论的完整性和系统性。机床电气自动控制系统日新月异，新技术、新产品不断出现，因此在学习本课程时，还应密切注意这方面的实际发展动态，以求把基本理论与最新技术联系起来。

通过课程的学习和训练，学生应侧重掌握机床电气自动控制系统的结构、组成及工作原理，能够阅读电气自动控制原理图及相关论文著作；掌握机床电气自动控制系统性能分析，具备机床电气自动控制的器件和系统选型能力，并能利用简单控制器件构成简单的控制系统；能正确使用电气测量仪器、仪表，具备一般故障的分析和诊断能力。

教师在教学中必须注意理论联系实际，针对教材的某些内容（控制电器、电气设备等）应创造条件进行现场教学，如在实习中结合现场进行讲授，或在课堂教学中广泛应用教具、实物，并尽可能运用现代化教学手段，以提高教学质量和教学效果。实践课是本课程的重要组成部分，必须注意加强学生实际技能的训练和独立工作能力的培养，如低压电器的调整、电气控制基本环节组成和调试、典型机床电气控制线路熟悉或故障分析、可编程控制器系统组成及编程调试等。教学中还应积极改进教学方法，注重以学生为主体，充分发挥学生的主动性。

思考题与习题

1. 现代机床由哪几部分组成？各部分的作用是什么？
2. 什么是电力拖动？电力拖动经过了哪几个发展过程？
3. 电力拖动由哪几部分组成？各部分的作用是什么？
4. 机床电气控制系统由哪几部分组成？各部分的作用是什么？
5. 机床调速系统如何分类？各种调速系统的优缺点是什么？
6. 电气控制技术经历了哪些发展过程？各发展过程的特点是什么？

第二章 电力拖动系统运动分析和折算

第一节 电力拖动系统的运动分析

在现代机床加工过程中,电力拖动系统会出现哪些运行状态,这些运行状态在什么情况下产生,都与电力拖动系统旋转运动的运动方程有关。只有掌握电力拖动系统的运动方程,才能充分理解自动控制系统的控制和机床部件的运动之间的关系,这些都是分析、诊断和维修现代机床的基础。

一、电力拖动系统的运动方程

最简单的电力拖动系统是电动机直接拖动生产机械的单轴拖动系统,如图2-1所示。

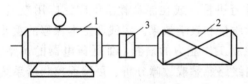

图 2-1 单轴拖动系统
1—电动机;2—生产机械;3—联轴器

电动机的电磁转矩为 T,电力拖动系统的空载转矩为 T_0,生产机械的负载转矩为 T_f,$T_0+T_f=T_z$,称阻转矩。一般情况下,$T_f \gg T_0$,$T_z \approx T_f$。

电磁转矩 T 的正方向与转速 n 的正方向相同,而阻转矩 T_z 的正方向与 n 的正方向相反。根据旋转运动系统的牛顿第二定律(即转动定律),电动机拖动系统旋转时的运动方程为

$$T-T_z=J\frac{d\Omega}{dt} \tag{2-1}$$

式中　T——电动机的电磁转矩,N·m;
　　　T_z——阻转矩,N·m;
　　　J——转动系统的转动惯量,kg·m²;
　　　$\dfrac{d\Omega}{dt}$——角加速度,rad/s²。

转动惯量是物理学中常用的参量,在电力拖动系统中采用飞轮惯量(即飞轮矩)GD^2 代替转动惯量,GD^2 的值可以从电动机和生产机械的产品样本中查得。两者之间的关系如下:

$$J=m\rho^2=\frac{GD^2}{4g} \tag{2-2}$$

式中　m——旋转部分的质量,kg;
　　　ρ——惯性半径,m;
　　　G——旋转部分的重量,N;
　　　D——惯性直径,m;

g——重力加速度，$g=9.81\text{m/s}^2$。

如将角速度化成转速表示的形式

$$\Omega = \frac{2\pi n}{60} \quad (2\text{-}3)$$

则

$$\frac{d\Omega}{dt} = \frac{2\pi}{60} \times \frac{dn}{dt} \quad (2\text{-}4)$$

将式(2-2)、式(2-4)代入式(2-1)，整理可得电力运动系统的运动方程：

$$T - T_z = \frac{GD^2}{375} \times \frac{dn}{dt} \quad (2\text{-}5)$$

式中 GD^2——飞轮矩，$\text{N}\cdot\text{m}^2$；

n——电动机转速，r/min；

375——换算常数，$\text{r}\cdot\text{m}/(\text{min}\cdot\text{s})$。

二、电力拖动系统的运动状态及实现

电力拖动系统的运动状态有静止、启动、稳速运行、加速、减速、制动等。电力拖动系统的运动状态与作用在电动机转轴上的各种转矩有关，其转速加速度大小由电力拖动系统的运动方程决定。

由式(2-5)可知，电力拖动系统的运动有三种情况：当 $T=T_z$ 时，$dn/dt=0$，即系统转速加速度为零，系统处于稳速运行或静止状态；当 $T>T_z$ 时，$dn/dt>0$，即系统转速加速度大于零，系统处于加速或启动状态；当 $T<T_z$ 时，$dn/dt<0$，即系统转速加速度小于零，系统处于减速或制动状态。

【例 2-1】 某龙门刨床工作台拖动系统总飞轮矩为 293.1$\text{N}\cdot\text{m}^2$，空载转矩为 60.4$\text{N}\cdot\text{m}$，最高运行速度为 1.5m/s，此时电动机速度为 695.5r/min，循环运动时要求换向距离为 0.25m，求换向时所需要的电动机制动转矩。

解 电动机拖动工作台换向时，先制动减速到零，然后再反向启动。换向距离即为制动距离，制动过程为匀减速直线运动。

根据匀减速直线运动规律 $s=\frac{1}{2}(v_0+v_t)t$，可求得换向过程所需要的时间：

$$t = \frac{2s}{v_0+v_t} = \frac{2\times 0.25}{1.5+0} = \frac{1}{3}\text{s}$$

根据运动方程 $T-T_z=\frac{GD^2}{375}\times\frac{dn}{dt}$，可求出换向时所需要的电动机制动转矩：

$$T = \frac{GD^2}{375} \times \frac{dn}{dt} + T_z = \frac{293.1}{375} \times \frac{695.5-0}{1/3} + 60.4 = 1691.2\text{N}\cdot\text{m}$$

第二节　多轴电力拖动系统的折算

为了合理利用电磁材料，绝大部分电动机都具有较高的额定转速。而生产机械往往要求切削力尽可能大，为降低功率，其转速一般较低。因此，两者之间需要安装减速机械，从而形成多轴拖动系统。电力拖动系统中，大多数是多轴拖动系统。

为简化分析和计算，通常把多轴拖动系统折算成等效的单轴拖动系统。折算的原则是使折算前的多轴系统与折算后的单轴系统，在功率关系和动能关系上保持不变。

一、旋转运动折算

两级齿轮传动系统及折算后系统如图 2-2 所示。

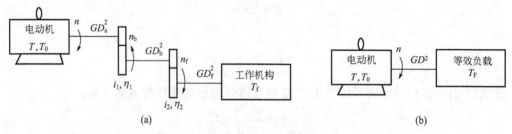

图 2-2 两级齿轮传动系统及折算后系统

三根轴的转速分别为 n、n_b、n_f,三根轴上的飞轮矩分别为 GD_a^2、GD_b^2 和 GD_f^2。

负载转矩 T_f 折算为电动机轴上的负载转矩 T_F;系统各轴上的飞轮矩折算到电动机轴上的飞轮矩之和,作为系统的总飞轮矩 GD^2;这样即可得到折算后的等效单轴系统。

1. 负载转矩的折算

根据折算前后功率不变的原则,且不考虑传动机构的效率,则有

$$T_F \Omega = T_f \Omega_f \tag{2-6}$$

$$T_F = \frac{T_f \Omega_f}{\Omega} = \frac{T_f n_f}{n} = \frac{T_f}{i} \tag{2-7}$$

式中　T_F——折算到电动机轴上的负载转矩,N·m;
　　　T_f——负载转矩,N·m;
　　　Ω——电动机轴的机械角速度,rad/s;
　　　Ω_f——工作机构轴的机械角速度,rad/s;
　　　i——传动比,$i = i_1 i_2$。

由式(2-7)可以看出,将工作机构的低速轴上负载转矩 T_f 折算到电动机的高速轴上时,其等效转矩 T_F 就减小了,仅为 T_f 的 $1/i$。

如果考虑传动机构的效率,负载转矩的折算应为

$$T_F = \frac{T_f}{i\eta} \tag{2-8}$$

式中　η——传动效率,$\eta = \eta_1 \eta_2$。

2. 飞轮矩的折算

根据折算前后系统动能不变的原则进行折算,旋转物体的动能为

$$\frac{1}{2} J\Omega^2 = \frac{1}{2} \times \frac{GD^2}{4g} \left(\frac{2\pi n}{60}\right)^2 \tag{2-9}$$

工作机构轴上的飞轮矩为 GD_f^2,其动能为 $\frac{1}{2} \times \frac{GD_f^2}{4g} \left(\frac{2\pi n_f}{60}\right)^2$。折算到电动机轴上的飞轮矩为 GD_F^2,其动能为 $\frac{1}{2} \times \frac{GD_F^2}{4g} \left(\frac{2\pi n}{60}\right)^2$。根据折算前后动能不变,则有

$$\frac{1}{2} \times \frac{GD_F^2}{4g} \left(\frac{2\pi n}{60}\right)^2 = \frac{1}{2} \times \frac{GD_f^2}{4g} \left(\frac{2\pi n_f}{60}\right)^2 \tag{2-10}$$

$$GD_F^2 = \frac{GD_f^2}{(i_1 i_2)^2} \tag{2-11}$$

式(2-11)为负载轴上的飞轮矩折算公式。

转速为 n_b 轴上的飞轮矩 GD_b^2，折算到电动机轴上的飞轮矩 GD_B^2 为

$$GD_B^2 = \frac{GD_b^2}{i_1^2} \tag{2-12}$$

不同转速轴上的飞轮矩，折算时的传动比是不一样的。

整个系统的飞轮矩折算到电动机轴上的总飞轮矩为

$$GD^2 = GD_a^2 + GD_B^2 + GD_F^2 \tag{2-13}$$

$$GD^2 = GD_a^2 + \frac{GD_b^2}{i_1^2} + \frac{GD_f^2}{(i_1 i_2)^2} \tag{2-14}$$

写成一般形式为

$$GD^2 = GD_a^2 + \frac{GD_b^2}{i_1^2} + \frac{GD_c^2}{(i_1 i_2)^2} + \cdots + \frac{GD_f^2}{(i_1 i_2 \cdots)^2} \tag{2-15}$$

【**例 2-2**】 图 2-2 所示的多轴电力拖动系统中，已知飞轮矩 $GD_a^2 = 30\mathrm{N \cdot m^2}$，$GD_b^2 = 20\mathrm{N \cdot m^2}$，$GD_f^2 = 240\mathrm{N \cdot m^2}$，传动效率 $\eta_1 = 0.93$，$\eta_2 = 0.95$，工作机构负载转矩 $T_f = 500 \mathrm{N \cdot m}$，电动机转速 $n = 1440\mathrm{r/min}$，传动轴转速 $n_b = 360\mathrm{r/min}$，$n_f = 60\mathrm{r/min}$，忽略电动机空载转矩 T_0，求折算到电动机轴上的系统总的飞轮矩 GD^2；折算到电动机轴上的负载转矩 T_F。

解

(1) 系统总的飞轮矩

$$GD^2 = GD_a^2 + \frac{GD_b^2}{i_1^2} + \frac{GD_f^2}{(i_1 i_2)^2} = GD_a^2 + \frac{GD_b^2}{\left(\frac{n}{n_b}\right)^2} + \frac{GD_f^2}{\left(\frac{n}{n_b} \times \frac{n_b}{n_f}\right)^2}$$

$$= 30 + \frac{20}{\left(\frac{1440}{360}\right)^2} + \frac{240}{\left(\frac{1440}{360} \times \frac{360}{60}\right)^2} = 31.7 \mathrm{N \cdot m}$$

(2) 电动机轴上的负载转矩

$$T_F = \frac{T_f}{i\eta} = \frac{T_f}{i_1 i_2 \eta_1 \eta_2} = \frac{T_f}{\frac{n}{n_b} \times \frac{n_b}{n_f} \eta_1 \eta_2}$$

$$= \frac{500}{\frac{1440}{360} \times \frac{360}{60} \times 0.93 \times 0.95} = 23.58 \mathrm{N \cdot m}$$

由此例可以看出，多轴电力拖动系统折算成等效的单轴系统后，电动机轴上的负载转矩大大减小，但电动机轴转速远高于负载轴转速，所以电动机输出功率仍要大于负载功率（传动损耗），传动机构只是将低速大转矩的负载，转换成高速小转矩的等效负载，由高速低转矩的电动机来拖动。

折算后电动机轴上的飞轮矩只是略大于电动机飞轮矩。实际工作中为简便起见，有时采用以下经验公式估算系统总的飞轮矩：

$$GD^2 = (1+\delta)GD_a^2 \tag{2-16}$$

电动机的飞轮矩 GD_a^2 可从电动机产品目录中查到；系数 δ 视传动机构和工作机构的具体情况选择，一般情况下，可取 $\delta = 0.2 \sim 0.3$。

二、直线运动折算

刨床传动系统如图 2-3 所示。

电动机轴与齿轮 1 直接相连，通过三级减速齿轮带动齿条，使工作台作直线运动，而刀具固定不动。设切削力为 F，工件和工作台的直线相对速度为 v，它们的总重量为 G。折算成等效的单轴系统，需要把直线运动的力和质量折算到电动机轴上。

1. 直线运动力的折算

切削力在电动机轴上形成一个阻力矩 T_F。根据折算前后功率不变的原则，有

$$T_F \Omega = \frac{Fv}{\eta} \quad (2\text{-}17)$$

$$T_F = 9.55 \frac{Fv}{n\eta} \quad (2\text{-}18)$$

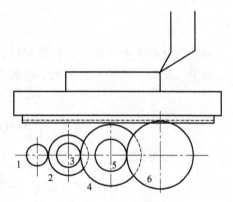

图 2-3 刨床传动系统

式中 T_F——折算到电动机轴上的等效负载转矩，$N \cdot m$；

F——切削力，N；

v——直线速度，m/s。

2. 直线运动质量的折算

根据折算前后动能不变的原则，有

$$\frac{1}{2} J_F \Omega^2 = \frac{1}{2} m v^2 \quad (2\text{-}19)$$

$$\frac{1}{2} \times \frac{GD_F^2}{4g} \left(\frac{2\pi n}{60}\right)^2 = \frac{1}{2} \times \frac{G}{g} v^2 \quad (2\text{-}20)$$

$$GD_F^2 = 365 \frac{Gv^2}{n^2} \quad (2\text{-}21)$$

系统总的飞轮矩＝直线运动质量的折算 GD_F^2 ＋旋转部分折算的飞轮矩＋电动机的飞轮矩

这样，经过转矩和飞轮矩的折算，多轴电力拖动系统都可以折算成等效的单轴系统，就可以用运动方程式(2-5)进行运动分析。

【**例 2-3**】 一刨床主传动系统如图 2-3 所示。齿轮 1 与电动机轴直接连接，各齿轮数据见表 2-1；切削力 $F=9810N$，切削速度 $v=43m/min$，传动效率 $\eta=0.8$，齿轮 6 的节距 $t_6=20mm$，电动机转子的飞轮矩 $GD_D^2=230N \cdot m^2$，工作台重 $G_1=9.81 \times 1500N$，工件重 $G_2=9.81 \times 1000N$，工作台与床身的摩擦因数为 0.1。试计算折算到电动机轴上的系统总飞轮矩及负载转矩。

表 2-1 各齿轮技术参数

齿轮号	1	2	3	4	5	6
齿数	20	55	38	64	30	78
$GD^2/N \cdot m^2$	8.25	40.20	19.60	56.80	37.30	137.20

解 传动比

$$i_1 = \frac{n_1}{n_2} = \frac{z_2}{z_1} = \frac{55}{20}$$

第二章 电力拖动系统运动分析和折算

$$i_2 = \frac{n_2}{n_3} = \frac{z_4}{z_3} = \frac{64}{38}$$

$$i_3 = \frac{n_3}{n_4} = \frac{z_6}{z_5} = \frac{78}{30}$$

不包括电动机旋转部分的 GD_a^2

$$GD_a^2 = GD_1^2 + \frac{GD_2^2 + GD_3^2}{i_1^2} + \frac{GD_4^2 + GD_5^2}{(i_1 i_2)^2} + \frac{GD_6^2}{(i_1 i_2 i_3)^2}$$

$$= 8.25 + \frac{40.2 + 19.6}{\left(\frac{55}{20}\right)^2} + \frac{56.8 + 37.3}{\left(\frac{55}{20} \times \frac{64}{38}\right)^2} + \frac{137.2}{\left(\frac{55}{20} \times \frac{64}{38} \times \frac{78}{30}\right)^2}$$

$$= 21.5 \text{N} \cdot \text{m}$$

直线部分的 GD_b^2

$$n_4 = \frac{v}{z_6 t_6} = \frac{43}{78 \times 0.02} = 27.6 \text{r/min}$$

$$n_1 = n_4 \frac{z_6}{z_5} \times \frac{z_4}{z_3} \times \frac{z_2}{z_1} = 27.6 \times \frac{78}{30} \times \frac{64}{38} \times \frac{55}{20} = 332.3 \text{r/min}$$

$$GD_b^2 = 365 \frac{(G_1 + G_2)v^2}{n_1^2} = 365 \times \frac{(14715 + 9810) \times \left(\frac{43}{60}\right)^2}{332.3^2} = 41.64 \text{N} \cdot \text{m}^2$$

总飞轮矩 GD^2

$$GD^2 = GD_D^2 + GD_a^2 + GD_b^2 = 230 + 21.5 + 41.64 = 293.1 \text{N} \cdot \text{m}^2$$

阻力 F_z

$$F_z = F + (G_1 + G_2) \times 0.1 = 9810 + (14715 + 9810) \times 0.1 = 12262.5 \text{N}$$

折算到电动机轴上的负载转矩

$$T_F = 9.55 \frac{F_z v}{n \eta} = 9.55 \times \frac{12262.5 \times 0.72}{332.3 \times 0.8} = 317.2 \text{N} \cdot \text{m}$$

思考题与习题

1. 单轴拖动系统的运动方程是什么？其中 GD^2 的意义是什么？
2. 多轴拖动系统折算为单轴拖动系统的折算原则是什么？阻转矩、力、飞轮矩和质量如何折算？
3. 从低速轴折算到高速轴，为什么阻转矩要变小，而飞轮矩变得更小？
4. 有一提升机构，电动机的转速 $n = 950 \text{r/min}$，三级传动机构的传动比为 $i_1 = i_2 = 4$，$i_3 = 2$，卷筒直径 $D = 0.24 \text{m}$，空钩重 $G_0 = 2000 \text{N}$，起重负载 $G = 1000 \text{N}$，电动机飞轮矩 $GD_D^2 = 10.5 \text{N} \cdot \text{m}^2$，传动效率 $\eta = \eta_1 = \eta_2 = \eta_3 = 0.95$，试求提升速度 v；提升时折算到电动机轴上的负载转矩 T_F；折算到电动机轴上的总飞轮矩 GD^2。

第三章 常用电动机应用基础

第一节 直流电动机应用基础

直流电机是进行机械能和直流电能相互转换的旋转机电设备。将机械能转变为直流电能，称为直流发电机；将直流电能转变为机械能，则为直流电动机。

直流电动机具有良好的启动、调速和制动性能，在早期的重型和精密机床上应用广泛，目前在电力牵引和冶金领域应用较多，无刷直流电动机及其调速系统现在也是调速技术的发展方向之一。

一、直流电动机的工作原理

直流电动机是利用通有电流的导体在磁场中产生电磁力，形成电磁转矩，从而带动电动机旋转而工作的。其工作原理如图 3-1 所示。

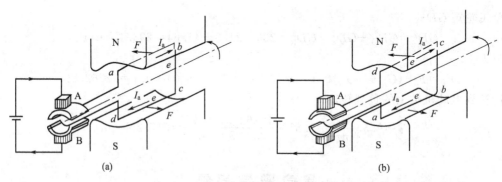

图 3-1 直流电动机工作原理

直流电动机的电枢线圈通过换向片、电刷与电源相连。电刷 A 接电源正极，电刷 B 接电源负极。

在图 3-1(a) 所示位置时，在 N 极下导线电流由 a 至 b，根据左手定则，导线 ab 受力方向向左；同理，导线 cd 受力方向向右。两个电磁力对转轴形成电磁转矩，驱动电动机逆时针旋转。

当电动机逆时针旋转，带动线圈转过 180°，在图 3-1(b) 所示位置时，导线 ab 转到 S 极下，导线 cd 转到 N 极下，导线电流方向变为 $d \rightarrow c \rightarrow b \rightarrow a$，电磁转矩方向仍为逆时针，使电动机一直按逆时针旋转。

可以看到，通过换向器，电刷 A 始终和 N 极下的导线相连，电刷 B 则与 S 极下的导线相连，保证在 N 极与 S 极下的导线电流方向始终保持不变，所以电动机的电磁转矩和旋转的方向始终保持不变。

直流电动机的电磁转矩为

$$T = C_T \Phi I_a \tag{3-1}$$

式中 Φ——一个主磁极的磁通，Wb；

I_a——电枢绕组中的电流,A;
C_T——与电动机结构有关的比例常数。

电枢在磁场中转动时,线圈中也产生感应电动势。其方向由右手定则确定,它与电流方向相反,所以称为反电动势 E。

$$E = C_E \Phi n \tag{3-2}$$

式中　Φ——一个主磁极的磁通,Wb;
　　　n——电枢转速,r/min;
　　　C_E——与电动机结构有关的比例常数。

$$C_T = 9.55 C_E$$

可以看出,直流电动机的电磁转矩 T 与主磁极磁通和电枢绕组电流成正比,反电势 E 与主磁极磁通和电动机转速成正比。

二、直流电动机的基本结构

Z2 和 Z4 系列直流电动机外形如图 3-2 所示,Z4 系列直流电动机上部的骑式鼓风机用于电动机冷却。

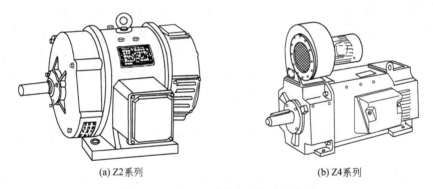

(a) Z2系列　　　　　　　　(b) Z4系列

图 3-2　Z2 和 Z4 系列直流电动机外形

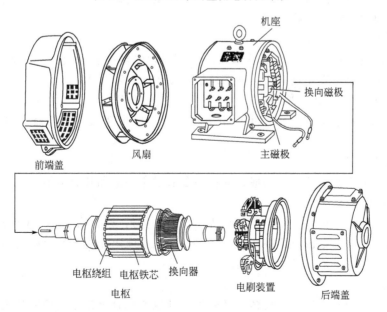

图 3-3　直流电动机主要部件结构

直流电动机与直流发电机的结构基本相同，都由定子（静止部分）和转子（旋转部分）组成。

直流电动机主要部件的结构如图3-3所示。

（一）直流电动机的定子结构

直流电动机的定子主要由机座、主磁极、换向磁极、电刷装置、端盖和出线盒等部件构成。

1. 机座

机座是电动机磁路的一部分，通常用铸钢制成或用厚钢板焊接而成。另外，机座还用来固定主磁极、换向磁极、端盖和出线盒等定子部件，通过端盖和轴承支撑转子，并借助底脚将电动机固定在地基上。

2. 主磁极

主磁极的作用是产生主磁通Φ，由主磁极铁芯和励磁绕组组成，如图3-4所示。

主磁极铁芯由钢板或硅钢片叠压而成，包括极身和极掌两部分：极掌使励磁绕组牢固地套在极身上，并可以改善电动机气隙磁感应强度的分布。

主磁极用螺栓均匀地固定在机座的内壁，且在连接励磁绕组时要保证相邻磁极极性按N极和S极依次排列。

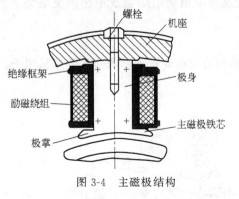

图3-4 主磁极结构

3. 换向磁极

换向磁极的作用是产生附加磁场，用以改善换向效果，防止电刷与换向器表面产生过大火花。

换向磁极的结构和主磁极类似，也是由铁芯和套在铁芯上的绕组构成，用螺栓固定在定子内壁两主磁极之间。换向磁极绕组一般与主磁极励磁绕组串联，连接时应使直流电动机换向磁极极性与电枢旋转方向后的主磁极极性相同。

4. 电刷装置

电刷装置固定在端盖上，其作用是通过固定不动的电刷和旋转的换向器之间的滑动接触，将外部直流电源与直流电动机的电枢绕组连接起来。

（二）直流电动机的转子结构

直流电动机的转子又称电枢，主要由电枢铁芯、电枢绕组、换向器、风扇、转轴等组成，如图3-3所示。

1. 电枢铁芯

电枢铁芯一般用硅钢片叠压而成，其作用是通过主磁通和安放电枢绕组。

2. 电枢绕组

电枢绕组在磁场中旋转产生感应电动势（反电动势），在磁场中通过电流产生电磁转矩。对于直流电动机，外部电源电压高于反电动势，输入直流电流可产生电磁转矩，拖动电动机及机械负载旋转，将电能转换为机械能。

3. 换向器

换向器是用换向片嵌成的圆柱体，换向片由纯铜或铜合金制成，换向片之间用云母片绝缘。换向器固定在电枢铁芯的前面，电枢绕组的导体按一定规则与换向片相连。换向器结构如图 3-5 所示。

换向器的作用是与电刷保持良好的滑动接触，将外部的直流电流变成电动机内部的交变电流，使电枢绕组导体在 N 极和 S 极下都产生相同方向的电磁力，以产生恒定方向的电磁转矩，从而拖动电动机和机械负载旋转。

4. 风扇

风扇一般固定在转轴上，用于电动机散热，以保证电动机运行温度不超过允许值。

5. 转轴

转轴用于安装转子其他部件和传递转矩，一般用合金钢锻压后加工而成。

图 3-5 直流电动机换向器结构

三、直流电动机的励磁方式

直流电动机的励磁方式是指直流电动机主磁通的产生方式。直流电动机主磁通的产生通常有两种方式：一种是由永久磁铁产生；另一种是在励磁绕组中通入直流励磁电流产生。

采用励磁绕组通入直流电流励磁时，根据励磁绕组与电枢绕组连接方式的不同，可以对直流电动机进行分类。直流电动机励磁电流如果由独立的直流电源供给，称为他励直流电动机；直流电动机励磁电流和电枢电流如果由同一个直流电源提供，按励磁绕组连接方式的不同，又可分为并励直流电动机、串励直流电动机和复励直流电动机。它们的绕组连接分别如图 3-6 所示。

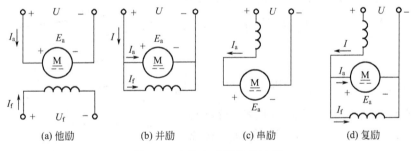

图 3-6 直流电动机绕组连接

其中，复励直流电动机绕组连接时，要保证同一磁极中串励绕组和并励绕组产生的磁通方向一致，否则电动机不能稳定运行。

他励和并励直流电动机只是共用电源而已，在电源足够稳定时，其运行特性完全相同；与他励和并励直流电动机相比，复励直流电动机的速度稳定性更好，串励直流电动机常用在电力牵引的场合。

四、他励直流电动机的机械特性

他励直流电动机在传动控制系统中最为常用，所以仅以此种电动机为例介绍其机械特性。他励直流电动机工作原理如图 3-7 所示。

（一）固有机械特性

固有机械特性是指当 $U=U_N$，$\Phi=\Phi_N$，电枢回路电阻没有串联调节电阻时，电动机的电磁转矩 T 与转速 n 之间一一对应的固定关系。

由电工学可知：
$$U = E + I_a R_a \quad (3\text{-}3)$$

式中　U——电动机外加直流电源电压；
　　　E——反电动势；
　　　I_a——电枢绕组中的电流；
　　　R_a——电枢回路电阻。

将式(3-1)和式(3-2)代入式(3-3)可得到他励直流电动机的固有机械特性为

$$n = \frac{U_N}{C_E \Phi_N} - \frac{R_a}{C_E C_T \Phi_N^2} T = n_0 - \beta_N T = n - \Delta n \quad (3\text{-}4)$$

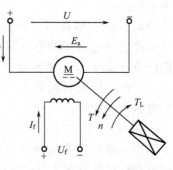
图 3-7　他励直流电动机工作原理

式中　n_0——理想空载转速，$n_0 = \dfrac{U_N}{C_E \Phi_N}$；

　　　Δn——电动机负载转矩引起的转速降，$\Delta n = \dfrac{R_a}{C_E C_T \Phi_N^2} T$；

　　　β_N——固有机械特性的斜率，$\beta_N = \dfrac{R_a}{C_E C_T \Phi_N^2}$。

他励直流电动机固有机械特性即图3-8中对应U_N、Φ_N的机械特性。
固有机械特性的特点如下。

① $T = 0$ 时，$n = n_0 = \dfrac{U_N}{C_E \Phi_N}$ 为理想空载转速，此时，$I_a = 0$，$E = U_N$。

② $T = T_N$ 时，$n = n_N = n_0 - \Delta n_N$ 为额定转速，其中 $\Delta n_N = \dfrac{R_a T_N}{C_E C_T \Phi_N^2}$，为额定转速降，一般 $\Delta n_N \approx 0.05 n_0$。

③ 特性斜率 $\beta_N = \dfrac{R_a}{C_E C_T \Phi_N^2}$，因 R_a 很小，故 β_N 很小，表明他励直流电动机的固有机械特性较硬，运行稳定性较好，负载的变动大时，电动机转速的变化较小。

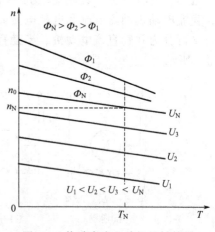
图 3-8　他励直流电动机机械特性

④ $n = 0$ 时，即电动机启动时，$E = C_E \Phi_N n = 0$，此时 $I_a = U_N / R_a = I_{st}$，称为启动电流；$T = C_T \Phi_N I_{st} = T_{st}$，称为启动转矩。由于电枢电阻 R_a 很小，所以 I_{st} 比额定值大得多，这样大的启动电流和启动转矩会损坏换向器。因此，一般的中大功率直流电动机不能在额定电压下直接启动。

（二）人为机械特性

当改变 U 或 I_f，或在电枢回路串联调节电阻 R 时，他励直流电动机的电磁转矩 T 与转速 n 之间一一对应的固定关系，就称为人为机械特性，如式(3-5)所示。

$$n = \frac{U}{C_E \Phi} - \frac{R_a + R}{C_E C_T \Phi^2} T \quad (3\text{-}5)$$

1. 改变电枢电压时的人为机械特性

当 $I_f = I_{fN}$，电枢回路不串联调节电阻 R 时，改变电枢电压，可看到理想空载转速与电枢电压成正比，机械特性的斜率与固有机械特性相同，如图 3-8 中 U_1、U_2、U_3 等对应特性。

由于直流电动机的电枢电压不能超过额定值，所以只能在额定电压之下改变电枢电压。

2. 减小励磁磁通时的人为机械特性

保持 $U=U_N$，电枢回路不串联调节电阻 R，减小 I_f（降低励磁电压或增大励磁电路中的串联调节电阻 R_f，减小 I_f，从而减小 Φ）。可看出理想空载转速、机械特性的斜率都随 Φ 的减小而增大，如图 3-8 中 Φ_1、Φ_2 等对应特性。

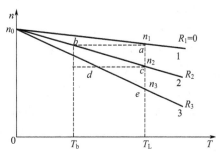

图 3-9　电枢回路串联调节电阻 R 时的人为机械特性

3. 电枢回路串联调节电阻时的人为机械特性

保持 $U=U_N$，$\Phi=\Phi_N$，在电枢回路串联调节电阻 R，此时的人为机械特性与固有机械特性相比，理想空载转速不变，机械特性的斜率随 R 的增加而变大，机械特性变软，如图 3-9 所示。

五、他励直流电动机的启动、调速、制动和反转

（一）他励直流电动机的启动

电动机从静止到稳定运行的过程称为启动。他励直流电动机有三种启动方法：直接启动、降压启动、电枢串电阻启动。

1. 直接启动

直接启动是在电动机电枢绕组上直接加以额定电压的启动方法。

启动开始瞬间，由于机械惯性，$n=0$，$E=0$，启动电流 I_{st} 很大，电动机绕组可能过热，电网电压可能因此而下降，影响其他设备正常运行；同时，启动转矩也很大，可能会造成电动机和机械负载的损坏。所以，除了小容量的直流电动机可直接启动外，中大容量直流电动机不能直接启动。

2. 降压启动

启动时降低电枢两端的电源电压 U，以减少启动电流 I_{st} 的启动方法。随着电动机转速 n 不断升高，反电势 E 逐渐增大，再逐渐提高电源电压 U，使启动电流和启动转矩保持在一定数值，保证一定的上升加速度，直到电动机在额定电压值稳定运行，以缩短生产机械的启动时间，提高生产效率。

3. 电枢串电阻启动

为限制启动电流 I_{st}，可在电枢回路中串接启动电阻，并在启动过程中，用自动控制设备逐级将启动电阻短接切除。

（二）他励直流电动机的速度调节

由机械特性方程式可知，改变电枢回路电阻、主磁通或电枢电压，均可达到调速的目的。

1. 电枢回路串电阻调速

电枢回路串电阻调速不能改变理想空载转速，只改变机械特性的斜率，即特性的硬度；所串电阻越大，特性越软，电动机转速越低。

当调速电阻在 $0\sim R_{max}$ 范围调节时，对应的调速范围是 $n_N\sim n_{min}$。

电枢回路串电阻调速是有级调速，能耗大，仅用于小容量、低速时工作时间不长、调速范围小的场合。

2. 减弱励磁磁通调速

在电枢电压为 $U=U_N$，电枢回路不串联附加电阻的条件下，减弱励磁磁通，可使理想空载转速升高，机械特性上移，硬度变软，电动机转速上升。

在 $\Phi_N \sim \Phi_{min}$ 范围内调节磁通时，对应电动机的调速范围是 $n_N \sim n_{max}$。

减弱磁通的方法是在励磁回路串接可调电阻，或用单独的可调直流电源向励磁回路供电。进行弱磁调速，要选用调磁专用的电动机，调速时能耗小、控制较容易，可平滑调速。

3. 降低电枢电压调速

降低电枢电压，理想空载转速降低，但机械特性的斜率不变，机械特性平行下移，电动机转速下降。

当电压在 $U_N \sim 0$ 范围连续调节时，转速在 $n_N \sim 0$ 范围内连续变化。

降低电枢电压调速属于无级调速，平滑性好，因此在直流电力拖动自动控制系统中得到广泛应用。

（三）他励直流电动机的制动

使电力拖动系统停车，可采用自由停车，即断开电源，使转速逐渐减慢，最后停车。为使系统加速停车，可用两种方法：一是用机械、电磁制动器，俗称"抱闸"制动停车；二是用电气制动，使电动机产生制动转矩，加快减速过程。

电气制动运行的特点是采取某种控制方式，使电动机电磁转矩 T 与转速 n 方向相反，从而达到制动停车的目的。常用的电气制动方法有能耗制动、反接制动和回馈制动。

1. 能耗制动

电动机在电动状态下稳定运行时，若突然将其电枢从电源上断开，而与一制动电阻构成回路，由于机械惯性，转速 n 不变，电动势 E 不变，电流 I_a 的方向将与电动状态时相反，电磁转矩 T 的方向也会与转速 n 的方向相反。电磁转矩 T 起制动作用，使系统的动能变为电能，消耗在电枢回路电阻和制动电阻上。

能耗制动在零速时没有转矩，可准确停车。车床、镗床的主轴可采用能耗制动停车。但能耗制动在低速时电磁转矩较小，因而制动时间较长。

2. 反接制动

（1）倒拉反接制动　电动机在提升重物时，如电枢回路串入的电阻 R_b 逐渐加大，电磁转矩逐渐减小，转速 n 将不断降低。当电磁转矩小于负载转矩时，电动机被负载带动反转即"倒拉"，此时，转速 n 与 T 方向相反，拖动系统被重物拖动转为下放。

（2）电枢反接的反接制动　电动机在电动状态下稳定运行时，如将电动机电枢断开，并反接到电源上，由于机械惯性，转速 n 不能立即改变，电动势 E 大小和方向不变，此时，电流 I_a 方向将与电动状态时相反，电磁转矩 T 的方向将与转速 n 的方向相反，起制动作用，使电动机迅速停车。

采用电枢反接的反接制动时，由于电枢电压与反电动势方向相同，所以制动电流很大。为了限制电枢电流，电枢电路必须串接很大的制动电阻，以保证电枢电流不超过额定电流的 1.5～2.5 倍。

如果电动机不需要反转，则在制动结束（$n=0$）后，还必须切断电源，否则电动机将反向启动。

3. 回馈制动

回馈制动也称发电反馈制动、再生制动。电动机处于电动状态稳定运行时，在电动机轴上加一外力矩 T'_L，外力矩的方向与电磁转矩 T 的方向相同，两者共同驱动电动机，使转速 n 不断升高；当转速 n 超过理想空载转速 n_0 时，则反电势 E 高于电源电压 U，使电枢电流 I_a 反向，电磁转矩 T 也随之反向，起制动作用，电动机处于发电状态，在高于理想空载转速的速度下运行，向电网输送电流，即回馈电能。

回馈制动既可出现在电动机拖动位能负载下放重物的过程中，也可出现在电动机转速由高变低的过程中，如他励直流电动机由弱磁到恢复正常励磁时，或电枢电压迅速降低时。

（四）他励直流电动机的反转

直流电动机的转向是由电枢电流方向和主磁场方向共同决定的，改变电枢电流方向或改变励磁电流方向，即可改变其转向。

六、数控机床常用直流伺服电动机的特点

直流伺服电动机工作原理与普通直流电动机相同。

在数控机床的进给驱动系统中，电动机经常处于频繁的启动、反转、制动等过渡过程，电动机的动态品质直接影响着生产率、加工精度和工件表面质量。但由于普通直流电动机的动态特性差、调速范围不宽，不能满足数控机床位置伺服系统的控制要求。而直流伺服电动机的结构设计、制造材料与普通直流电动机有较大的不同，因此其动态性能比普通直流电动机更加优越。

目前，在数控机床进给驱动中采用的直流伺服电动机，主要是 20 世纪 70 年代研制成功的大惯量宽调速直流伺服电动机，又称直流力矩电机，有电励磁和永久磁铁励磁（永磁）两种励磁方式，占主导地位的是永磁直流伺服电动机。

1. 永磁直流伺服电动机基本结构特点

永磁直流伺服电动机的基本结构如图 3-10 所示。

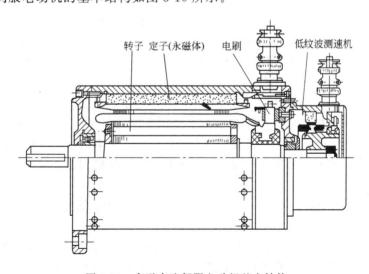

图 3-10 永磁直流伺服电动机基本结构

永磁直流伺服电动机结构有如下特点。

① 定子磁极采用永久磁体，一般采用铝镍合金、铁氧体、稀土钴等材料，因这些材料的矫顽力很高，故可以产生极大的峰值转矩；而且在较高的磁通密度下能保持性能稳定（不

出现退磁现象)。

② 直径大，极对数多。

③ 电枢绕组导体数多，绝缘等级高，从而保证电动机在反复过载的情况下仍有较长的寿命。

④ 电枢铁芯上槽数较多，采用斜槽，即将铁芯叠片扭转一个齿距，且在一个槽内分布有几个虚槽以减少转矩波动。

⑤ 一般没有换向磁极和补偿绕组，通过仔细选择电刷材料和磁场的结构，使得在大的加速度状态下有良好的换向性能。

⑥ 在电动机轴上装有精密的测速发电机、旋转变压器或脉冲编码器，可以得到精确的速度和位置检测信号，反馈到速度控制单元和位置控制单元。

2. 永磁直流伺服电动机性能特点

(1) 可和进给丝杠直接连接　由于其低速高转矩特性和大惯量结构，永磁直流伺服电动机可以与机床进给丝杠直接连接，省掉了减速机构，降低了成本和损耗，提高了传动精度。

(2) 启动力矩大　为获得大的启动力矩，除前述措施外，永磁直流伺服电动机还提高了最大允许的电流过载倍数。启动瞬时，加速电流可允许为额定电流的 10 倍，因而使得力矩-惯量比加大，快速性能良好。

(3) 低速运行平稳，力矩波动小　加工中经常要求电动机能在 0.1r/min 左右运行。永磁直流伺服电动机采用增加转子槽数、斜槽等措施，保证了低速运行平稳，力矩波动小。

(4) 调速范围宽，动态性能好　力矩-惯量比标志着电动机本身的加速度性能。直流小惯量伺服电动机，由于减小了惯量，动态过程中电动机快速响应性能优越，但其力矩低、惯量小，无法与传动系统直接连接。

由于采用矫顽力大的永磁材料、高性能的导磁材料，设计的直径大，极对数多，电枢绕组导体数多，因此永磁直流伺服电动机一方面可维持大转动惯量，以便与机械传动机构的惯量相匹配；另一方面又从结构上提高了启动力矩，用提高转矩的方法改善其动态特性，具有大惯量、转速低、转矩大等特点。所以说永磁直流伺服电动机既有一般直流电动机便于调速、机械性能较好的优点，又有较好的快速响应性能，其良好的动静态性能使其在数控机床上得到了广泛应用。

永磁直流伺服电动机虽然具有上述特点，但其控制不如步进电动机简单，快速响应性能也不如小惯量直流电动机；且电动机转子由于采用良好的绝缘，耐温可达 150~200℃，因此运行时转子温度高，热量将通过转轴传递到丝杠，若不采取措施，丝杆的热变形将影响传动精度；此外，电动机电刷易磨损，维修、保养也存在一定的问题。

第二节　异步电动机应用基础

交流电动机是将交流电能转换为机械能的电气装置，主要分为同步电动机和异步电动机两大类，两者工作原理和运行性能都有很大差别。同步电动机的转速与电源频率之间保持严格的同步对应关系，不随负载变化而变化；异步电动机的转速虽然也与电源频率有关，但其转速随负载变化而略有变化。

由于异步电动机结构简单、价格低廉，具有运行可靠、维护方便、效率较高等一系列优点，且与同容量的直流电动机相比，重量约为其 1/3，因此，大部分生产机械采用三相异步电动机作为原动机。据统计，三相异步电动机的用电量约为总用电量的 2/3 左右。

近年来，随着电子计算机的发展和新型电力电子器件的出现，采用变频器的异步电动机变频调速系统得到了广泛的应用，目前已经取代了直流电动机调速系统。

一、异步电动机的分类

1. 按外壳防护方式分类

异步电动机按其外壳防护方式的不同，可分为开启型（IP11）、防护型（IP22、IP23）、封闭型（IP44、IP54）三大类。防护型和封闭型三相笼型异步电动机外形如图 3-11 所示。

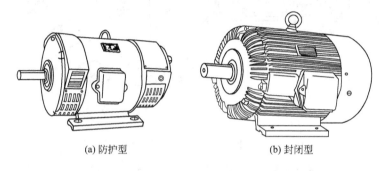

图 3-11　三相笼型异步电动机外形

开启型——电动机除必要的支撑结构外，转动部分及绕组没有专门的防护，与外界空气直接接触，散热性能较好，适用于干燥、清洁，没有灰尘和腐蚀性气体的场所。开启型目前已不再使用。

防护型——能防止水滴、尘土、铁屑或其他物体从上方或斜上方落入电动机内部，适用于较清洁的场所。

封闭型——能防止水滴、尘土、铁屑或其他物体从任意方向侵入电动机内部，适用于粉尘较多的场所，如拖动碾米机、球磨机及纺织机械等。

由于封闭型结构能防止固体、水滴等进入内部，并能防止人与物触及电动机带电部位和运动部位，因而目前使用最为广泛。

2. 按转子结构分类

三相异步电动机按电动机转子结构的不同，又可分为三相笼型异步电动机和三相绕线转子异步电动机。三相绕线转子异步电动机外形如图 3-12 所示，机床中常用的则是三相笼型异步电动机。

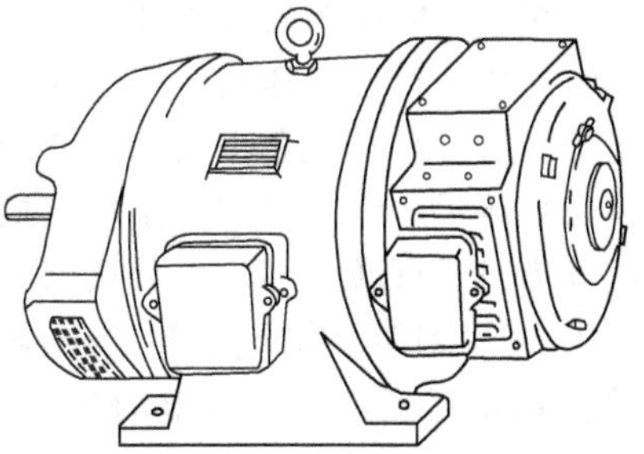

3. 其他分类

除以上分类外，还有按相数分为三相异步电动机和单相异步电动机，按安装方式分为立式电动机和卧式电动机，按冷却方式分为空气冷却电动机和液体冷却电动机等。

图 3-12　三相绕线转子异步电动机外形

二、三相异步电动机的结构

三相异步电动机由定子和转子两大部件组成，三相笼型异步电动机各主要组成部件结构如图 3-13 所示。

1. 定子部分

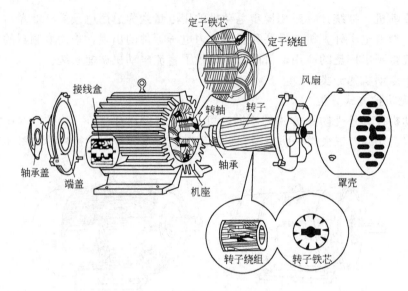

图 3-13　三相笼型异步电动机的部件结构

三相异步电动机定子部分由机座、定子铁芯、定子绕组、端盖等部件组成。

(1) 机座　用于固定定子铁芯，并通过两侧的端盖和轴承支撑转子，同时用于电动机的整体安装，保护整台电动机的电磁部分和运动部分，散发电动机热量。中小型电动机机座一般用铸铁铸造而成，大型电动机机座多采用钢板焊接结构。

(2) 定子铁芯　是电动机磁路的一部分，由厚 0.5mm 的硅钢片冲片叠压而成，冲片上涂有绝缘漆作为片间绝缘，以减少涡流损耗。铁芯内圆有均匀分布的槽，用以嵌放定子绕组。

(3) 定子绕组　是一个三相对称绕组，它由三个完全相同的绕组所组成，每个绕组即为一相。三个绕组在空间上相差 120°电角度，每相绕组的两端分别用 U1-U2、V1-V2、W1-W2 表示，可以根据需要接成星形或三角形。

(4) 端盖　除了起防护作用外，还装有轴承，用以支撑转子轴。

2. 转子部分

三相异步电动机的转子部分由转子铁芯、转子绕组、风扇等部件组成。

(1) 转子铁芯　作用和定子铁芯相同，一方面作为电动机磁路的一部分，一方面用来安放转子绕组。转子铁芯也是用厚 0.5mm 的硅钢片叠压而成，套在转轴上。

(2) 转子绕组　三相异步电动机的转子绕组分为绕线型与笼型两种，根据转子绕组的不同，分为绕线型转子异步电动机与笼型异步电动机。

① 绕线型转子绕组　和定子绕组一样，也是一个三相绕组，一般接成星形，三根引出线分别接到固定在转轴上的三个集电环上，集电环与转轴绝缘。绕线型转子绕组通过电刷装置与外电路相连，可以在转子电路中串接电阻以改善电动机的运行性能，如图 3-14 所示。

② 笼型绕组　在转子铁芯的每一个槽中插入一铜条，在铜条两端各用一铜环（称为端环）把铜条连接起来，这称为铜排转子笼型绕组，如图 3-15(a) 所示。也可用铸铝的方法，把转子导条和端环、风扇叶片用铝液一次浇铸而成，称为铸铝转子，如图 3-15(b) 所示。100kW 以下的异步电动机一般采用铸铝转子。

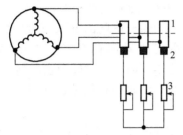

图 3-14 绕线型转子绕组

(a) 铜排转子笼型绕组

(b) 铸铝转子

图 3-15 笼型绕组

笼型绕组以其结构简单、制造方便、运行可靠得到广泛应用。

三、三相异步电动机的工作原理

三相异步电动机工作原理如图 3-16 所示。

三相异步电动机的定子绕组通入三相交流电流，产生正弦分布的旋转磁场，以同步转速 n_1 顺时针方向旋转。其转速 $n_1=60f_1/p$，称为同步转速，其中 f_1 为电源频率，p 为电动机极对数。

当转子静止或低于同步转速时，转子导条相对切割旋转磁场的磁力线，在转子的各个导体中会产生感应电动势，根据右手定则，可以判定转子导体中的电动势方向。

因为转子导体两端被端环短接，构成闭合回路，所以转子导体电流的方向与感应电动势的方向相同。根据左手定则即可判定转子导体所受到的电磁力的方向，如图 3-16 中 F 所示，这一对电磁力形成一个顺时针方向的电磁转矩，转子在电磁转矩的作用下顺时针方向旋转。

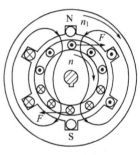

图 3-16 三相异步电动机的工作原理

如果转子转速达到同步转速，则转子与旋转磁场之间的相对运动就会消失，转子导体不再切割磁力线，转子导体中便没有感应电动势和感应电流。这时电磁转矩等于零，即转子旋转的动力消失。在转子固有的阻力矩的作用下，转子的速度将低于同步转速。一旦转子速度小于同步转速，转子导体又开始切割旋转磁场磁力线，转子重新受到电磁转矩的作用。

因此，异步电动机的转子转向与旋转磁场转向一致，其转速总是小于旋转磁场的同步转速 n_1，故被称为异步电动机。

n_1-n 称为异步电动机的转差。转差与同步转速 n_1 的比值称为转差率，用 s 表示：

$$s=\frac{n_1-n}{n_1} \tag{3-6}$$

异步电动机额定运行时的转差率约在 0.01～0.06 之间，说明其额定转速与同步转速较为接近。

四、三相异步电动机的机械特性

三相异步电动机的机械特性是指在定子电压、频率等参数不变的情况下，电磁转矩 T 与转速 n 或转差率 s 之间的关系。

$$T=\frac{pm_1U_1^2 r_2'/s}{2\pi f_1[(r_1+r_2'/s)^2+x_k^2]} \tag{3-7}$$

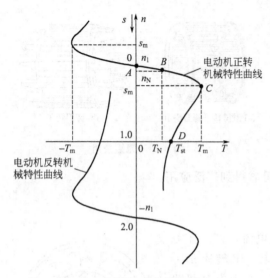

图 3-17 异步电动机的机械特性

式(3-7)为异步电动机机械特性的参数表达式。当供电电网的电压 U_1 和频率 f_1 为常数，并且电动机的参数（电阻和漏抗）可以认为不变时，电磁转矩仅与转差率 s 有关。异步电动机的机械特性如图 3-17 所示，$n=f(T)$。

当定子和转子回路不串入任何电路元件时，该机械特性又称固有机械特性。

在图 3-17 的电动机正转机械特性曲线中，当工作点位于第一象限时，$T>0$，$0<n<n_1$，$0<s<1$，电动机处于电动状态；当工作点位于第二象限时，$T<0$，$n>n_1$，$s>1$，电动机处于制动状态。

第一象限的机械特性曲线上，B 点为额定运行点，其电磁转矩与转速均为额定值；A 点 $n=n_1$，$T=0$，为理想空载运行点；C 点是电磁转矩最大点；D 点 $n=0$，电磁转矩为启动转矩 T_{st}。

三相异步电动机最大转矩可利用数学中求最大值的方法求出。

令 $\dfrac{dT}{ds}=0$，求得产生最大转矩时的转差率 $s_m = \pm \dfrac{r_2'}{\sqrt{r_1+(x_1+x_2')^2}}$。

最大转矩时的转差率又称临界转差率，将 s_m 代入转矩公式(3-7)，就可得到最大转矩 T_m。

$$T_m = \pm \frac{3pU_1^2}{4\pi f_1(x_1+x_2')} \tag{3-8}$$

由式(3-8)可知如下内容。

① 当异步电动机各参数及电源频率不变时，$T_m \propto U_1^2$；而 s_m 保持不变，与 T_m 无关。所以异步电动机对电网电压波动很敏感，电压降低较多时有可能停转。

② 当电源频率及电压不变时，T_m 和 s_m 近似与 (x_1+x_2') 成反比。

③ 增大转子回路电阻值，只能使 s_m 相应增大，而最大转矩保持不变。

④ 最大转矩 T_m 与额定转矩 T_N 之比称为过载倍数，也称为过载能力，用 λ 表示：

$$\lambda = \frac{T_m}{T_N}$$

一般异步电动机的 $\lambda=1.2\sim1.6$，对于冶金机械用的电动机 $\lambda=2.2\sim2.8$。λ 是异步电动机的重要数据之一，它反映电动机能够承受的短时过载的极限。

上述表达式对于分析电磁转矩与电动机参数之间的关系是非常有用的。但是，由于在电动机产品目录中，定子及转子的参数是查不到的，因此，用参数表达式来绘制机械特性曲线或进行分析计算很不方便。

为此，可以采用机械特性的实用表达式：

$$\frac{T}{T_m} = \frac{2}{s/s_m + s_m/s} \tag{3-9}$$

可解得

$$s_m = s_N(\lambda + \sqrt{\lambda^2 - 1})$$

五、三相异步电动机的启动

从三相异步电动机的机械特性曲线可知，电动机的启动力矩必须大于电动机静止时的负载转矩，否则电动机将无法启动，不能进入正常运转工作区，时间较长电动机会过热损坏。

异步电动机的启动电流一般为额定电流的 4~7 倍，直接启动时，过大的启动电流会使电源电压在启动时下降过大，影响电网其他设备的正常运行，另外还会在线路及电动机中产生较大损耗引起发热。因此，启动时一般要考虑以下几个问题。

① 应有足够大的启动力矩和适当的机械特性曲线。
② 启动电流尽可能小。
③ 启动装置应尽可能简单、经济。
④ 启动过程中的功率损耗应尽可能小。

普通异步电动机在启动过程中为了限制启动电流，常用的启动方法有三种，即串联电抗器启动、自耦变压器降压启动、星形-三角形转接启动。

目前，采用电子器件构成的"异步电动机软启动系统"以其良好的性能和平稳的启动过程而得到了迅速的发展和应用。

六、异步电动机调速方式及性能比较

异步电动机转速的表达式为

$$n = \frac{60 f_1}{p}(1 - s) \tag{3-10}$$

式中 f_1——供电电源频率；
p——定子绕组极对数；
s——转差率。

从式(3-10)看来，对异步电动机的调速有三个途径，即改变定子绕组极对数 p、改变转差率 s、改变电源频率 f_1。

实际应用的交流调速方式有多种，仅介绍如下几种常用的方式。

1. 变极调速

这种调速方式只应用于专门生产的变极多速异步电动机。通过绕组的不同组合连接方式，可获得多种速度。这种调速方式的速度变化是有级的，只能达到在较大范围实现速度粗调的目的。

2. 转子串电阻调速

这种调速方式只适用于绕线式转子异步电动机。它是通过改变串联于转子电路中的电阻阻值的方式来改变电动机的转差率，进而达到调速的目的。由于外部串联电阻的阻值可以多级改变，故可实现多种速度的调节。但由于串联电阻消耗功率，效率较低，同时这种调速方式机械特性较软，因此只适合于调速性能要求不高的场合。

3. 串级调速

这种调速方式也只适用于绕线式异步电动机，它是通过一定的电子设备将转差功率反馈到电网中加以利用来实现调速，在风机、泵等传动系统上应用广泛。串级调速通常由电气串级、电动机串级、低同步串级、超同步串级等四种结构方案来实现。

4. 调压调速

调压调速电路如图 3-18 所示。

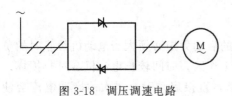

图 3-18 调压调速电路

这是将晶闸管反并联连接,构成交流调速电路,通过调整晶闸管的触发角,改变异步电动机的端电压进行调速。这种方式也可改变转差率,转差功率消耗在转子回路中,效率较低,适用于特殊转子电动机(深槽电动机等高转差率电动机)。这种调速方式应构成转速或电压闭环,才能实际应用。

5. 电磁调速异步电动机调速

这种系统是在三相异步电动机与负载之间通过电磁耦合来传递机械功率,调节电磁耦合器的励磁,可调整转差率 s 的大小,从而达到调速的目的。该调速系统结构简单,价格便宜,适用于简单的调速系统。但它的转差功率消耗在耦合器上,效率低。

6. 变频调速

采用半导体器件构成的静止变频器电源,通过改变供电频率,可使异步电动机获得不同的同步转速。目前这类调速方式已成为交流调速发展的主流。对于要求较高的调速系统可采用矢量控制方式的电流、速度双闭环系统,能获得令人满意的动、静态性能。

可以采用三种不同的变频调速原则,分别为恒磁通变频调速、恒流变频调速和恒功率变频调速,下面分别讨论各变频调速原则的控制条件及其机械特性。

(1) 恒磁通变频调速 若异步电动机定子供电电源电压一定时,则磁通 Φ_m 会随频率 f_1 的变化而变化。一般在电动机设计中,为了充分利用铁芯材料,都把磁通的数值选在接近磁饱和的数值上。因此,如果频率 f_1 从额定值(通常为 50Hz)往下降低,磁通则会增加,造成磁路过饱和,励磁电流大大增加。这将使电动机带负载能力降低,功率因数变差,铁损增加,电动机过热,造成电动机损坏,因此这是不允许出现的情况。反之如果频率往上升高,磁通减小,在一定的负载下有过电流的危险,这也是不允许的。为此通常要求磁通保持恒定,即

$$\Phi_m = \text{const} \tag{3-11}$$

为了保持 Φ_m 恒定,在忽略定子阻抗压降时,必须使定子电压随频率成正比变化,即保持定子电压和频率的比值不变,即

$$\frac{U_1}{f_1} = \text{const} \tag{3-12}$$

根据异步电动机的转矩表达式

$$T = C_M \Phi_m I_2' \cos\varphi_2 \tag{3-13}$$

当有功电流恒定,Φ_m 为常数时,电动机的输出转矩也恒定,因而这种按比例的协调控制方式属于恒转矩调速性质。

由于改变定子电源频率可以改变同步转速和电动机转速,根据异步电动机的机械特性式(3-7),可画出异步电动机在不同频率下 U_1/f_1 值为常数时的一组机械特性曲线,如图 3-19 所示。

其最大转矩为

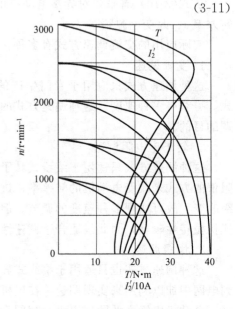

图 3-19 $U_1/f_1=$ 常数时变频调速机械特性

$$T_{\max} = \frac{pmU_1^2}{4\pi f_1(r_1 + \sqrt{r_1^2 + x_k^2})} \tag{3-14}$$

式(3-14) 中短路电抗 $x_k = 2\pi f_1 L_k$。

当频率较高时，$x_k \gg r_1$，故 r_1 可忽略，则

$$T_{\max} = \frac{pmU_1^2}{4\pi f_1 x_k} \tag{3-15}$$

在低频低压时，电动机定子电阻 r_1 引起的电压降相对影响较大，此时要理想地保持磁通 Φ_m 恒定，应该满足

$$\frac{E_1}{f_1} = \text{const} \tag{3-16}$$

但由于电动机的感应电势 E_1 难以测得和控制，故在实际应用中为了在低频时仍能近似保持恒磁通变频调速，一般在控制回路中加入一个函数发生器控制环节，以补偿低频时定子电阻所引起的压降影响。

由以上分析可见，异步电动机恒磁通变频调速必须在变频的同时进行调压，并在低频时加以补偿，才可以获得恒磁通、恒最大转矩的调速特性。

(2) 恒流变频调速　恒流变频调速时的变频电源属于恒流源。在变频调速过程中，始终保持定子电流恒定。

恒流变频调速方式与恒磁通变频调速方式的机械特性基本相同，都具有恒转矩调速性质。在变频时，最大转矩大小不受影响，可以认为最大转矩 $T_{\max}$ 与频率 f_1 无关。恒流变频调速时的最大转矩较恒磁通变频时小，过载能力也较低。

(3) 恒功率变频调速　电动机在额定转速以上运转时，定子频率将大于额定频率（一般为 50Hz）。如采用恒磁通变频调速，则要求电动机的定子电压随着升高，但是由于电动机绕组本身不允许承受过高的电压，电动机电压必须限制在允许范围内。因此，电动机在额定转速以上的变频调速，不能采用恒磁通变频调速，而必须采用恒功率变频调速。

恒功率变频调速和他励直流电动机的调速方法类似，都是当电枢电压一定时减弱磁通。由于异步电动机的转矩表达式和功率表达式为

$$T = C_M \Phi_m I_2' \cos\varphi_2$$

$$P = \frac{Tn_1}{9550} \tag{3-17}$$

在额定转速以上变频调速时，由于电动机定子电压保持额定电压不变，因此在升高频率时，电动机磁通减小，转矩也减小，而转速升高，故属于恒功率调速性质。

七、异步电动机的制动

具有良好制动性能的异步电动机可使电动机迅速停止，准确停车，提高控制性能。

三相异步电动机的制动方式有：机械制动，采用机械抱闸装置；电磁力制动，采用电磁铁抱闸或电磁摩擦片等装置；电力制动，主要由电气系统的控制装置使电动机本身产生制动力，这种制动无机械磨损问题，减小了维修工作量，因此得到了广泛的应用。电力制动又可分为反接制动、能耗制动和回馈制动三类。

1. 反接制动

将三相异步电动机的三相绕组的任意两个端子调换后再接到电源上（改变相序，即换相），旋转磁场的旋转方向就会改变，即可使电动机反转。

正在旋转中的电动机，如将其三相绕组任意两个端子调换后再接到电源上，或将输入电源线任意两相调换后再接到三相异步电动机绕组上，即可产生与旋转方向相反的旋转磁场，形成与旋转方向相反的电磁制动力矩，这就是反接制动。

反接制动时的机械特性如图 3-20 所示，电动机正转时的机械特性为一、四象限的曲线，反转时机械特性曲线为原点对称的二、三象限曲线。

原来电动机正转时稳定在 A 点运行，当改变输入电源的相序后，电动机换为第二象限的 B 点运行。反向电磁力矩 T_B 与负载转矩 T_L 共同作用于电动机产生制动力，使电动机迅速降速，工作点由 B 沿曲线移动至 C 点，电动机转速 $n=0$。

此时如不及时切断电源，由于电动机的电磁转矩（绝对值）大于负载转矩（绝对值），因此电动机不会停止，将沿曲线继续反向启动，加速到 D 点后稳定运行。

如在 C 点及时断开电源，电动机将会可靠停止。通常使用速度继电器作为 C 点速度的检测，以控制电动机及时停车。

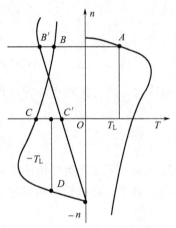

图 3-20 异步电动机反接制动的机械特性

如果三相异步电动机是绕线转子式，在转子回路串入电阻后，得到反转时的机械特性曲线是二、三象限的另一条曲线。则电动机由 A 点转至 B' 点制动运行。当到达 C' 点时，由于负载转矩（绝对值）大于电磁转矩（绝对值），因此电动机不再反向启动。这是反接制动的另一种停车方法，但仍必须及时切断电源，否则电动机会过热损坏。

由于反接制动时，转子与定子旋转磁场间的速度近于两倍的同步转速，所以定子绕组中流过的反接制动电流相当于全电压直接启动时的两倍，通常只适用于 10kW 以下的小容量电动机。且进行反接制动时，必须在电动机每相定子绕组中串接一定的电阻，以限制反接制动电流，避免绕组过热和机械冲击。

反接制动电阻的接线方法有对称和不对称两种接法，采用对称电阻接法可在限制制动力矩的同时，也限制制动电流；而采用不对称电阻的接法，只限制了制动力矩，而未加制动电阻的那一相，仍具有较大的电流。

2. 能耗制动

能耗制动是把异步电动机的定子绕组从交流电源上切断后接到直流电源上。如图 3-21 (a) 所示，K_2 闭合，定子两相绕组通入直流电流，在定子内形成一静止磁场。而转子由于惯性，继续按原方向在静止磁场中转动，导体切割磁场，在转子导体中产生感应电动势及转子电流。根据左、右手定则，不难确定这时转子电流与静止磁场相互作用产生了制动转矩，使电动机迅速停转，当转子转速接近为零时，切除直流电源。因为这种方法是将转子动能转化为电能，并消耗在转子电路的电阻上，所以称为能耗制动。

能耗制动比反接制动所消耗的能量少，其制动电流比反接制动要小得多，但能耗制动的制动效果不如反接制动，所以能耗制动仅适用于电动机容量较大，要求制动平稳和制动频繁的场合。

能耗制动可以根据时间控制原则，用时间继电器进行控制；也可以根据速度控制原则，用速度继电器进行控制。

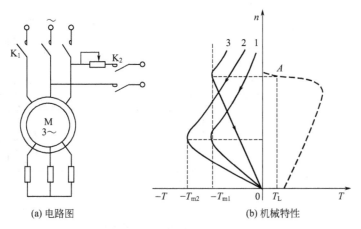

图 3-21 异步电动机能耗制动的电路图及机械特性

异步电动机在能耗制动时,产生电磁转矩的原理和电动状态是相似的,因此它们的机械特性曲线也应该相似,所不同的仅在于磁场与转子相对速度的大小不同。在电动状态时表示相对速度的转差率为 $s=(n_1-n)/n_1$,而在能耗制动时,由于磁场是静止不动的,转子对磁场的相对速度也就是转子的转速,因此制动时的转差率为 $s=n/n_1$。当 $n=n_1$ 时,$s=1$;当 $n=0$ 时,$s=0$,所以能耗制动的机械特性就是倒过来的异步电动机机械特性,如图 3-21(b) 所示。

当直流励磁电流不变,转子内阻增加,对应于最大转矩的转差率也增加,但最大转矩不变,如图 3-21(b) 中曲线 1 与 3 所示。曲线 1 对应转子电阻较小的特性。

当转子电阻不变时,调节直流励磁回路中的可变电阻,让励磁电流增加,则对应最大转矩的转差率不变,但最大转矩增大,如图中的曲线 1 与 2 所示,曲线 2 为直流励磁电流较大时的特性。

由图 3-21(b) 所示能耗制动时的机械特性可以看出,调节转子电阻或直流励磁的限流电阻,都能调节制动转矩的机械特性。当电动机转速降至零时,制动转矩也降为零,即这种制动较为平稳。如果电动机所带负载为位能性负载,工作点将穿过机械特性中的原点,落在第四象限,并能稳定运行,可用于低速下放重物。

3. 回馈制动

从图 3-17 的机械特性曲线知,使电动机的转速 $n>n_1$ 时,电动机处于发电工作状态。此时电动机不消耗电能,而将能量反馈到供电系统中。因此称为回馈制动,又称再生发电制动。

然而,异步电动机电动状态运行时,转子转速 n 永远小于同步转速 n_1,以转差率 $0<s<1$ 旋转。这是电动工作状态的正常情况。而由异步电动机转速的表达式可知,改变供电频率 f_1 或改变电动机极对数的方法均可以使 $n>n_1$,获得回馈制动。

下面以供电频率减小为 1/2 的情况说明制动过程。当 f_1 减小 1/2 时(供电电压不变),同步转速为 n_2,T-S 曲线在 T 轴方向放大 2 倍,分别画出同步转速为 n_1、n_2 ($n_1=2n_2$) 的 T-S 曲线,如图 3-22(a) 和图 3-22(b) 所示,将两条曲线叠加在一起后,如图 3-22(c) 所示。

若原来电动机以电源频率 f_1 运行,电动机工作点处于曲线的 A 点(负载为 T_L),此时

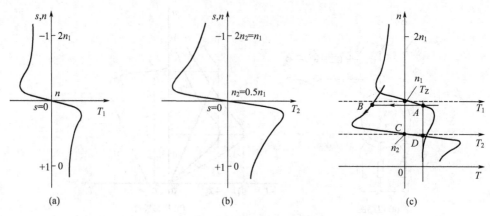

图 3-22 回馈制动的机械特性曲线

如果将电源频率改为 f_2，因机械惯性原因，转速不能突变。此时运行状态将转至第二象限的 B 点，处于 $s<0$ 的发电工作状态。电动机处于回馈制动状态。电磁转矩为负值，与转动方向相反成为制动转矩。

当电动机转速继续下降，工作点由 B 点运行至 C 点，达到同步转速 n_2，电动机转为电动工作状态。电动机在负载转矩 T_L 的作用下，将继续减速到 D 点稳定运行。至此，整个制动过程结束。

以上是利用降低电源频率的方法获得回馈制动。同理，利用改变电动机极对数的方法也可以获得回馈制动，制动原理与上述相同。

第三节　同步电动机应用基础

数控机床中多采用永磁式交流同步电动机，常称永磁交流伺服电动机。该电动机与异步电动机相比，具有速度稳定、功率因数高、效率高、体积小等优点。

一、永磁交流伺服电动机结构

永磁交流伺服电动机主要由定子、转子、检测元件组成。目前常用的检测元件是脉冲编码器。永磁交流伺服电动机结构如图 3-23 所示。

1. 定子

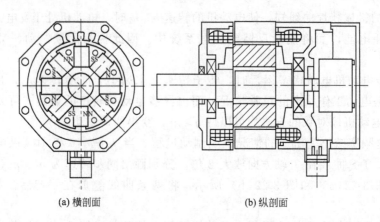

(a) 横剖面　　　　(b) 纵剖面

图 3-23　永磁交流伺服电动机结构

永磁交流伺服电动机定子和三相异步电动机相同，定子铁芯有齿槽，内有三相绕组。但定子外圆多呈多边形，且无外壳，以利于散热，避免电动机发热对数控机床精度的影响。

2. 转子

永磁交流伺服电动机转子由转轴、转子铁芯、永久磁极组成。和永磁直流伺服电动机一样，其永久磁极也是采用剩磁、高矫顽力的稀土类磁铁材料制成。

二、永磁交流伺服电动机工作原理

在定子三相对称绕组中通入三相交流电流时，将在气隙中产生旋转磁场。由于磁极异性相吸，所以该旋转磁场将以同步转速吸引转子磁极，带着转子以同步转速旋转。

当转子加上负载转矩后，转子磁极轴线将落后于定子磁场轴线一个角度θ，称功率角。随着负载增加，θ角随之增大，负载减小时，θ角也减小。只要不超过一定限度，转子始终跟随定子旋转磁场以恒定的同步转速旋转。

当负载超过一定极限后，将造成定转子磁极有时相吸，有时相斥，转子不再按同步转速旋转，不能正常运行，这称为同步电动机的失步。此时负载的极限称为最大同步转矩。

三、永磁交流伺服电动机的启动

永磁交流伺服电动机启动困难，不能自启动。

原因是电动机本身存在惯性，当三相对称绕组中通入三相交流电流产生旋转磁场时，转子仍处于静止状态，由于惯性作用，转子跟不上旋转磁场的转动，定子磁极和转子磁极的作用力平均为零，平均转矩也为零。

因此，永磁交流伺服电动机设计时降低了转子惯量，并采用低速启动，再提高到所需要的转速运行。

四、永磁交流伺服电动机的调速和制动

永磁交流伺服电动机是采用改变电源频率的方法实现调速。

永磁交流伺服电动机可在机座内安装电磁制动装置，通电时制动装置松开，电动机可自由旋转；停电时制动装置夹紧，进行机械制动。

第四节　步进电动机应用基础

步进电动机又称为脉冲电动机、电脉冲马达，是将电脉冲电源转换成机械角位移的执行器件。即每接收到一个脉冲电源，步进电动机就会转动一个角度。步进电动机的转动角度和速度仅与输入脉冲电源的数量和频率有关，不受电压波动、负载变化、温度变化等因素的影响。

步进电动机可直接由数字信号控制，不需要位移传感器就可达到较精确定位，且误差不会累积、定位精度高，因此常用于需要精确定位的自动控制系统中。目前，它广泛应用于数控机床、轧钢机、军事工业、数模转换装置以及自动化仪器仪表等方面。

一、步进电动机分类

（1）按力矩产生原理分类

① 反应式步进电动机　转子无绕组，励磁的定子绕组产生磁场，转子齿受磁场吸引产生力矩，实现步进运动。

② 混合式步进电动机　定、转子都有励磁，定子绕组通过脉冲电流产生磁场，转子采用永久磁钢励磁，定、转子磁场相互产生电磁力矩实现步进运动。

（2）按定子绕组数量分类　可分为两相、三相、四相、五相和多相步进电动机。

二、反应式步进电动机结构

反应式步进电动机结构一般由定子铁芯、磁极、定子绕组、转子铁芯等部件组成，有径向分相和轴向分相两种结构，如图 3-24 所示。

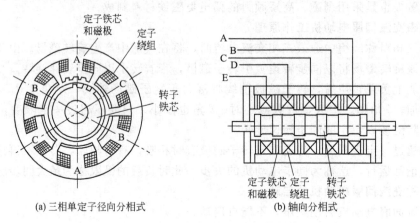

(a) 三相单定子径向分相式　　　(b) 轴向分相式

图 3-24　反应式步进电动机的结构

1. 定子铁芯

定子铁芯是磁路的组成部分，并用来固定磁极和绕组。

2. 磁极和定子绕组

磁极沿定子圆周均匀分布，磁极极身上套有定子绕组，磁极的极靴上均匀分布多个矩形小齿。磁极的作用是在定子绕组中通过电流，形成磁场，从而吸引转子转动。

3. 转子铁芯

转子铁芯上没有绕组，沿转子圆周均匀分布多个齿槽。转子齿槽受定子磁极吸引而产生电磁转矩，通过转轴带动机械负载旋转。

三、反应式步进电动机工作原理

某径向分相的三相反应式步进电动机的定子有六个均匀分布的磁极，相对的两个磁极构成一相，在磁极的极靴上均匀分布 5 个矩形小齿，如图 3-25 所示。

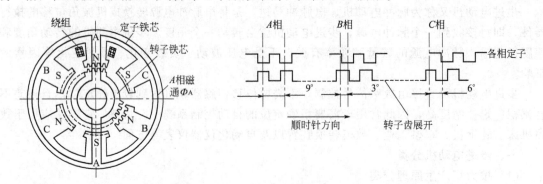

图 3-25　反应式步进电动机工作原理　　　图 3-26　步进电动机齿距分布

其转子由转轴和转子铁芯组成。转子铁芯上没有绕组，沿圆周均匀分布了 40 个齿，相邻两齿之间的夹角为 9°。因此，电动机三相定子磁极上的小齿在空间依次错开了 1/3 齿距，如图 3-26 所示。

由于三相定子磁极上的小齿在空间依次错开了 1/3 齿距,当 A 相磁极上的齿与转子上的齿对齐时,B 相磁极上的齿刚好超前(或滞后)转子齿 1/3 齿距角,即 3°,C 相磁极上的齿超前(或滞后)转子齿 2/3 齿距角,即 6°。

图 3-26 中,当 A 相绕组通以直流电流时,根据电磁学原理,便会在 A 相磁极产生磁场,在转子产生电磁力,使转子的齿与定子 A 相磁极上的齿对齐。

若 A 相断电,B 相通电,这时 B 相磁极磁场在转子产生电磁力,又吸引转子的齿与 B 相磁极上的齿对齐,转子沿顺时针方向转过 3°。

若 B 相断电,C 相通电,这时 C 相磁极磁场在转子产生电磁力,吸引转子的齿与 C 相磁极上的齿对齐,转子沿顺时针方向继续转过 3°。

通常,步进电动机绕组的通断电状态每改变一次,其转子转过的角度称为步距角。图 3-26 所示步进电动机的步距角为 3°。

因此,如果控制线路不停地按 A→B→C→A 的顺序控制步进电动机绕组的通断电,步进电动机的转子将不停地顺时针转动。如果通电顺序改为 A→C→B→A,同理,步进电动机的转子也将逆时针不停地转动。

四、三相反应式步进电动机的通电方式和步距角

步进电动机定子绕组的每一次通断电称为一拍,每拍中只有一相绕组通电,即按 A→B→C→A 的顺序连续向三相绕组通电,称为三相单三拍通电方式。

如果每拍中都有两相绕组通电,即按 AB→BC→CA→AB 的顺序连续通电,则称为三相双三拍通电方式。

如果交替出现单、双相通电状态,即按 A→AB→B→BC→C→CA→A,称为三相六拍通电方式,又称三相单双拍通电方式。

步进电动机的步距角可按式(3-18)计算:

$$\alpha = \frac{360°}{kmz} \tag{3-18}$$

式中 k——通电方式系数,采用三拍(单三拍或双三拍)通电方式时,$k=1$,采用六拍(单双拍)通电方式时,$k=2$;

m——步进电动机的相数;

z——步进电动机转子齿数。

对于单定子径向分相反应式伺服步进电动机,当它以三相三拍通电方式工作时,其步距角为

$$\alpha = \frac{360°}{mzk} = \frac{360°}{3 \times 40 \times 1} = 3°$$

若按三相六拍通电方式工作,则步距角为

$$\alpha = \frac{360°}{mzk} = \frac{360°}{3 \times 40 \times 2} = 1.5°$$

五、步进电动机的应用特点

① 步进电动机定子绕组的通电状态每改变一次,它的转子便转过一个确定的角度,即步进电动机的步距角 α。也就是说,通电状态的变化数量(输入的脉冲电源数)越多,步进电动机转过的角度越大。

② 步进电动机定子绕组的通电状态改变得越快,其转子旋转的速度越快,既通电状态的变化频率越高,转子的速度越高。

③ 改变步进电动机定子绕组的通电顺序，转子的旋转方向随之改变。

六、步进电动机的主要参数和特性

1. 步进电动机的静态参数和特性

步进电动机的静特性是指步进电动机的通电状态不发生变化，电动机处于稳定的状态下所表现出的性质。步进电动机的静特性包括矩角特性和最大静转矩。

（1）矩角特性　步进电动机在空载条件下，控制绕组通入直流电流，转子最后处于稳定的平衡位置称为步进电动机的初始平衡位置。由于不带负载，此时步进电动机的电磁转矩为零。若只有 U 相绕组单独通电，则初始平衡位置时，U 相磁极轴线上的定、转子齿必然对齐。

这时若有外部转矩作用于转轴上，迫使转子离开初始平衡位置而偏转，则定、转子齿轴线发生偏离，偏离初始平衡位置的电角度称为失调角 θ。转子会产生反应转矩 T 也称静态转矩，用来平衡外部转矩。

矩角特性就是静态转矩与失调角之间的关系，用 $T=f(\theta)$ 表示，其正方向取失调角增大的方向。矩角特性如图 3-27 所示。在反应式步进电动机中，转子的一个齿距所对应的电角度为 2π。

由矩角特性可知，在静转矩作用下，转子有一个平衡位置。当 θ 在 $\pm\pi$ 范围内，因某种原因使转子偏离 $\theta=0$ 点时，电磁转矩 T 都能使转子恢复到 $\theta=0$ 的点，因此 $\theta=0$ 的点为步进电动机的稳定平衡点；但当 $\theta>\pi$ 或 $\theta<-\pi$ 时，转子因某种原因离开 $\theta=\pm\pi$ 时，电磁转矩却不能使转子再恢复到原平衡点，因此 $\theta=\pm\pi$ 为不稳定的平衡点。两个不稳定的平衡点之间即为步进电动机的静态稳定区域，稳定区域为 $-\pi<\theta<+\pi$。

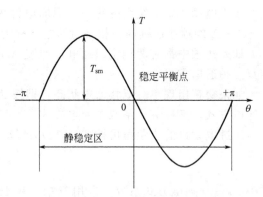

图 3-27　步进电动机的矩角特性

（2）最大静转矩　矩角特性中，静转矩的最大值称为最大静转矩。当 $\theta=\pm\pi/2$ 时，T 有最大值 T_{sm}。

2. 步进电动机的动态参数和特性

步进电动机的动态特性是指步进电动机从一种通电状态转换到另一种通电状态时所表现出的性质。动态特性包括启动频率及矩频特性等。

（1）启动频率　步进电动机的启动频率是指在一定负载条件下，能够让步进电动机不失步地启动时脉冲的最高频率。

因为步进电动机在启动时，除了要克服静负载转矩，还要克服加速时的负载转矩，如果启动时频率过高，转子就可能因跟不上而造成振荡。

启动频率的大小与以下几个因素有关：启动频率与步进电动机的步距角有关，转子齿数越多，步距角越小，启动频率越高；步进电动机的最大静态转矩越大，启动频率越高；电路时间常数增大，启动频率降低。因此，要想增大启动频率，可增大启动电流或减小电路的时间常数。

（2）连续运动频率　规定在一定负载转矩下能不失步运行的最高频率称为连续运行频率。由于此时加速度较小，机械惯性影响不大，所以连续运行频率要比启动频率高得多。

（3）矩频特性　步进电动机的矩频特性曲线的纵坐标为电磁转矩 T，横坐标为工作频率 f。典型的步进电动机矩频特性曲线如图 3-28 所示。

从图 3-28 中可看出，步进电动机的转矩随频率的增大而减小。

当输出力矩变得很小时，可能带不动负载，或受到很小的干扰时，就会振荡、失步或停转。步进电动机动态转矩的大小直接影响其带负载能力和动态性能。

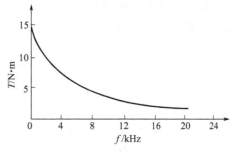

图 3-28　步进电动机矩频特性曲线

第五节　电力拖动系统中电动机的选择

一、电动机选择的一般原则

为使电力拖动系统安全、可靠、经济、合理地运行，必须按以下几项原则正确地选用电动机。

1. 电动机能带动生产机械可靠安全运行

电动机必须能完全满足生产机械的机械特性要求，如足够的启动转矩、足够的工作转矩、稳定工作的速度、负载变化时速度的稳定性、速度的调节范围以及启、制动时间等。

2. 电动机的功率能在工作过程中被充分利用

电动机的额定功率选择得既不能过大，也不能过小。如果功率选得过大，会使电动机的效率和功率因数（交流电动机）降低，造成电力浪费，增加投资，极不经济；反之，若功率选得过小，会使电动机过载而缩短寿命甚至被烧毁。

3. 电动机的结构型式应符合环境要求

电动机安装型式和大小必须与安装空间条件相适应，电动机的防护类型必须保证在工作环境下可靠安全运行。

二、电动机选择的具体内容和方法

电动机选择的具体内容有种类的选择、额定功率的选择、额定转速的选择、额定电压的选择、结构型式的选择等。

（一）电动机种类的选择

选择电动机的种类时，首先考虑的是电动机性能必须满足生产机械的要求；其次，尽量优先选用结构简单、价格便宜、运行可靠、维护方便的电动机。

一般没有调速要求的生产机械，像水泵、风机、普通机床等，应选用三相笼型异步电动机。

在需要有级调速的场合，一般选用双速、三速或四速等笼型异步电动机。

在生产机械的功率大、要求转速恒定、需要改善功率因数的场合，应选用同步电动机。

在启、制动频繁，并有一定调速要求的场合，如桥式起重机、矿井提升机、电梯等，则优先选用绕线型三相异步电动机或交流变频电动机。

在要求启动转矩较大、机械特性较软的场合，如电车、重型起重机等，则常选用串励直流电动机。

在调速性能要求高的场合，如要求调速范围很宽、调速平滑性好、调速精度高等，像数控机床、龙门刨床、可逆轧钢机、造纸机、矿井卷扬机等生产机械，则应选用他励直流电动机或交流变频电动机。

值得注意的是，交流电动机变频调速系统性能已达到或超过了直流电动机的调速性能，在大部分需要高调速性能的场合，已不再选择直流电动机，而是选择高性能的交流电动机变频调速系统取而代之。

（二）电动机额定功率的选择

选择电动机额定功率一般分为三步：第一步，计算负载功率 P_2；第二步，根据 P_2 预选电动机；第三步，校核预选电动机的发热、过载能力及启动转矩。

1. 恒定负载下连续工作制电动机功率的选择

这一类负载选择电动机的功率非常简单，不需要进行发热、过载能力和启动转矩的校核。

首先计算出负载功率，然后根据生产机械所需功率，从电动机产品目录中即可以选出。如果没有功率完全一致的电动机，可以选择功率略大的电动机。

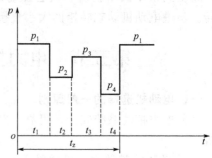

图 3-29 周期性变化负载功率图

2. 负载周期变化时连续工作制电动机功率的选择

周期性变化的负载功率图如图 3-29 所示。

（1）计算负载功率 根据负载功率图可以求出负载平均功率 P_{pj}：

$$P_{pj} = \frac{p_1 t_1 + p_2 t_2 + \cdots}{t_1 + t_2 + \cdots} = \frac{\sum\limits_{i=1}^{n} p_i t_i}{\sum\limits_{i=1}^{n} t_i}$$

（2）预选电动机 P_{pj} 中没有考虑到过渡过程中电动机的发热较为严重的情况，因此，电动机额定功率按下式预选：

$$P_N \geqslant (1.1 \sim 1.6) P_{pj}$$

（3）发热、过载能力及启动转矩校核

① 发热校核 可采用平均损耗法或等效电流法。

损耗法发热校核：设各段的损耗为 p_i，平均损耗为 p_{pj}，则

$$p_{pj} t_z = p_1 t_1 + p_2 t_2 + \cdots + p_n t_n$$

$$p_{pj} = \frac{p_1 t_1 + p_2 t_2 + \cdots + p_n t_n}{t_z}$$

如果平均损耗小于预选电动机的额定损耗，发热校核可以通过。

等效电流法发热校核：设各段电流为 I_i，等效电流为 I_{dx}，则

$$I_{dx} = \sqrt{\frac{I_1^2 t_1 + I_2^2 t_2 + \cdots + I_n^2 t_n}{t_z}}$$

如果等效电流小于或等于预选电动机的额定电流，发热校核即通过。

② 过载能力校核 负载转矩图中的最大转矩必须小于电动机的最大转矩，电动机的最

大转矩通常用额定转矩的倍数来表示，即

$$T_{fm} \leqslant \lambda_m T_N$$

对于交流电动机，考虑电网电压可能发生波动，则必须保证

$$T_{fm} \leqslant 0.85^2 \lambda_m T_N$$

③ 启动转矩校核　与过载能力校核相似，电动机的启动转矩必须大于机械负载的启动转矩。

3. 短时工作负载的电动机额定功率选择

对于短时工作负载，可选用短时工作制电动机，也可选用连续工作制电动机。

(1) 短时工作制电动机额定功率的选择　短时工作制电动机是指电动机工作时间较停歇时间短，温升达不到稳定值，停歇后，温升可降为零。我国短时工作制电动机的标准工作时间有 15min、30min、60min、90min 四种。

若短时工作制电动机实际工作时间 t_v 与标准工作时间 t_n 一致时，只要选择电动机的额定功率大于实际工作下的负载功率即可。

当短时工作制电动机实际工作时间 t_v 与标准工作时间 t_n 不一致时，则应把实际工作时间下的负载功率 P_Z 折算到标准工作时间下的功率。选择的电动机的额定功率 P_N 应满足

$$P_N \geqslant P_Z \sqrt{\frac{t_v}{t_n}}$$

(2) 连续工作制电动机额定功率的选择　由于短时工作制的电动机很少，所以常选用连续工作制的电动机。其额定功率可按下式选择：

$$P_N \geqslant \frac{P_{Zmax}}{\lambda}$$

式中　P_{Zmax}——电动机的最大负载功率；

　　　λ——电动机的过载系数。

4. 周期断续工作制负载时电动机的额定功率选择

周期断续工作制是指工作与停歇交替进行，工作时间 t_w 与停歇时间 t_o 都较短。在工作时间 t_w 内，电动机的温升达不到稳定值；在停歇时间 t_o 内，电动机温升也来不及降为零。通常把每个周期内工作时间所占百分数称为负载持续率，也称为暂载率，用 JC 表示，即

$$JC = \frac{t_w}{t_o} \times 100\%$$

我国规定的负载持续率有 15%、25%、40% 和 60% 四种标准。一个周期的时间规定为 $t_w + t_o \leqslant 10min$。

周期断续工作制负载时电动机功率的选择方法与负载周期变化连续工作制电动机功率选择相似。

(三) 电动机额定转速的选择

额定功率相同的电动机，转速越高，其额定转矩就越小，体积、重量也越小，造价越低，因此，选用转速高的电动机比较经济。但转速高，传动机构的传动比就较大，构造就复杂。

所以，选择电动机的额定转速时，必须全面考虑，力求电能损耗少，设备投资少，维护费用少。通常，额定转速选在 750～1500r/min 范围内比较合适。

(四) 电动机额定电压的选择

选择电动机的额定电压等级要与电网电压相符。若选择的额定电压低于电网电压,电动机将由于电流过大而被烧毁;若选择的额定电压高于电网电压,电动机可能不能启动,或因电流过大而减小其使用寿命甚至被烧毁。

一般中小型交流电动机的额定电压为380V,大型交流电动机的额定电压为3000V、6000V等;直流电动机的额定电压有110V、220V和400V等。

(五)电动机型式的选择

电动机按安装位置不同可分为卧式和立式两种。由于立式电动机价格昂贵,所以一般情况下,优先选用卧式电动机,只有为简化传动装置时,如深井水泵、钻床等,才选用立式电动机。

电动机按轴伸个数分为单轴伸和双轴伸两种。一般情况下,选用单轴伸电动机;特殊情况下,才选用双轴伸电动机,如当一边需要安装测速发电机,另一边需要拖动生产机械时,则必须选用双轴伸电动机。

电动机按防护类型分为开启式、防护式、封闭式和防爆式四种。在干燥、清洁的环境中,可选用开启式电动机;在清洁、灰尘不多且没有腐蚀性气体的环境中,可选用防护式电动机;在潮湿、灰尘较多、多腐蚀性气体和易受风雨侵蚀及易引起火灾等恶劣环境中,应选用自扇冷式或他扇冷式封闭式电动机;需要浸在液体中使用的电动机(如潜水泵),应选用密封式电动机;在易燃易爆的环境中,应选用防爆式电动机。

综合以上分析可见,选择电动机时,要从额定功率、额定转速、额定电压、种类和型式等各方面全面考虑,才能既经济又合理地选择电动机。

思考题与习题

1. 如何判断直流电动机运行于发电状态还是电动状态?它们的U、T、n、E_a、I_a的方向如何?
2. 他励直流电动机为何通常不采用直接启动?若直接启动,将有何后果?
3. 有一并励直流电动机启动后发现转向与生产机械要求不符,有哪些方法可以改变其转向?如果把电源极性对调,能否改变其转向?
4. 如何改变他励、并励、串励和复励直流电动机的转向?
5. 直流电动机有哪些调速方法?其机械特性各有什么特点?
6. 他励直流电动机有几种电气制动的方法?各种制动方法有何特点?
7. 永磁直流伺服电动机具有哪些性能特点?
8. 三相异步电动机旋转磁场产生的条件是什么?旋转磁场有什么特点?其转向取决于什么?其转速的大小与哪些因素有关?
9. 三相异步电动机若转子绕组开路,定子通以三相电流,会产生旋转磁场吗?转子是否会转动?为什么?
10. 笼型异步电动机降压启动有哪几种方法?各种启动方法如何实现?
11. 三相异步电动机如果断掉一根电源线能否启动?为什么?如果在运行时断掉一根电源线能否继续运转?
12. 什么是转差率?异步电动机额定运行时转差率的范围是多少?
13. 一台三相异步电动机,额定转速$n_N=1470$r/min,试求运行时转差率是多少?

14. 如何使三相异步电动机反转？
15. 异步电动机如何调速？各调速方法有何特点？
16. 异步电动机有哪些电气制动方法？
17. 同步电动机中同步的含义是什么？
18. 负载转矩变化时，永磁交流伺服电动机的功率角如何变化？
19. 什么是永磁交流伺服电动机的失步？
20. 永磁交流伺服电动机如何启动和调速？
21. 什么是三相步进电动机的单三拍、六拍和双三拍工作方式？
22. 步进电动机有 80 个齿，采用三相六拍工作方式，求步进电动机的步距角。
23. 如何改变步进电动机的转速和转向？
24. 一台五相反应式步进电动机，采用五相十拍运行方式，步距角为 $1.5°$ 时，若脉冲频率为 $3000\,Hz$，试问转速多大？
25. 常用步进电动机的性能指标有哪些？各指标含义是什么？
26. 负载转矩与转动惯量变大，对步进电动机的启动频率和运行频率有何影响？
27. 电动机选择一般要考虑哪些因素？
28. 如何选择电动机的额定功率？

第四章 机床常用低压电器

凡是在电能的生产、输送、分配和使用中,能起到切换、控制、调节、检测及保护等作用的电工器械,均称为电器。低压电器通常是指在交流1200V及以下、直流1500V及以下电路中使用的电器。本章主要介绍机床常用低压电器的基本结构、工作原理、图形和文字符号、主要技术参数及其应用。

第一节 低压电器的基本知识

一、低压电器的分类

机床低压电器品种繁多,分类的方法也很多,按用途可分为以下三类。

1. 控制电器

用来控制电动机的启动、制动、调速等动作,如开关电器、信号控制电器、接触器、继电器、电磁启动器、控制器等。

2. 保护电器

用来保护电动机和生产机械,使其安全运行,如熔断器、电流继电器、热继电器等。

3. 执行电器

用来带动生产机械运行或保持机械装置在固定位置上的一种执行元件,如电磁阀、电磁离合器等。

二、低压电器的基本结构

低压电器一般都具有两个基本组成部分,即感测部分与执行部分。感测部分大都是电磁机构,执行部分一般是触点。

(一) 电磁机构

电磁机构是各种电磁式电器的感测部分,它将电磁能量转换成机械能,带动触点的闭合和分断。电磁机构一般由线圈、铁芯和衔铁三部分组成。其结构型式按动作方式,可分为转动式和直动式等,如图4-1所示。

其工作原理是:当线圈通入电流后,产生磁场,磁通经铁芯、衔铁和工作气隙形成闭合回路,产生电磁吸力,将衔铁吸向铁芯,与此同时,衔铁还要受到复位弹簧的反作用力,只有当电磁吸力大于弹簧反力时,衔铁才能可靠地被铁芯吸住。所以电磁机构又称电磁铁。

电磁铁可分为直流电磁铁与交流电磁铁。直流电磁铁线圈通入直流电,产生恒定磁通,铁芯中没有磁滞损耗与涡流损耗,只有线圈本

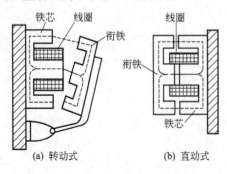

图4-1 电磁机构的结构型式

身的铜损,所以铁芯用电工纯铁或铸钢制成,线圈无骨架,且成细长型。而交流电磁铁为减少交变磁场在铁芯中产生的涡流与磁滞损耗,一般采用硅钢片叠压后铆成,线圈有骨架,且成短粗型,以增加散热面积。

交流电磁铁的铁芯上装有短路环,如图 4-2(a) 所示。

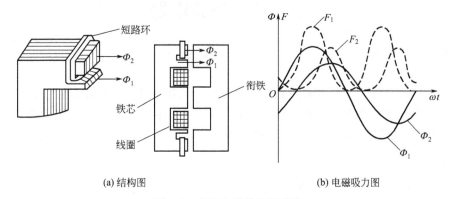

(a) 结构图　　　　　　　　　(b) 电磁吸力图

图 4-2　交流电磁铁和短路环

当线圈中通以交变电流时,在铁芯中产生的磁通 Φ_1 也是交变的,对衔铁的吸力时大时小,有时为零,在复位弹簧的反力作用下,有释放的趋势,造成衔铁振动,同时还产生噪声。

装入短路环后,交变磁通 Φ_1 的一部分穿过短路环,在环中产生感应电流,产生磁通,与环中的磁通合成为磁通 Φ_2。Φ_1 与 Φ_2 相位不同,即不同时为零,如图 3-2(b) 所示。这样就使得线圈的电流和铁芯磁通 Φ_1 为零时,环中磁通不为零,仍然能将衔铁吸住,从而消除了振动和噪声。

(二) 触点系统

触点是一切有触点电器的执行部件,用来接通和断开电路。按其结构型式可分为桥式触点和指式触点,如图 4-3 所示。

桥式触点有点接触和面接触两种,前者适用于小电流电路,后者适用于大电流电路。指式触点为线接触,在接通和分断时产生滚动摩擦,以利于去除触点表面的氧化膜,这种型式适用于大电流且操作频繁的场合。为使触点接触时导电性能良好,减小接触电阻并消除开始接触时产生的振动,在触点上装设了触点弹簧,以增加动、静触点间的接触压力。

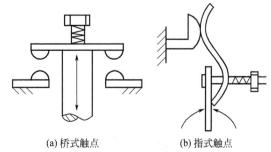

(a) 桥式触点　　　(b) 指式触点

图 4-3　触点的结构型式

根据用途的不同,触点可以分为动合触点和动断触点两类。电器元件在没有通电或不受外力作用的常态下处于断开状态的触点,称为动合触点,反之则称为动断触点。

(三) 灭弧装置

当触点分断大电流电路时,会在动、静触点间产生强烈的电弧。电弧会烧伤触点,并使电路的切断时间延长,严重时甚至会引起其他事故。为使电器可靠工作,必须采用灭弧装置使电弧迅速熄灭。

电动力灭弧简便且无需专门灭弧装置，多用于 10A 以下的小容量交流电器，容量较大的交流电器一般采用灭弧栅灭弧，对于直流电器则广泛采用磁吹灭弧装置，还有交、直流电器皆可采用的纵缝灭弧。实际上，上述灭弧装置有时是综合应用的。

第二节　开关电器

一、低压隔离开关

（一）刀开关

刀开关又称闸刀开关，按极数分有单极、双极与三极几种，一般由刀片、触点座、手柄和底板组成。胶盖开关和铁壳开关装有熔断器，兼有短路保护功能。刀开关的典型结构如图 4-4 所示，刀开关的一般图形符号及文字符号如图 4-5 所示。

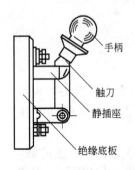

图 4-4　刀开关的典型结构

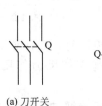
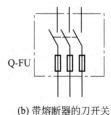

(a) 刀开关　　(b) 带熔断器的刀开关

图 4-5　刀开关的图形及文字符号

1. 胶盖刀开关

胶盖刀开关主要用于工频 380V、60A 以下的电力线路中，作为一般照明、电热等回路的控制开关，也可作为分支线路的配电开关。适用于接通或断开有电压而无负载电流的电路。三极胶盖刀开关适当降低容量时也可不频繁直接启动小型电动机。

胶盖刀开关常用系列有 HK1、HK2 系列。其结构如图 4-6 所示。

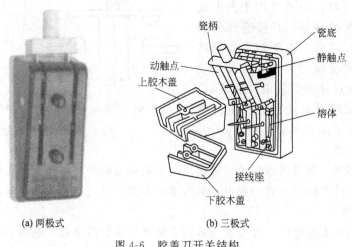

(a) 两极式　　　　　(b) 三极式

图 4-6　胶盖刀开关结构

2. 铁壳开关（熔断器式刀开关）

铁壳开关应用于配电线路,作电源开关、隔离开关及电路保护用,一般不用于直接通断电动机。常用的型号有 HR5、HH10、HH11 等系列。铁壳开关外形结构如图 4-7 所示。

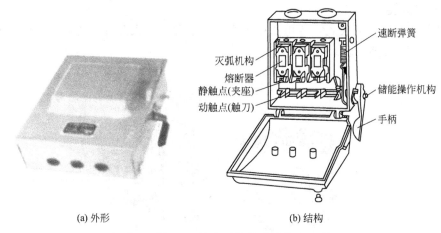

(a) 外形　　　　　　　　(b) 结构

图 4-7　铁壳开关外形结构

开关底座有片状弹簧,使开关具有快速闭合和断开的功能。灭弧机构具有防止电弧吹向操作者和防止发生短路的作用。

3. 刀开关主要技术参数

(1) 额定电压　指在规定条件下,保证电器正常工作的电压值。目前国内生产的刀开关的额定电压一般为交流(50Hz)500V 以下,直流 440V 以下。

(2) 额定电流　指在规定条件下,保证电器正常工作的电流值。目前生产的刀开关,额定工作电流为 10A、15A、20A、30A、60A、100A、200A、400A、600A、1000A 及 1500A 等,有的可达 50000A。

(3) 通断能力　指在规定条件下,能在额定电压下接通和分断的电流值。

4. 刀开关的选用

① 刀开关的额定电压应等于或大于电路额定电压。

② 对于电热和照明等普通负载,刀开关额定电流应等于或稍大于电路工作电流。

③ 刀开关在特殊情况下可直接控制小容量电动机的启动和停止。考虑电动机的启动电流比较大,胶盖刀开关的额定电流应为电动机额定电流 3 倍左右,铁壳开关的额定电流应为电动机额定电流的 1.5 倍左右。

④ 此外,刀开关的通断能力及其他参数应符合电路的要求。

5. 刀开关的使用注意事项

① 刀开关安装时,手柄向上,不得倒装或平装。如果倒装,拉闸后手柄可能因自重下落,引起误合闸而造成人身设备安全事故。

② 接线时,必须将电源线接在上端接线端,负载线接在下端接线端,当刀闸断开时,刀闸和熔体不带电,以保证使用刀开关的安全和更换熔体的方便。

③ 开关的金属外壳应可靠接地或接零,以防止意外漏电使操作者发生触电事故。

④ 操作时要在刀开关的手柄侧,不要面对开关,以免意外故障电流使开关爆炸伤人。

⑤ 拉闸和合闸时动作应迅速,使电弧较快熄灭。

⑥ 负荷较大时,为防止出现闸刀本体相间短路,刀开关可与熔断器配合使用。刀开关

内不再装熔丝,在应装熔丝的接点上安装与线路截面相同的铜线。

⑦ 刀开关不允许随意放在地面上使用。

（二）转换开关

转换开关又称组合开关,在主电路中主要用作电源的引入开关,所以又称电源的隔离开关。其外形如图4-8所示。

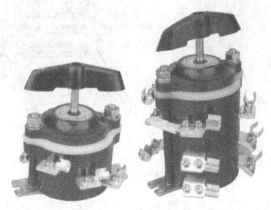

图 4-8　转换开关外形

1. 转换开关的结构

转换开关由若干分别装在数层绝缘体内的双断电桥式动触片、静触片（它与盒外接线相连）组成,如图4-9所示。

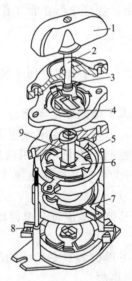

图 4-9　HZ-10/3型转换开关
1—手柄；2—转轴；3—弹簧；4—凸轮；5—绝缘垫板；
6—动触点；7—静触点；8—接线柱；9—绝缘方轴

动触片装在附加有手柄的绝缘方轴上,方轴随手柄而旋转,于是动触片也随方轴转动并变更其与静触片的分、合位置。所以,转换开关实际上是一个多触点、多位置、可以控制多个回路的开关电器。

2. 转换开关的图形和文字符号

转换开关在电气原理图中的画法及文字符号如图 4-10 所示。

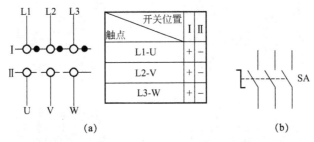

图 4-10 转换开关的画法及文字符号

图 4-10(a) 中虚线表示操作位置，若在其相应触点下涂黑圆点，即表示该触点在此操作位置是接通的，没有涂黑点则表示断开状态。另一种方法是用通断状态表来表示，表中以"＋"（或"×"）表示触点闭合，"－"（或无记号）表示分断。图 4-10(b) 是转换开关的另一种表示方式。

3. 转换开关的型号规格和技术参数

转换开关可分为单极、双极和多极三类。常用型号有 HZ5、HZ10、HZ15 等系列，其主要参数有额定电压、额定电流、极数、允许操作次数等。其中额定电流有 10A、20A、40A、60A 等几个等级。

HZ10 系列转换开关的技术数据见表 4-1。

表 4-1　HZ10 系列转换开关的技术数据

型　号	额定电压/V	额定电流/A		380V 时可控制电动机的功率/kW
		单极	双极、三极	
HZ10-10		6	10	1
HZ10-25	直流 220	—	25	3.3
HZ10-60	或交流 380		60	5.5
HZ10-100			100	

4. 转换开关的选用

① 转换开关的触点数、接线方式应符合电路控制要求。

② 转换开关的额定电压应等于或大于控制电路的额定电压。

③ 对于电热和照明等普通负载，转换开关额定电流应等于或稍大于电路工作电流。

④ 转换开关也可用于启停 5kW 以下的异步电动机，但每小时的接通次数不宜超过 15～20 次，其额定电流一般应为电动机额定电流的 1.5～2.5 倍。

5. 转换开关使用注意事项

转换开关用于电动机的正、反转控制时，应当在电动机完全停止转动后，才能允许反向启动，否则会烧坏开关、造成短路事故，严重时可能损坏电动机。

二、低压断路器

低压断路器即低压自动开关，又称低压空气开关或自动空气断路器。它相当于闸刀开关、熔断器、热继电器、欠电压继电器等的组合，是一种既有手动开关作用，又能进行欠压、失压、过载、短路保护的电器。低压断路器的外形如图 4-11 所示。

图4-11 低压断路器外形

（一）低压断路器工作原理

图4-12所示为低压断路器的工作原理。其主触点通过操作机构手动合闸，并由自由脱扣机构将主触点锁在合闸位置上，过电流脱扣器的线圈和热脱扣器的热元件与主电路串联；失压脱扣器的线圈与电路并联。

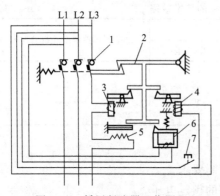
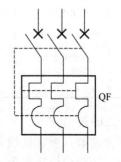

图4-12 低压断路器工作原理　　　图4-13 低压断路器图形及文字符号

1—主触点；2—自由脱扣机构；3—过电流脱扣器；
4—分励脱扣器；5—热脱扣器；6—失压脱扣器；7—按钮

当电路发生短路或严重过载时，过电流脱扣器的衔铁被吸合，使自由脱扣机构动作。

当电路过载时，热脱扣器的热元件产生的热量增加，使双金属片向上弯曲，推动自由脱扣机构动作。

当电路失压时，失压脱扣器的衔铁释放，也使自由脱扣机构动作。

分励脱扣器则作为远距离控制时分断电路之用。

（二）低压断路器的图形符号和文字符号

低压断路器的图形符号及文字符号如图4-13所示。

（三）低压断路器的型号规格和技术参数

机床上常用的低压断路器有 DZ5、DZ10 等系列。适用于交流电压 500V，直流电压 220V 以下的电路中，作不频繁地接通和断开电路用。

1. 型号意义

例如 DZ5-20/310 低压断路器，其型号意义是：

D——低压断路器；

Z——塑壳式；

5——设计序号；

20——额定电流；

3——断路极数为 3；

1——脱扣型式，0 无脱扣，1 热脱扣，2 电磁脱扣，3 复式脱扣；

0——有无辅助触点，0 无辅助触点，2 有辅助触点。

2. 低压断路器技术参数

DZ5-20 低压断路器技术参数见表 4-2。

表 4-2 DZ5-20 低压断路器技术参数

型号	额定电压/V	主触点额定电流/A	极数	脱扣器型式	热脱扣器额定电流（整定电流调节范围）/A	电磁脱扣器瞬时动作整定值/A
DZ5-20/330 DZ5-20/230	交流380	20	3 2	复式	0.15(0.1～0.15) 0.20(0.15～0.2)	为热脱扣器额定电流的 8～12 倍（出厂时整定为 10 倍）
DZ5-20/320 DZ5-20/220			3 2	电磁式	0.3(0.2～0.3) 0.45(0.3～0.45)	
DZ5-20/310 DZ5-20/210	直流220		3 2	热脱扣式	0.65(0.45～0.65) 1(0.65～1) 1.5(1～1.5) 2(1.5～2) 3(2～3) 4.5(3～4.5) 6.5(4.5～6.5) 10(6.5～10) 15(10～15) 20(15～20)	
DZ5-20/300 DZ5-20/200			3 2	无脱扣式		

（四）低压断路器的选用

1. 电压、电流的选择

低压断路器的额定电压应不小于所用电源的额定电压，额定电流应不小于电路的最大工作电流。

2. 脱扣器整定电流的计算

应根据主电路对保护的要求，选择脱扣器的型式和额定电流。

① 热脱扣的整定电流应与所控制负载的额定电流一致。

② 电磁脱扣的瞬时脱扣整定电流 I_z 应大于负载电路正常工作时的最大电流。

单台电动机 $I_z \geq KI_q$

多台电动机　　　　　$I_z \geqslant K(I_{qmax} + 电路中其他的工作电流)$

式中　K——安全系数,可取 1.5～1.7;

I_q——电动机的启动电流;

I_{qmax}——最大一台电动机的启动电流。

(五) 低压断路器使用注意事项

① 低压断路器投入使用前,必须先进行整定。按要求整定电磁脱扣器和热脱扣器的动作电流,在使用中不能随意旋动有关的调节螺钉和弹簧。

② 在安装时,应注意将来自电源的母线接到开关有灭弧罩一侧的端子上,来自用电设备的母线接到另一侧的端子上。

第三节　信号控制开关

一、按钮开关

1. 按钮开关的外形和结构

按钮开关通常用作短时接通或断开小电流控制电路的开关。按钮开关由按钮帽、复位弹簧、桥式触点和外壳等组成,通常制成具有常开触点和常闭触点的复合式结构,其外形和结构如图 4-14 所示。

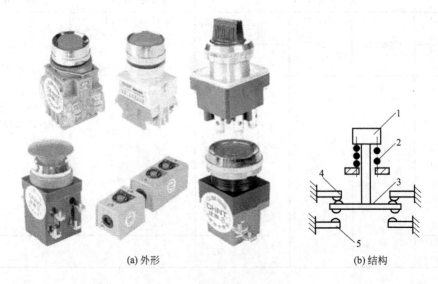

(a) 外形　　　　　　　　　　(b) 结构

图 4-14　按钮开关外形和结构

1—按钮帽;2—复位弹簧;3—动触点;4—常闭静触点;5—常开静触点

其中,指示灯式按钮内可装入信号灯以显示信号;紧急式按钮装有蘑菇形钮帽,以便于紧急操作;旋钮式按钮是用手扭动旋转来进行操作的。

2. 按钮开关的图形及文字符号

按钮开关的图形及文字符号如图 4-15 所示。

3. 按钮开关的型号规格

按钮开关的额定电压为交流 380V、直流 220V,额定电流 5A。在机床上常用的有 LA2 (老产品)、LA18、LA19 及 LA20 等系列。

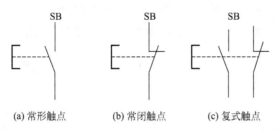

(a) 常开触点　　(b) 常闭触点　　(c) 复式触点

图 4-15　按钮开关的图形及文字符号

4．按钮开关的选用

按钮主要根据所需要的触点数、使用场合及颜色来选择。

① 根据使用场合选择按钮开关的种类，如开启式、保护式和防水式等。

② 根据用途选用合适的类型，如一般式、旋钮式和紧急式等。

③ 根据控制回路的需要，确定不同按钮数，如单联钮、双联钮和三联钮。

④ 按工作状态指示和工作情况要求，选择按钮和指示灯的颜色。按钮帽有多种颜色，一般红色用作停止按钮，绿色用作启动按钮。

二、位置开关

机床运动机构常常需要根据运动部件位置的变化，来改变电动机的工作情况，如工作台的往复运行、刀架的快速移动、自动循环控制等。电气控制系统中通常采用直接测量位置信号的元件来实现行程控制的要求，这种元件就称为位置开关或限位开关。

（一）位置开关外形

位置开关的种类很多，按接触与否分为行程开关和接近开关两大类。行程开关又有微动式、直动式、转动式等类型。位置开关外形如图 4-16 所示。

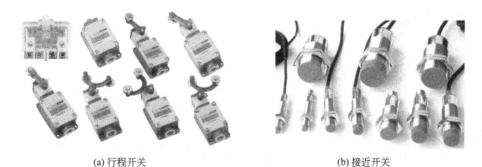

(a) 行程开关　　　　　　　　　　(b) 接近开关

图 4-16　位置开关外形

（二）位置开关结构和原理

1．行程开关

（1）直动式行程开关结构和原理　直动式行程开关的结构如图 4-17 所示。当挡铁向下按压顶杆 1 时，顶杆向下移动，压迫弹簧 4，当到达一定位置时，弹簧 4 的弹力改变方向，由原来向下的力变为向上的力，因此动触点 6 上跳，与静触点 7 分开，与静触点 5 接触，完成了快速切换动作，将机械信号变换为电信号，对控制电路发出了相应的指令。当挡铁离开顶杆时，顶杆在复位弹簧 8 的作用下上移，带动动触点恢复原位。直动式行程开关的优点是结构简单、成本较低，缺点是触点的分合速度取决于撞块移动的速度。若撞块移动速度太慢,触点就不能瞬时切断电路,使电弧在触点上停留时间过长,易于烧蚀触点。因此,这种开关不宜用于撞块移动速度小于 0.4m/min 的场合,常用的有 LX19 和 JLXK1 等系列。

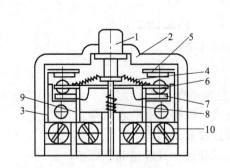

图 4-17 直动式行程开关结构
1—顶杆;2—外壳;3—动合静触点;4—触点弹簧;
5,7—静触点;6—动触点;8—复位弹簧;
9—动断静触点;10—螺钉和压板

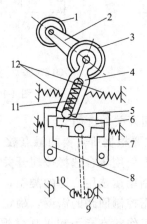

图 4-18 滚轮旋转式行程开关结构
1—滚轮;2—上转臂;3—转轮;4—推杆;5—滚球;
6—操纵件;7,8—摆杆;9—静触点;10—动
触点;11—压缩弹簧;12—弹簧

(2) 滚轮旋转式行程开关结构和原理 为克服直动式行程开关的缺点,还常采用如图 4-18 所示的滚轮旋转式结构。当滚轮 1 受到向左的外力作用时,上转臂 2 向左下方转动,推杆 4 向右转动,并压缩弹簧 11,同时下面的滚球 5 也很快沿操纵件 6 向右转动,当滚球 5 走过操纵件 6 的中点时,操纵件 6 迅速转动,因而使动触点 10 迅速与右边静触点 9 分开,并与左边的静触点闭合,这样就减少了电弧对触点的烧蚀,并保证了动作的可靠性。这类开关适用于低速运动的机械。

滚轮旋转式行程开关有两种结构,即单轮结构和双轮结构。

① 单轮结构 其原理如上所述,当外力作用于该轮时,触点动作;外力撤除时,触点便自动复位,故称可复位结构。

② 双轮结构 工作原理和单轮相似,只是其头部 V 形摆件上有互成 90°的两个滚轮。当外力作用于其中一滚轮时,其相应触点动作,外力撤除时,其滚轮和触点保持动作后状态,要想复位,必须以同样的力作用于另一只滚轮。因此,该结构称不可复位结构。

(3) 微动开关结构和原理

为克服直动式结构的缺点,微动开关采用具有片状弹簧的瞬动机构,如图 4-19 所示。

当推杆压下时,弹簧片发生变形,储存能量并产生位移,当达到预定临界点时,弹簧片连同动触点产生瞬时跳跃,从而使常开触点接通,常

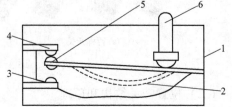

图 4-19 LX31 微动开关结构
1—壳体;2—弹簧片;3—常开触点;
4—常闭触点;5—动触点;6—推杆

闭触点断开。同样,减小操作力,弹簧片向相反方向移动到另一临界点时,触点便瞬时复位。采用瞬动机构不仅可以减轻电弧对触点的烧蚀,而且也能提高触点动作的准确性。

微动开关体积小、动作灵敏,适用于行程控制要求较精确的场合。也常用于其他电器,

如空气阻尼式时间继电器的触点系统。但由于推杆允许行程小，结构强度不高，因此，在使用时必须对推杆的最大行程在机构上加以限制，以免压坏开关。常用的微动开关有 LXW-11、LX31 等型号。

2. 接近开关

接近开关是无触点开关，按工作原理来区分，有高频振荡型、电容型、感应电桥型、永久磁铁型、霍尔效应型等多种，其中以高频振荡型最为常用。高频振荡型接近开关的电路由振荡器、晶体管放大器和输出电路三部分组成，其工作原理框图如图 4-20 所示。

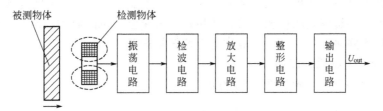

图 4-20　电感式接近传感器工作原理框图

其基本工作原理是：当装在运动部件上的金属物体接近高频振荡器的线圈（称为感应头）时，由于该物体内部产生涡流损耗，使振荡回路等效电阻增大，能量损耗增加，使振荡减弱直至终止，接近开关输出控制信号。通常把接近开关刚好动作时感应头与检测体之间的距离称为动作距离。

常用的接近开关有 LJ1、LJ2 和 JXJ0 等系列。

接近开关因具有工作稳定可靠、使用寿命长、重复定位精度高、操作频率高、动作迅速等优点，故应用越来越广泛。

（三）位置开关图形及文字符号

1. 行程开关图形及文字符号

行程开关的图形及文字符号如图 4-21 所示。

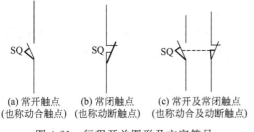

图 4-21　行程开关图形及文字符号

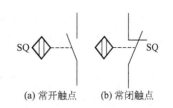

图 4-22　接近开关图形及文字符号

2. 接近开关图形及文字符号

接近开关的图形及文字符号如图 4-22 所示。

（四）位置开关的选用

1. 行程开关的选用

① 根据应用场合及控制对象选择种类。

② 根据安装环境选择防护类型。

③ 根据控制回路的额定电压和电流选择系列。

④ 根据机械与位置开关的传力位移关系选择合适的操作头型式。

2. 接近开关的选用

① 接近开关较行程开关价格高,因此仅用于工作频率高、可靠性及精度要求均较高的场合。

② 按动作距离要求选择型号、规格。

③ 按输出要求选择输出型式。

三、选择开关

(一) 万能转换开关

万能转换开关是一种多挡式控制多回路的开关电器。一般用于各种配电装置的远距离控制,也可作为电气测量仪表的换相开关,或用作小容量电动机的启动、制动、调速和换向的控制。由于换接线路多,用途广泛,故称为万能转换开关。

1. 万能转换开关结构和原理

万能转换开关外形及结构如图 4-23 所示。

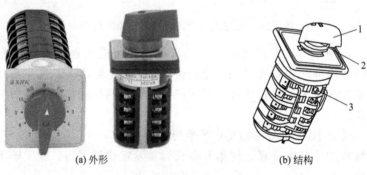

图 4-23 万能转换开关外形及结构
1—手柄;2—转轴;3—接线点

万能转换开关由凸轮机构、触点系统和定位装置等部分组成。它依靠操作手柄带动转轴和凸轮转动,使触点动作或复位,从而按预定的顺序接通与分断电路,同时由定位机构确保其动作的准确可靠。

常用的万能转换开关有 LW8、LW6 系列。其中 LW6 系列万能转换开关还可装配成双列型式,列与列之间用齿轮啮合,并由公共手柄进行操作,因此装入的触点数最多可达 60 对。

2. 万能转换开关的图形及文字符号

万能转换开关的图形、文字符号及通断表如图 4-24 所示。

3. 万能转换开关的选用

① 万能转换开关的通断表必须符合电路的控制要求。

② 万能转换开关触点的额定电压和额定电流必须等于或大于控制电路的额定电压和额定电流。

③ 万能转换开关必须满足空间、绝缘距离等安装要求。

(二) 主令控制器

主令控制器用于频繁切换复杂多回路控制电路。一般来说,它的触点容量小,不能直接控制主电路,而是经过接通、断开继电器或接触器的线圈电路,间接控制主电路。

1. 主令控制器结构和原理

第四章 机床常用低压电器

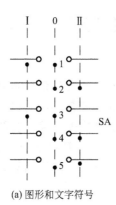

(a) 图形和文字符号　　　　(b) 通断表

图 4-24　万能转换开关图形、文字符号及通断表

常用的主令控制器有 LK14、LK15 系列等。机床上用到的十字转换开关也属主令控制器，这种开关一般用于多电动机拖动或需多重联锁的控制系统中，如 X62W 万能铣床中，用于控制工作台垂直方向和横向的进给运动；摇臂钻床中，用于控制摇臂的上升和下降、放松和夹紧等动作，其主要型号有 LS1 系列。

主令控制器的外形和结构如图 4-25 所示。

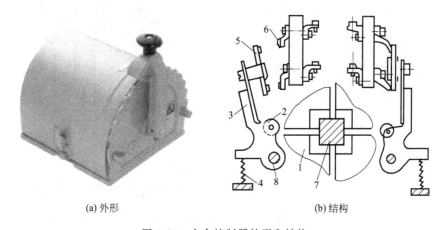

(a) 外形　　　　　　　　(b) 结构

图 4-25　主令控制器外形和结构

1—凸轮；2—滚子；3—杠杆；4—弹簧；5—动触点；
6—静触点；7—转轴；8—轴

手柄通过转轴 7 带动固定在轴上的凸轮 1，以操作触点 5 和 6 的断开与闭合。当凸轮的凸起部分压住滚子 2 时，杠杆 3 受压力克服弹簧 4 的弹簧力，绕轴 8 转动，使装在杠杆末端的触点 5 离开触点 6，电路断开。当凸轮凸出部分离开滚子 2 时，在复位弹簧 4 的作用下，触点闭合，电路接通。其触点多为桥式触点，一般采用银及其合金材料制成，操作轻便、灵活。这样，只要安装一串不同形状的凸轮（或按不同角度安装）就可获得按一定顺序动作的触点。

2. 主令控制器的选用

主令控制器的选用与万能转换开关选用相同，主要是按通断控制要求、额定电压、额定

55

电流及安装条件来选择。

第四节 接触器

一、接触器的结构原理

接触器是用于远距离频繁地接通与断开交直流主电路及大容量控制电路的一种自动切换电器。其主要控制对象是电动机，也可用于控制其他电力负载，如电热器、电焊机等。接触器不仅能实现远距离集中控制，而且操作频率高，控制容量大，并具有低电压释放保护、工作可靠、使用寿命长等优点，是继电-接触器控制系统最重要和最常用的元件之一。

接触器种类很多，按其主触点通过电流的种类，可分为交流接触器和直流接触器，机床控制上以交流接触器应用最为广泛。

（一）交流接触器

交流接触器常用于远距离接通和分断 1140V、630A 及以下的交流电路，可频繁控制交流电动机的启动、反转和制动。其外形和结构如图 4-26 所示。

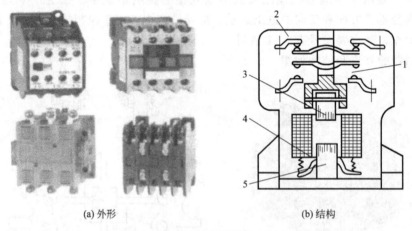

(a) 外形　　　　　　　　　　(b) 结构

图 4-26　交流接触器外形和结构
1—常开触点；2—常闭触点；3—动铁芯；4—线圈；5—静铁芯

交流接触器由电磁系统、触点系统、灭弧装置和支架底座等部分组成。

（1）电磁系统　交流接触器的电磁系统采用交流电磁机构，当线圈通电后，衔铁在电磁吸力的作用下，克服复位弹簧的反力与铁芯吸合，带动触点动作，从而接通或断开相应电路。当线圈断电后，动作过程与上述相反。

（2）触点系统　根据用途不同，接触器的触点可分为主触点和辅助触点。主触点用以通断电流较大的主电路，一般由三对动合触点组成；辅助触点用于通断小电流的控制电路，由动合和动断触点成对组成。

（3）灭弧装置　接触器用于通断大电流电路时，通常采用电动力灭弧、纵缝灭弧和金属栅片灭弧等灭弧装置。

① 电动力灭弧　如图 4-27(a)、(b)、(c) 所示，当触点断开时，在断口中产生电弧，根据右手螺旋定则，产生如图所示的磁场，此时，电弧可以看作一载流导体，又根据电动力左手定则，对电弧产生图示电动力，将电弧拉断，从而起到灭弧作用。

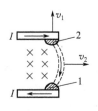 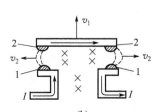 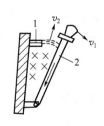

(a)　　　　　　　　　　　(b)　　　　　　　　　　　(c)

1—静触点；2—动触点；　　1—静触点；2—动触点；　　1—静触点；2—动触点；
v_1—动触点移动速度；　　v_1—动触点移动速度；　　v_1—动触点移动速度；
v_2—电弧在电磁力作用下的移动速度　　v_2—电弧在电磁力作用下的移动速度　　v_2—电弧在电磁力作用下的移动速度

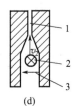 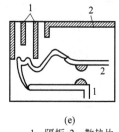 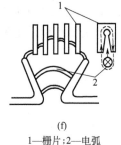

(d)　　　　　　　　　　　(e)　　　　　　　　　　　(f)

1—纵缝中的电弧；2—电弧电流；3—灭弧磁场　　1—隔板；2—散热片　　1—栅片；2—电弧

图 4-27　灭弧装置

② 纵缝灭弧　依靠磁场产生的电动力，将电弧拉入用耐弧材料制成的狭缝中，以加快电弧冷却，达到灭弧的目的，如图 4-27(d)、(e) 所示。

③ 栅片灭弧　如图 4-27(f) 所示，当电器的触点分开时，所产生的电弧在电动力的作用下被拉入一组静止的金属片中。这组金属片称为栅片，是互相绝缘的。电弧进入栅片后被分割成数股，并被冷却以达到灭弧目的。

（4）其他部分　包括反作用弹簧、缓冲弹簧、触点压力弹簧片、传动机构、接线柱和外壳等。

（二）直流接触器

直流接触器主要用来远距离接通和分断 440V、630A 及以下的直流电路，可频繁控制直流电动机的启动、反转与制动。

直流接触器的结构和工作原理与交流接触器基本相同，只是采用了直流电磁机构。为了保证动铁芯的可靠释放，常在磁路中夹有非磁性垫片，以减小剩磁的影响。

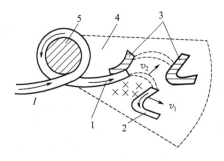

图 4-28　磁吹式灭弧装置
1—静触点；2—动触点；3—引弧角；4—导磁片；5—铁芯；v_1—动触点移动速度；v_2—电弧在电磁力作用下的移动速度

直流接触器主触点多采用滚动接触的指形触点，做成单极或双极。

直流接触器主触点在断开直流电路时，如电流过大，会产生强烈的电弧，故多装有磁吹式灭弧装置。如图 4-28 所示。由于磁吹线圈产生的磁场经过导磁片，磁通比较集中，电弧在磁场中将产生更大的电动力，使电弧拉长并拉断，从而达到灭弧的目的。

这种灭弧装置由于磁吹线圈同主电路串联，所以其电弧电流越大，灭弧能力就越强，并且磁吹力的方向与电流方向无关,一般都用于直流电路中。

二、接触器的图形和文字符号

接触器的图形和文字符号如图 4-29 所示。

三、接触器的技术参数

接触器的额定电压是指主触点的额定电压,额定电流是指主触点的额定电流。

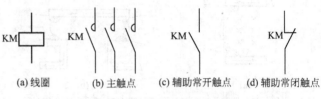

图 4-29 接触器的图形和文字符号

常用交流接触器的型号有 CJ20、CJX1、CJ12 和 CJ10 等系列,如 CJ10-20,其中 CJ 表示交流接触器,10 表示设计序号,20 表示主触点额定电流为 20A。CJ10 系列交流接触器技术参数见表 4-3。

表 4-3 CJ10 系列交流接触器技术参数

型号	触点额定电压 /V	主触点额定电流 /A	辅助触点额定电流/A	额定操作频率/次·h^{-1}	可控制电动机功率/kW	
					220V	380V
CJ10-5		5			1.2	2.2
CJ10-10		10			2.5	4
CJ10-20		20			5.5	10
CJ10-40	500	40	5	600	11	20
CJ10-60		60			17	30
CJ10-100		100			30	50
CJ10-150		150			43	75

常用的直流接触器有 CZ0 和 CZ18 等系列。CZ0 系列直流接触器技术参数见表 4-4。

表 4-4 CZ0 系列直流接触器技术参数

型号	额定电压/V	额定电流/A	主触点极数		最大分断电流值/A	辅助触点数		线圈额定电压/V	线圈消耗功率/W
			常开	常闭		常开	常闭		
CZ0-40/20		40	2	0	160	2	2		22
CZ0-40/02		40	0	2	160	2	2		24
CZ0-100/10		100	1	0	400	2	2		24
CZ0-100/01		100	0	1	250	2	1		24
CZ0-100/20		100	2	0	400	2	2		30
CZ0-150/10		150	1	0	600	2	2		30
CZ0-150/01	440	150	0	1	375	2	1	24,48,110,220	25
CZ0-150/20		150	2	0	600	2	2		40
CZ0-250/10		250	1	0	1000	5 其中一对为固定常开,另外四对触点可任意组合成常开或常闭			31
CZ0-250/20		250	2	0	1000				40
CZ0-400/10		400	1	0	1600				28
CZ0-400/20		400	2	0	1600				43
CZ0-600/10		600	1	0	2400				50

四、接触器的选用

在选用接触器时,应遵循以下原则。

① 根据被接通或分断的电流种类选择接触器类型。
② 接触器的额定电压不低于主电路的额定电压。
③ 接触器线圈的额定电压必须与接入此线圈控制电路的额定电压相等。
④ 接触器触点数量和种类应满足主电路和控制线路的需要。
⑤ 接触器的额定电流应等于或稍大于负载额定电流。

第五节 继 电 器

一、中间继电器

中间继电器的结构和工作原理与接触器基本相同,触点系统没有主、辅之分,各对触点所允许通过的电流大小是相等的。一般来讲,中间继电器的触点容量较小,与接触器的辅助触点差不多,其额定电流多数为5A,对于电动机额定电流不超过5A的电气控制系统,也可代替接触器来控制。其主要用途是当其他继电器的触点数或触点容量不够时,可借助中间继电器来增加它们的触点数或触点容量,起到中间转换的作用。中间继电器的外形如图4-30所示。

图 4-30 中间继电器外形

中间继电器的图形和文字符号如图4-31所示。

图 4-31 中间继电器的图形和文字符号

常用中间继电器的型号有JZ15、JZ14、JZ17(交、直流)及JZ7(交流)。JZ7系列中间继电器技术数据见表4-5。

表 4-5 JZ7系列中间继电器技术数据

型 号	触点额定电压/V	触点额定电流/A	触点数量		吸引线圈额定电压/V	额定操作频率 /次·h^{-1}
			常开	常闭		
JZ7-44	380	5	4	4	12,36,110,127,220,380	1200
JZ7-62			6	2		
JZ7-80			8	0		

中间继电器主要依据控制电路的电压等级及所需触点的数量、种类、容量等来选择。

二、时间继电器

时间继电器接收信号后，经过一定的延时才能输出信号，实现触点延时接通或断开，按其动作原理与构造不同，有空气阻尼式、电子式和电动式等类型。常用的时间继电器外形如图4-32所示。

(a) 空气阻尼式

(b) 电子式

(c) 电动式

图 4-32　时间继电器外形

各类时间继电器的特性见表4-6。

表 4-6　各类时间继电器的特性

型式	型号	线圈电流种类	延时原理	延时范围	延时精度	延时方式	其他特点
空气式	JS7-A JS23	交流	空气阻尼作用	0.4～180s	一般 ±(8%～15%)	通电延时断电延时	结构简单、价格低,适用于延时精度要求不高的场合
电动式	JS10 JS11	交流	机械延时原理	0.5s～72h	准确 ±1%	通电延时断电延时	结构复杂、价格高,操作频率低,适用于准确延时的场合
电子式	JSJ JS20	直流	电容器的充放电	0.1s～1h	准确 ±3%	通电延时断电延时	耐用、价格高、抗干扰性差,修理不便

机床控制线路中应用较多的是空气阻尼式和电子式时间继电器。

（一）空气阻尼式时间继电器结构原理

空气阻尼式时间继电器是利用空气阻尼作用获得延时的，有通电延时和断电延时两种类型，其型号有JS7-A和JS16系列等。图4-33所示为JS7-A系列时间继电器的动作原理，它主要由电磁系统、延时机构和工作触点三部分组成。

图4-33(a)所示为通电延时型时间继电器，当线圈1通电后，铁芯2将衔铁3吸合（推板5使微动开关16立即动作），活塞杆6在塔形弹簧8作用下，带动活塞12及橡胶膜10向上移动，由于橡胶膜下方气室空气稀薄，形成负压，因此活塞杆6不能迅速上移。当空气由进气孔14进入时，活塞杆6才逐渐上移。移到最上端时，杠杆7使微动开关15动作。延时时间即为自电磁铁吸引线圈通电时刻起到微动开关动作时为止的这段时间。通过调节螺杆13调节进气孔的大小，就可以调节延时时间。

当线圈1断电时，衔铁3在复位弹簧4的作用下将活塞12推向最下端。因活塞被往下推时，橡胶膜下方气室内的空气，都通过橡胶膜10、弱弹簧9和活塞12肩部所形成的单向阀，经上气室缝隙顺利排掉，因此延时微动开关15与不延时的微动开关16都迅速复位。

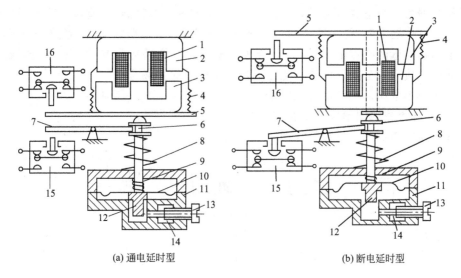

(a) 通电延时型　　　　　　　　(b) 断电延时型

图 4-33　JS7-A 系列时间继电器动作原理
1—线圈；2—铁芯；3—衔铁；4—复位弹簧；5—推板；6—活塞杆；7—杠杆；
8—塔形弹簧；9—弱弹簧；10—橡胶膜；11—空气室腔；12—活塞；
13—调节螺杆；14—进气孔；15, 16—微动开关

将电磁机构翻转 180°安装，可得到图 4-33（b）所示的断电延时型时间继电器。它的工作原理与通电延时型相似，微动开关 15 是在吸引线圈断电后延时动作。

空气阻尼式时间继电器的优点是结构简单、寿命长、价格低廉，还附有不延时的触点（瞬动触点），所以应用较为广泛。缺点是准确度低、延时误差大，因此在要求延时精度高的场合不宜采用。

（二）电子式时间继电器结构原理

电子式时间继电器具有延时范围广、体积小、精度高、调节方便及寿命长等优点，因而得到了更广泛的应用。

电子式时间继电器同样有通电延时和断电延时两种。从原理上可分为阻容式和数字式。阻容式是利用 RC 电路充放电原理构成的延时电路。图 4-34 所示为一种用单结晶体管组成的 RC 充放电式时间继电器的电路原理。

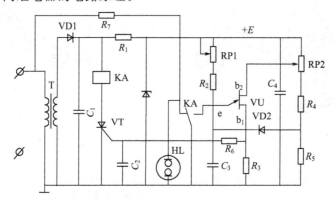

图 4-34　用单结晶体管组成的通电延时电路原理

其工作原理为：当电源接通后，经二极管 VD1 整流，电容器 C_1 滤波及稳压器稳压后的直流电压，经电位器 RP1 和电阻 R_2 向 C_3 充电，电容器 C_3 两端电压按指数规律上升，当此电压大于单结晶体管的峰点电压时，VU 导通，输出脉冲使晶闸管 VT 导通，继电器线圈得电，触点动作，接通或分断外电路。它主要用于中等延时的场合。

电子式时间继电器常用产品有 JS、JSB、JJSB、JS14、JS20 等系列。

（三）时间继电器的图形和文字符号

时间继电器的图形及文字符号如图 4-35 所示。

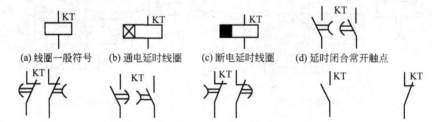

图 4-35　时间继电器的图形及文字符号

（四）时间继电器的选用

选择时间继电器主要根据控制回路所需要延时触点的延时方式、触点的数目以及使用条件来选择。

三、压力继电器

压力继电器是将压力信号转变为电信号的转换元件，以实现自动控制或安全保护等。在气动控制系统和多机床自动线中，用于气路中作联锁装置，也可用在机床上的气动卡盘和管道中。当压力低于整定值时，压力继电器使机床自动停车，以保证安全。

压力继电器的外形和结构如图 4-36 所示，微动开关与顶杆距离一般大于 0.2mm。

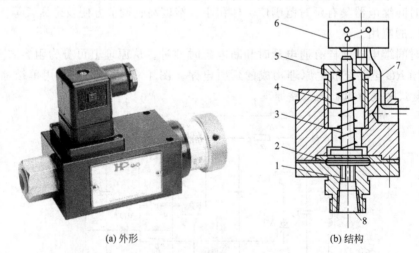

(a) 外形　　　　　　　　(b) 结构

图 4-36　压力继电器外形和结构

1—缓冲器；2—橡胶薄膜；3—顶杆；4—压缩弹簧；5—调节螺母；
6—微动开关；7—电线；8—气体或液体通道

压力继电器安装在气路、水路或油路的分支管路中。当管路压力超过整定值时，通过缓冲器、橡胶薄膜抬起顶杆，使微动开关动作。当管路压力低于整定值后，顶杆脱离微动开关，使触点复位。

压力继电器的图形和文字符号如图 4-37 所示。

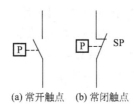

(a) 常开触点　　(b) 常闭触点

图 4-37　压力继电器的图形和文字符号

常用的压力继电器有 YJ 系列、TE52 系列和 YT-1226 系列等。压力继电器的控制压力可通过放松或拧紧调整螺母来改变。YJ 系列压力继电器的技术数据见表 4-7。

表 4-7　YJ 系列压力继电器的技术数据

型号	额定电压/V	长期工作电流/A	分断功率/V·A	控制压力/Pa 最大	控制压力/Pa 最小
YJ-0	380（交流）	3	380	6.0795×10^5	2.0265×10^5
YJ-1				2.0265×10^5	1.01325×10^5

四、速度继电器

速度继电器是当转速达到规定值时触点动作的继电器，主要用于电动机反接制动控制电路中。

速度继电器主要由转子、定子和触点三部分组成，其外形和结构如图 4-38 所示。

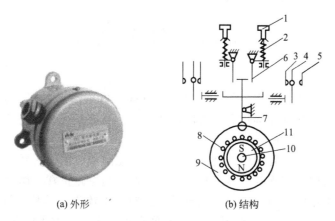

(a) 外形　　(b) 结构

图 4-38　速度继电器外形和结构

1—螺钉；2—反力弹簧；3—动断触点；4—动触点；5—动合触点；6—返回杠杆；7—杠杆；8—定子导体；9—定子；10—转轴；11—转子

速度继电器转子是一块永久磁铁，固定在轴上。浮动的定子与轴同心，且能独自偏摆，定子由硅钢片叠成，并装有笼型绕组。速度继电器的轴与电动机轴相连，当电动机旋转时，转子 11 随之一起转动，形成旋转磁场。定子笼型绕组切割磁力线而产生感应电流，此电流与旋转磁场作用产生电磁转矩，使定子随转子的转动方向偏摆，带动杠杆 7 推动相应触点动作。在杠杆推动触点的同时，也压缩反力弹簧2，其反作用阻止定子继续转动。当转子的转速下降到一定数值时，电磁转矩小于反力弹簧的反作用力矩，定子便返回原来位置，对应的触点恢复到原来状态。

机床上常用的速度继电器有JY1型和JFZ0型两种。

一般速度继电器的动作转速为120r/min，触点的复位转速在100r/min以下。调整反力弹簧的拉力即可改变触点动作或复位时的转速，从而准确地控制相应的电路。

速度继电器的图形和文字符号如图4-39所示。

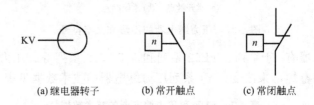

图4-39　速度继电器图形和文字符号

JY1型和JFZ0型速度继电器技术数据见表4-8。

表4-8　JY1型和JFZ0型速度继电器技术数据

型号	触点容量		触点数量		额定工作转速/r·min^{-1}	允许操作频率/次·h^{-1}
	额定电压/V	额定电流/A	正转时动作	反转时动作		
JY1 JFZ0	380	2	1组转换触点	1组转换触点	100～3600 300～3600	<30

速度继电器主要根据电动机的额定转速进行选择。

第六节　保护电器

一、熔断器

熔断器在低压配电线路中主要作短路和严重过载时保护用。它具有结构简单、体积小、重量轻、工作可靠、价格低廉等优点，所以，在强电、弱电系统都得到了广泛的应用。

（一）熔断器的工作原理

熔断器主要由熔体和放置熔体的绝缘管或绝缘底座组成。当熔断器串入电路时，负载电流流过熔体，熔体电阻上的损耗使其发热，温度上升。当电路正常工作时，其发热温度低于熔化温度，故长期不熔断。当电路发生过载或短路时，电流大于熔体允许的正常发热电流，使熔体温度急剧上升，超过其熔点而熔断，从而分断电路，保护了电路和设备。熔体熔断后，更换上新熔体，电路可重新工作。

熔断器灭弧的方法大致有两种：一种是将熔体装在一个密封绝缘管内，绝缘管由高强度材料制成，并且，这种材料在电弧的高温下，能分解出大量的气体，使管内产生很高的压力，用以压缩电弧和增加电弧的电位梯度，以达到灭弧的目的；另外一种如图4-40所示，是将熔体装在有绝缘砂粒填料（如石英砂）的熔管内，在熔体断开电路产生电弧时，石英砂可以吸收电弧能量，金属蒸气可以散发到砂粒的缝隙中，熔体很快冷却下来，从而达到灭弧的目的。

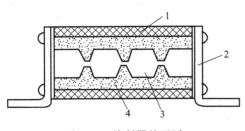
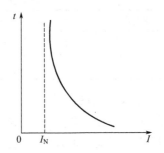

图 4-40 熔断器的灭弧

1—熔管；2—端盖及接线板；3—熔片；4—石英砂

图 4-41 熔断器的保护特性

每个熔体都有一个额定电流值，熔体允许长期通过额定电流而不熔断。当通过熔体的电流为额定电流的 1.3 倍时，熔体熔断时间约在 1h 以上；通过 1.6 倍额定电流时，应在 1h 以内熔断；通过 2 倍额定电流时，熔体差不多是瞬间熔断。由此可见，通过熔体的电流值 I 与熔断时间 t 具有反时限特性，如图 4-41 所示。

（二）熔断器结构

熔断器的类型及常用产品有瓷插（插入）式、螺旋式和密封管式三种。机床电气线路中常用的是 RL1 系列螺旋式熔断器及 RC1 系列插入式熔断器。熔断器的外形如图 4-42 所示。

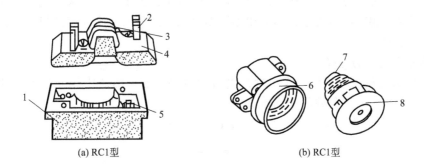

(a) RC1 型　　　　　　　　　　(b) RC1 型

图 4-42 熔断器外形

1—瓷底座；2—动触点；3—熔体；4—瓷插件；5—静触点；6—瓷帽；7—熔芯；8—底座

（三）熔断器的图形和文字符号

熔断器的图形及文字符号如图 4-43 所示。

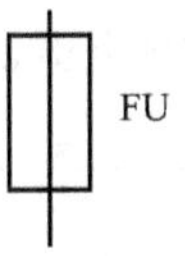

图 4-43 熔断器的图形及文字符号

（四）熔断器的技术数据

RL1 系列螺旋式熔断器及 RC1 系列插入式熔断器的技术数据分别见表 4-9 及表 4-10。

表 4-9 RL1 系列熔断器的技术数据

型号	熔断器额定电流/A	熔体额定电流/A	型号	熔断器额定电流/A	熔体额定电流/A
RL1-15	15	2,4,6,10,15	RL1-100	100	60,80,100
RL1-60	60	20,25,30,35,40,50,60	RL1-200	200	100,125,150,200

表 4-10　RC1 系列熔断器的技术数据

型号	熔断器额定电流/A	熔体额定电流/A	型号	熔断器额定电流/A	熔体额定电流/A
RC1-10	10	1,4,6,10	RC1-100	100	80,100
RC1-15	15	6,10,15	RC1-200	200	120,150,200
RC1-30	30	20,25,30			

（五）熔断器的选择

1. 熔断器结构及规格型号的选择

① 根据使用环境和负载性质选择适当类型的熔断器。

对于容量较小的照明线路或电动机的简易保护，可采用 RC1A 系列半封闭式熔断器；在开关柜或配电屏中，可采用 RM 系列无填料封闭式熔断器；对于短路电流相当大或有易燃气体的地方，应采用 RT0 系列有填料封闭式熔断器；机床控制线路中，应采用 RL1 系列螺旋式熔断器；用于硅整流元件及晶闸管保护，则应采用 RLS 或 RS0 等系列快速熔断器。

② 熔断器的额定电压必须等于或大于线路的额定电压。

③ 熔断器的额定电流必须等于或大于所装熔体的额定电流。

④ 熔断器的分断能力应大于电路可能出现的最大短路电流。

⑤ 熔断器在电路上、下两级的配合应有利于实现选择性保护。

为实现选择性保护，并且考虑到熔断器保护特性的误差，在通过相同电流时，电路上一级熔断器的熔断时间，应为下一级熔断时间的三倍以上。当上、下级采用同一型号的熔断器时，其电流等级以相差两级为宜；当采用不同型号的熔断器时，则应根据保护特性曲线上给出的熔断时间选取。

2. 熔体额定电流的选择

① 对于负载电流比较平稳，没有冲击电流的电路，如一般照明或电阻炉负载，熔体的额定电流应等于或稍大于负载的工作电流。

② 对于一台不经常启动而且启动时间不长的电动机，熔体额定电流应为

$$I_{RN} = \frac{I_{st}}{2.5 \sim 3}$$

式中　I_{RN}——熔体的额定电流，A；

　　　I_{st}——电动机的启动电流，A。

③ 对于一台经常启动或启动时间较长的电动机的短路保护，熔体额定电流应为

$$I_{RN} = \frac{I_{st}}{1.6 \sim 2}$$

④ 对于多台电动机的短路保护，熔体额定电流应为

$$I_{RN} = \frac{I_{st\,max}}{2.5 \sim 3} + \sum I_N$$

式中　$I_{st\,max}$——容量最大一台电动机的启动电流，A；

　　　$\sum I_N$——其余电动机的额定电流之和，A。

二、热继电器

电动机在实际运行中，短时过载是允许的，但如果长期过载运行，则可能使电动机的电流超过其额定值，如绕组温升超过额定温升，将损伤绕组的绝缘，缩短电动机的使用寿命，严重时甚至会烧毁电动机绕组，因此必须采取过载保护措施。最常用的是利用热继电器进行过载保护。

热继电器是一种利用电流的热效应原理进行工作的保护电器。其外形如图 4-44 所示。

第四章 机床常用低压电器

图 4-44 热继电器外形

图 4-45 所示为热继电器的结构，它主要由热元件、双金属片、触点和动作机构等组成。

热元件串接在电动机定子绕组中，绕组电流即为流过热元件的电流。当电动机正常工作时，热元件产生的热量虽能使双金属片弯曲，但不足以使其触点动作。当过载时，流过热元件的电流增大，其产生的热量增加，使双金属片产生的弯曲位移增大，从而推动导板，带动温度补偿双金属片和与之相连的动作机构，使热继电器触点动作，以切断电动机控制电路。

片簧 1、2 及弓簧 3 构成一组跳跃机构；凸轮 9 可用来调节动作电流；补偿双金属片用于补偿周围环境温度变化的影响，当周围环境温度变化时，主双金属片和与之采用相同材料制成的补偿双金属片会产生同一方向的弯曲，可使导板与补偿双金属片之间的推动距离保持不变。此外，热继电器可通过调节螺钉 14 选择自动复位或手动复位。

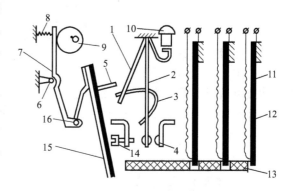

图 4-45 双金属片式热继电器结构
1,2—片簧；3—弓簧；4—触点；5—推杆；
6—固定转轴；7—杠杆；8—压簧；9—凸轮；10—手动复位按钮；11—主双金属片；
12—热元件；13—导板 14—调节螺钉
15—补偿双金属片；16—轴

热继电器由于其热惯性，当电路短路时不能立即动作切断电路，因此，不能用作短路保护；在电动机启动或短时过载时，热继电器也不会动作，可避免电动机不必要的停车。同理，当电动机处于重复短时工作时，也不适宜用热继电器作其过载保护，而应选择能及时反映电动机温升变化的温度继电器作为过载保护。

对于星形接线的电动机选择两相或三相结构的普通热继电器均可；而对于三角形接线的电动机，则应选择带断相保护的热继电器。

常用热继电器有 JR0 及 JR10 系列。表 4-11 是 JR0-40 型热继电器的技术数据。

表 4-11 JR0-40 型热继电器的技术数据

型号	额定电流/A	热元件等级		型号	额定电流/A	热元件等级	
		额定电流/A	电流调节范围/A			额定电流/A	电流调节范围/A
JR0-40	40	0.64	0.4~0.64	JR0-40	40	6.4	4~6.4
		1	0.64~1			10	6.4~10
		1.6	1~1.6			16	10~16
		2.5	1.6~2.5			25	16~25
		4	2.5~4			40	25~40

选择热继电器时，主要根据电动机的额定电流来确定热继电器的型号及热元件的额定电流等级。例如电动机额定电流为 14.6A，额定电压为 380V，则可选用 JR0-40 型热继电器，热元件电流等级为 16A，由表 4-11 可知，电流调节范围为 10～16A，因此可将其电流整定为 14.6A。

热继电器的图形和文字符号如图 4-46 所示。

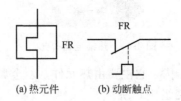

图 4-46 热继电器图形和文字符号

三、电流继电器

电路中的电流达到线圈额定值而动作的继电器称为电流继电器。电流继电器有欠电流继电器和过电流继电器两类。大于线圈额定值而动作的称为过电流继电器，低于线圈额定值而动作的称为欠电流继电器。它们的结构和动作原理相似，其结构如图 4-47 所示。

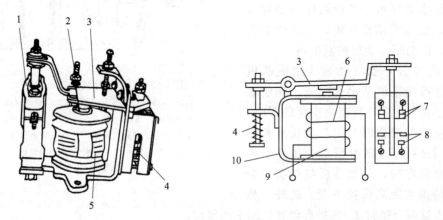

图 4-47 电流继电器结构

1—触点；2—静铁芯；3—衔铁；4—反力弹簧；5—线圈；6—电流线圈；
7—常闭触点；8—常开触点；9—铁芯；10—磁轭

电流继电器的线圈为电流线圈，线圈匝数少，导线粗，线圈阻抗小，直接串联在被测量的电路中，以反应电路电流的变化。

过电流继电器广泛用于直流电动机或绕线转子异步电动机的控制电路中，用于频繁和重载启动的场合，作为电动机或主回路的过载或短路保护。欠电流继电器主要用于直流电动机中，对电动机进行弱磁保护。

欠电流继电器的吸引电流为线圈额定电流的 30%～65%，释放电流为额定电流的 10%～20%，因此，在电路正常工作时，衔铁是吸合的，只有当电流降低到某一整定值时，继电器释放，输出信号。过电流继电器在电路正常工作时不动作，当电流超过某一整定值时才动作，整定范围通常为 1.1～4 倍额定电流。

在机床电气控制系统中，用得较多的电流继电器有 JL14、JL15、JT3、JT4、JT9、JT10 等型号，主要根据主电路内的电流种类和额定电流来选择。

JT4 系列过电流继电器技术数据见表 4-12。

表 4-12 JT4 系列过电流继电器技术数据

型号	吸引线圈规格/A	消耗功率/W	触点数目	复位方式 自动	复位方式 手动	动作电流	返回系数
JT4-××L	5,10,15,20, 40,80,150,300 及 600	5	2 常开、2 常闭或 1 常开、1 常闭	自动		吸引电流在线圈额定电流的 110%～350%范围内调节	0.1～0.3
JT4-××S					手动		

四、电压继电器

电压继电器按动作电压值的不同,有过电压、欠电压和零电压之分。过电压继电器在电压为额定电压的 110%～115% 以上时动作;欠电压继电器在电压为额定电压的 40%～70%时有保护动作;零电压继电器当电压降至额定电压的 5%～25%时有保护动作。

欠电压继电器常用于交流电动机欠电压(或零电压)保护以及制动和反转控制等。过电压继电器常用于直流电动机放大机控制系统中,防止放大机因过电压运行而损坏。

电压继电器的结构与电流继电器相似,不同的是电压继电器线圈为电压线圈,线圈匝数多,导线细,阻抗大,直接并联在相应电源两端。

机床电气控制系统中,常用的电压继电器有 JT3、JT4 等系列。

JT4 系列欠电压继电器技术数据见表 4-13。

表 4-13 JT4 系列欠电压继电器技术数据

型号	吸引线圈规格/V	消耗功率/V·A	触点数目	复位方式	动作电压/V	返回系数
JT4-P	110,127, 220,380	75	2 常开、2 常闭或 1 常开、1 常闭	自动	吸引电压在线圈额定电压的 60%～85%范围内调节,释放电压在线圈额定电压的 10%～35%间	0.2～0.4

第七节 执行电器

一、电磁阀

当控制系统中负载惯性较大,所需功率也较大时,一般采用液压或气压控制系统。电磁阀是此类系统的主要组成部分。

电磁阀的基本结构一般是由吸入式电磁铁及液压阀(阀体、阀芯和油路系统等)两部分组成。其基本工作原理如下:当电磁铁线圈通、断电时,衔铁吸合或释放,由于电磁铁的动铁芯与液压阀的阀芯连接,因此可直接控制阀芯位移,来实现液体的流通、切断和方向变换,从而操纵各种机构动作如气缸的往返、其他工作部件的顺序动作等。

二、电磁离合器

电磁离合器的作用是将执行机构的力矩(或功率)从主动轴一侧传到从动轴一侧。它广泛用于各种机构(如机床中的传动机构和各种电动机构等),以实现快速启动、制动、正反转或调速等功能。由于它易于实现远距离控制,因此和其他机械式、液压式或气动式离合器相比,操纵要简单得多。

按工作原理分,电磁离合器主要有摩擦片式、牙嵌式、磁粉式和感应转差式等。下面主要介绍摩擦片式电磁离合器的结构及工作原理。

图4-48所示为摩擦片式电磁离合器的结构。

在主动轴的花键轴上装有主动摩擦片，它可沿花键轴自由移动，与主动轴通过花键连接，可随主动轴一起旋转。从动摩擦片与主动摩擦片交替叠装，其外缘凸起部分卡在与从动齿轮固定在一起的套筒内，因此可随从动齿轮一起旋转，在主、从动摩擦片未压紧之前，主动轴旋转时它不转动。

当电磁线圈通入直流电产生磁场后，在电磁吸力的作用下，主动摩擦片与衔铁克服弹簧反力被吸向铁芯，并将各摩擦片紧紧压住，依靠主动摩擦片与从动摩擦片之间的摩擦力，使从动摩擦片随主轴旋转，同时又使套筒及从动齿轮随主动轴旋转，实现了力矩的传递。

当电磁离合器线圈断电后，装在主、从动摩擦片之间的圈状弹簧使衔铁和摩擦

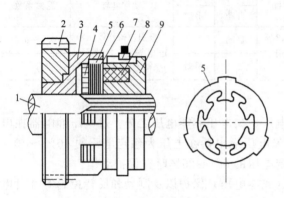

图4-48 摩擦片式电磁离合器结构
1—主动轴；2—从动齿轮；3—套筒；4—衔铁；
5—从动摩擦片；6—主动摩擦片；7—集电环；
8—线圈；9—铁芯

片复位，离合器便失去传递力矩的作用。

三、电磁制动器

制动器是机床的重要部件之一，它既是工作装置又是安全装置。根据制动器的构造可分为块式制动器、盘式制动器、多盘式制动器、带式制动器、圆锥式制动器等。根据操作情况不同又分为常闭式、常开式和综合式。根据动力不同，还可分为电磁制动器和液压制动器。

常闭式双闸瓦制动器具有结构简单，工作可靠的特点，平时常闭式制动器抱紧制动轮，当机床工作时才松开，这样无论在任何情况下停电，闸瓦都会抱紧制动轮。

（一）短行程电磁式制动器

图4-49所示为短行程电磁瓦块式制动器的工作原理。

制动器借助主弹簧，通过框形拉板使左、右制动臂上的制动瓦块压在制动轮上，借助制动轮和制动瓦块之间的摩擦力来实现制动。

当电磁铁线圈通电后，衔铁吸合，将顶杆向右推动，制动臂带动制动瓦块同时离开制动轮。为防止制动臂倾斜过大，可用调整螺钉来调整制动臂的倾斜量，以保证左、右制动瓦块离开制动轮的间隙相等，副弹簧的作用是把右制动臂推向右侧，防止在松闸时，整个制动器左倾而造成右制动瓦块离不开制动轮。

短行程电磁式制动器动作迅速、结构紧凑、自重小；铰链比长行程少，死行程少；制动瓦块

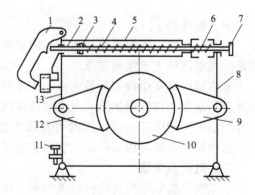

图4-49 短行程电磁瓦块式制动器工作原理
1—电磁铁；2—顶杆；3—锁紧螺母；4—主弹簧；
5—框形拉板；6—副弹簧；7—调整螺母；
8,13—制动臂；9,12—制动瓦块；
10—制动轮；11—调整螺钉

与制动臂铰链连接，制动瓦与制动轮接触均匀，磨损均匀。但由于行程小，制动力矩小，多用于制动力矩不大的场合。

（二）长行程电磁式制动器

当机构要求有较大的制动力矩时，可采用长行程制动器。由于驱动装置和产生制动力矩的方式不同，又分为重锤式长行程电磁铁、弹簧式长行程电磁铁、液压推杆式长行程电磁铁等双闸瓦制动器。

图4-50所示为长行程电磁式制动器工作原理。

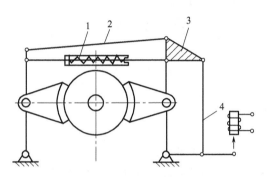

图4-50 长行程电磁式制动器工作原理
1—制动弹簧；2,4—螺杆；3—杠杆板

长行程电磁式制动器通过杠杆系统来增加上闸力。其松闸是通过电磁铁产生电磁力经杠杆系统实现，紧闸借助弹簧力通过杠杆系统实现。当电磁线圈通电时，水平杠杆抬起，带动螺杆4向上运动，使杠杆板3绕轴逆时针方向旋转，压缩制动弹簧1，在螺杆2与杠杆作用下，两个制动臂带动制动瓦左右运动而松闸。当电磁铁线圈断电时，靠制动弹簧的张力使制动闸瓦抱住制动轮。

上述两种电磁铁制动器的结构简单，都能与电动机的操作系统联锁，当电动机停止工作或发生停电事故时，电磁铁自动断电，制动器抱紧，实现安全操作。但电磁铁吸合时冲击大，有噪声，当机构需经常启动、制动时，电磁铁易损坏。

与短行程电磁式制动器比较，由于长行程电磁式制动器采用三相电源，制动力矩大，工作较平稳可靠，制动时自振小。连接方式与电动机定子绕组连接方式相同，有△连接和丫连接。

低压电器认识与调整实训

一、实训目的

1. 了解和熟悉各类低压电器结构、工作原理。
2. 熟悉低压电器的规格、型号及意义。
3. 了解接触器等低压电器的动作电压与失压保护。
4. 了解热继电器保护特性的测试方法。

二、实训设备

1. 交流接触器　　　　　　　　CJ10-10　线圈电压220V　　　　　　　　一个
2. 热继电器　　　　　　　　　JR16-20调节范围1.5～2.4A　　　　　　一个

3. 过电流继电 　　　　　　　　JL18-6.3/11　　　　　　　　一个
4. 转换开关　　　　　　　　　HZ10-10/3　　　　　　　　　一个
5. 倒顺开关　　　　　　　　　KO-3　　　　　　　　　　　 一个
6. 时间继电器　　　　　　　　JS7　　　　　　　　　　　　一个
7. 速度断电器　　　　　　　　JY1　　　　　　　　　　　　一个
8. 断路器　　　　　　　　　　单极、三极　　　　　　　　　各一个
9. 中间继电器　　　　　　　　JZ7-44　　　　　　　　　　　一个
10. 熔断器　　　　　　　　　 RC、RL、RT系列　　　　　　　各一个
　　　　　　　　　　　　　　RL1 2A、4A　　　　　　　　　各一个
11. 按钮　　　　　　　　　　 LA2　　　　　　　　　　　　 两个
12. 行程开关等　　　　　　　　　　　　　　　　　　　　　　一组
13. 万用表　　　　　　　　　 MF-500型　　　　　　　　　　一个
14. 电工工具　　　　　　　　　　　　　　　　　　　　　　　一套
15. 自耦变压器　　　　　　　　　　　　　　　　　　　　　　一个
16. 交流电流、电压表　　　　　　　　　　　　　　　　　　　各一个
17. 时钟　　　　　　　　　　　　　　　　　　　　　　　　　一个

三、实训内容与步骤

（一）低压电器认识

1. 详细观察各电器外部结构、使用方法。
2. 拆装几个常用电器元件，了解其内部结构与工作原理。
（1）拆开CJ10-10接触器底板，了解其内部组成。
（2）拆开JR16-20热继电器侧板，详细观察内部构造，了解双金属片实现过载保护原理。
（3）拆开HZ10-10/3转换开关，观察其分度定位机构，触点通断调节方法。
3. 观察各电器铭牌，记录其型号、规格、参数、了解它们的意义。
4. 模拟时间继电器线圈得电动作，判断测试瞬动触点、延时触点的通断。

（二）低压电器调整

1. 实验电路如图4-51所示。
2. 测试接触器线圈动作电压。

（1）合上QS、SA1，调节自耦变压器，使输出电压为220V，按下启动按钮SB2，接触器动作，灯箱灯亮。

（2）调节自耦变压器，使电压表读数为200V，观察接触器是否继续动作，灯是否继续发光；调节自耦变压器，使电压表读数为180V，观察接触器是否继续动作，灯是否继续发光。

（3）继续慢慢调节自耦变压器，使输出电压减少，直至接触器释放，灯熄灭为止，记录此时电压表读数。

（4）再次按下启动按钮SB2，观察接触器动作情况，此时接触应不动作。

（5）继续按下启动按钮SB2不松开，同时缓慢调节自耦变压器使输出电压逐渐

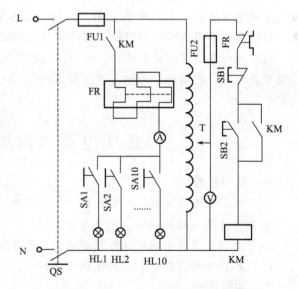

图4-51 继电器保护特性、接触器动作电压测试电路

升高,至接触器动作、灯发光为止。松开按钮 SB2,记录此时电压表读数。

3. 测试热继电器保护特性。

(1) 将热继电器刻度(即 I_N)调到 2A,调节自耦变压器至接触器线圈额定工作电压 220V。

(2) 合上灯箱开关 SA1~SA5,按下启动按钮 SB2,灯亮。观察记录电流表读数 I,记录灯箱连续工作时间,即热继电器过载工作时间 t,填入表 3-12。当热继电器冷却至室温,继续下一步。

(3) 合上 SA6,按下启动按钮 SB2,记录电流表读数 I、过载时间 t。

(4) 待冷却至室温后,分别再合上 SA7、SA8、SA10,重复上述步骤,记录电流 I、过载工作时间 t 于表 4-14 中。

表 4-14 热继电器过载工作时间

P/W	400	500	600	700	800	900	1000
I/A							
t/S							
I/I_e							

四、问题讨论

1. 接触器的主要组成部分有哪些?
2. 说明热继电器的工作原理?
3. 指出螺旋式熔断器安装、使用的注意事项。
4. 为什么接触器的动作电压大于释放电压?
5. 热断电器用于三相交流异步电动机保护应怎样调节设定值?它与灯箱保护有什么不同?
6. 什么是反时限特性?

思考题与习题

1. 什么是低压电器?其基本结构如何?
2. 低压电器按用途可大致分为哪三大类?
3. 单相交流电磁铁的铁芯上为什么装有短路环?三相交流电磁铁的铁芯上是否也要装短路环?为什么?
4. 交流电磁线圈误接入直流电源,直流电磁线圈误接入交流电源,会发生什么问题?
5. 在使用和安装 HK 系列刀开关时,应注意哪些事项?
6. 铁壳开关的结构特点是什么?应如何选用?
7. 自动开关具有哪些保护功能?用它控制电动机,与采用刀开关和熔断器的控制、保护方式相比,自动开关有何优点?
8. 自动开关如何选择?使用时应注意哪些方面?
9. 试说出转换开关和按钮的区别,并画出它们的图形符号和文字符号。如果用转换开关来控制电动机的正反转时,应注意什么问题?
10. 位置开关的主要用途是什么?应如何选用?

11. 交流接触器的主要用途是什么？试画出它的图形符号和文字符号。交流接触器在使用中应注意哪些问题？
12. 中间继电器与接触器有何异同？在什么条件下可用中间继电器来代替接触器启动电动机？
13. 常用的时间继电器有哪几种？试画出各种时间继电器的线圈及触点的图形符号，并标注其含义？
14. 既然在电动机的主电路中装有熔断器，为什么还要装热继电器？装有热继电器是否就可以不装熔断器？为什么在照明和电热电路中只装有熔断器？
15. 如何正确选用熔断器和熔体？
16. 如何正确选用热继电器？
17. 是否可用过电流继电器来作为电动机的过载保护？为什么？
18. 电磁铁有哪几种？各有什么作用？
19. 简述摩擦片式电磁离合器的工作原理。
20. 某机床的异步电动机额定功率为5.5A，额定电压是380V，额定电流是12.6A，启动电流为额定电流的6.5倍。用转换开关作电源开关，用按钮进行启动控制，需要有短路和过载保护。用接触器控制主电路的通和断，应选用哪种型号和规格的转换开关、接触器、熔断器、热继电器和按钮？

第五章　电气控制基本环节

继电-接触器控制方式组成的机床电气控制系统，是按照生产工艺要求来控制机床的各种运动，以保证加工产品的质量。任何复杂的机床电气控制系统，都由比较简单的基本控制环节组成，它是学习机床电气自动控制的基础。

第一节　三相笼型异步电动机启动控制线路

三相笼型异步电动机有直接启动和降压启动两种方式。直接启动是简单、可靠、经济的启动方法，但三相笼型异步电动机的直接启动电流 I_{st} 是其额定电流 I_N 的 4~7 倍，过大的 I_{st} 会造成电网电压显著下降，直接影响在同一电网工作的电动机，甚至使它们停转或无法启动。所以，只有当三相笼型异步电动机的参数满足式(5-1)时，才可以采用直接启动，否则必须采用降压启动。

$$\frac{I_{st}}{I_N} \leqslant \frac{3}{4} + \frac{S}{4P} \tag{5-1}$$

式中　I_{st}——电动机的直接启动电流，A；
　　　I_N——电动机的额定电流，A；
　　　S——变压器容量，kV·A；
　　　P——电动机额定功率，kW。

一般三相笼型异步电动机的容量在 10kW 以上时，因启动电流过大，通常都采用降压启动。

一、直接启动控制线路

直接启动是将电动机三相定子绕组直接接到额定电压的电网上启动，又称全压启动。

1. 手动直接启动控制线路

对小型台钻、冷却泵、砂轮机和风扇等，可用铁壳开关、胶盖闸刀开关等，控制三相笼型异步电动机启动和停止，如图 5-1 所示。也可采用转换开关和熔断器，控制三相笼型异步电动机启动和停止，如图 5-2 所示。

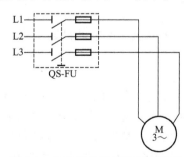

图 5-1　铁壳开关直接控制电动机

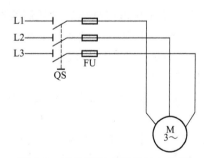

图 5-2　转换开关直接控制电动机

上述直接启动线路虽然所用电器少，线路简单，但在启动、停车频繁时，使用这种手动控制方法既不方便，也不安全，操作劳动强度大，还不能进行自动控制，因此目前广泛采用按钮、接触器等电器来控制。

2. 接触器直接启动控制线路

对中小型普通机床的主电机，常采用接触器直接控制其启动和停止，如图 5-3 所示。

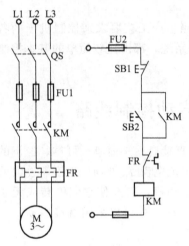

图 5-3 接触器直接启动和停止电动机

图 5-3 中，SB1 为停止按钮，SB2 为启动按钮。热继电器 FR 作过载保护，熔断器 FU1、FU2 作短路保护。

按下 SB2 按钮，接触器线圈 KM 得电，其主触点闭合，电动机在额定电压下直接启动。

同时，接触器 KM 辅助触点闭合，即使按钮松开，也可保持 KM 线圈一直处于得电状态，此控制电路称为自锁电路。

按下 SB1 按钮时，KM 线圈断电，切断电动机电源，并消除自锁电路，电动机停止。

接触器直接启动的自锁电路不但能使电动机连续运转，而且具有欠压和失压（零压）保护功能。

欠压保护是指当线路电压下降到某一数值时，接触器线圈两端的电压同样下降，接触器电磁吸力将小于复位弹簧的反作用力，动铁芯被释放，带动主触点、自锁触点同时断开，自动切断主电路和控制电路，电动机失电停止，避免了电动机因欠压运行而损坏。

失压（零压）保护是指电动机在正常运行中，由于外界某种原因突然断电时，能自动切断电动机电源；当重新供电时，电动机不能自行启动，避免了突然停电后，操作人员忘记切断电源，来电后电动机自行启动，而造成设备损坏及人身伤亡事故。

二、降压启动控制线路

降压启动是指利用启动设备或线路，降低加在电动机定子绕组上的电压启动电动机，以达到降低启动电流的目的。因为启动力矩与定子绕组相电压的平方成正比，所以降压启动的方法只适用于空载或轻载启动。且当电动机启动到接近额定转速时，为使电动机带动额定负载，必须将电动机定子绕组的电压恢复到额定值。

常用的降压启动有定子绕组串电阻或电抗降压启动、Y-△降压启动、自耦变压器降压启动。

1. 定子绕组串电阻降压启动控制线路

定子绕组串电阻降压启动，是在三相定子绕组中串接电阻，使电动机定子绕组电压降低，启动结束后再将电阻短接，电动机在额定电压下正常运行。图 5-4 是定子绕组串电阻降压启动控制线路。

合上 Q，按下 SB2，KM1 线圈得电自锁，其常开主触点闭合，电动机 M 串 R 启动。

同时，时间继电器 KT 线圈得电。当电动机 M 的转速接近额定转速时，到达 KT 的整定时间，KT 常开延时触点闭合，KM2 线圈得电自锁，KM2 的常闭辅助触点先打开，使 KM1 线圈失电，进而使 KT 失电；同时 KM2 常开主触点闭合，将 R 短接，电动机 M 全压运行。

第五章 电气控制基本环节

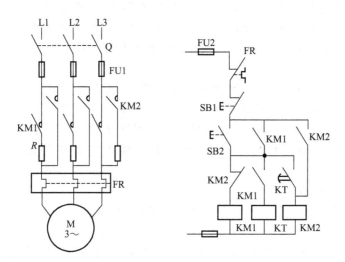

图 5-4 定子绕组串电阻降压启动控制线路

此电路的优点是电动机 M 全压运转时,只有接触器 KM2 的线圈通电。

降压启动电阻一般采用 ZX1、ZX2 系列铸铁电阻,其阻值小、功率大,可允许通过较大的电流。

2. Y-△降压启动控制线路

Y-△降压启动,是指电动机启动时接成Y形,每相绕组所承受的电压为电源相电压(220V),启动完毕后再自动换接成△形运行,此时每相绕组所承受的电压为电源的线电压(380V)。

凡是正常运行时定子绕组接成三角形的笼型异步电动机,均可采用Y-△降压启动方法来限制启动电流。我国新设计的 Y 系列异步电动机,4kW 以上均为三角形接法。

图 5-5 是在电动机启动过程中利用时间继电器自动完成Y-△切换的控制线路。

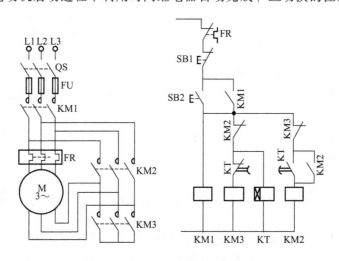

图 5-5 Y-△切换的启动控制线路

由图 5-5 可看出,按下 SB2 后,KM1 线圈得电并自锁,同时 KT、KM3 线圈也得电，KM1、KM3 主触点同时闭合，电动机 M 绕组接成星形，电动机降压启动。当电动机转速接近额定转速时，到达 KT 延时整定时间，其延时动断触点断开，KM3 线圈断电，延时动合触点闭合，KM2 线圈得电，同时 KT 线圈也失电。这时，KM1、KM2 主触点处于闭合状态，电动机绕组转换为三角形连接，电动机全压运行。

图 5-5 中 KM2、KM3 辅助常闭触点是为了防止 KM2、KM3 同时得电造成电源短路。即当 KM3 动作后，其常闭触点将 KM2 的线圈断开，可防止 KM2 再动作；同样当 KM2 动作后，其常闭触点将 KM3 的线圈断开，可防止 KM3 再动作。这种一个接触器得电动作时，其常闭辅助触点使另一个接触器不能得电动作的控制线路，称为互锁线路。

3. 自耦变压器降压启动

自耦变压器降压启动，是在电动机启动时，定子绕组加上自耦变压器的二次电压，一旦启动完毕，自耦变压器被切断，定子绕组加上额定电压正常运行。

自耦变压器二次绕组有多个抽头，能输出多种电压，启动时可根据负载要求选择，以产生多种启动转矩，一般比 Y-△ 启动时的启动转矩要大得多。自耦变压器虽然价格较贵，而且不允许频繁启动，但仍是三相笼型异步电动机最常用的一种降压启动装置。

图 5-6 为三相笼型异步电动机自耦变压器降压启动控制线路。

合上 Q，按下 SB2，KM1 线圈得电，自耦变压器 T 作星形连接，同时 KM2 得电自锁，电动机 M 降压启动，同时 KT 线圈得电开始计时。

当电动机 M 接近额定转速时，到达 KT 的整定时间，KT 的常闭延时触点先打开，KM1、KM2 先后失电，自耦变压器 T 被切断，KT 的常开延时触点后闭合，在 KM1 的常闭辅助触点复位后，

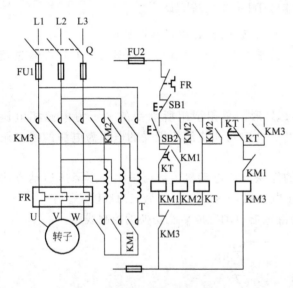

图 5-6 三相笼型异步电动机
自耦变压器降压启动控制线路

KM3 得电自锁，电动机 M 全压运行。

电路中 KM1、KM3 的常闭辅助触点可防止 KM1、KM2、KM3 同时得电，避免绕组电流过大而损坏自耦变压器 T。

第二节 三相异步电动机正反转控制线路

机床的工作部件常需要作两个相反方向的运动，大都靠电动机正反转来实现，如机床中主轴的正向和反向运动，工作台的前后运动，电梯的上升、下降运动等。三相异步电动机正反转的原理很简单，只要将三相电源中的任意两相对调，就可使电动机反向运转。

一、开关控制的正反转控制线路

倒顺开关是一种组合开关,图 5-7 所示为 HZ3-132 型倒顺开关工作原理。倒顺开关有六个固定触点,其中 U1、V1、W1 为一组,与电源进线相连,而 U、V、W 为另一组,与电动机定子绕组相连。当开关手柄置于"顺转"位置时,动触片 S1、S2、S3 分别将 U-U1、V-V1、W-W1 相连,使电动机实现正转;当开关手柄位于"逆转"位置时,经动触片 S′1、S′2、S′3 分别将 U-U1、V-W1、W-V1 接通,使电动机实现反转;当手柄位于中间位置时,两组动触片均不与固定触点连接,电动机停止运转。

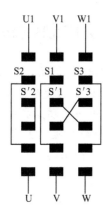

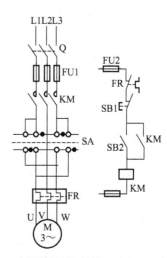

图 5-7 倒顺开关工作原理　　　　　　图 5-8 倒顺开关控制的电动机正反转线路

图 5-8 是用倒顺开关控制的电动机正反转线路。它是利用倒顺开关来改变电动机相序,预选电动机旋转方向,而用接触器来接通和切断电源,控制电动机的启动与停止。

倒顺开关正反转控制线路虽然所用电器较少,线路也简单,但它是一种手动控制线路,在频繁换向时,操作人员劳动强度大,操作不安全,所以这种线路一般用于控制额定电流 10A、功率在 3kW 以下的小容量电动机。生产实践中更常用的是接触器正反转控制线路。

二、接触器控制的正反转线路

图 5-9 是接触器控制电动机正反转的典型线路。

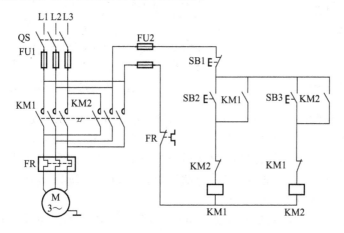

图 5-9 三相异步电动机正反转控制线路

在主电路中，两个接触器 KM1、KM2 触点接法不同，故可改变电动机电源的相序，从而改变电动机转向。在控制电路中，SB1、SB2 分别为正、反控制按钮，SB3 为停止按钮。$\overline{KM1}$、$\overline{KM2}$ 为互锁触点，以避免 SB1、SB2 同时按下可能造成的短路事故；电动机的换向需先按停止按钮 SB3。

还有一种采用复合按钮进行互锁的正反转控制线路，但是极不安全。首先，当电动机在没有停止即按下反向运转按钮时，电动机会反向启动，必然要经过全压反接制动过程，制动电流可能损坏电动机和控制线路；其次是当接触器主触点被"焊死"或卡住时，正转时按下反转按钮将发生严重的电源短路事故。

第三节 三相笼型异步电动机制动控制线路

三相笼型异步电动机从切断电源到完全停止旋转，由于惯性的关系，总要经过一段时间。为了缩短辅助时间，提高生产效率，并为了安全生产，在必要时要求电动机迅速停车，为此必须对电动机进行制动。一般采用机械制动和电气制动。机械制动是利用电磁铁操作机械抱闸制动；电气制动是在电动机停车时，使电动机产生一个与原旋转方向相反的制动力矩，迫使电动机转速下降。下面介绍电气制动中的反接制动和能耗制动。

一、反接制动控制线路

（一）单向反接制动控制线路

图 5-10 为单向反接制动控制线路，图中 KM1 为单向旋转接触器，KM2 为反接制动接触器，KV 为速度继电器，R 为反接制动电阻。

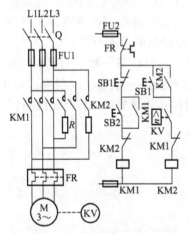

图 5-10 单向反接制动控制线路

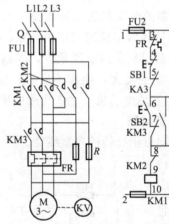

图 5-11 可逆运行反接制动控制线路

电动机 M 正常运转时，KM1 通电，KV 的常开触点闭合，为反接制动做好准备。

电动机 M 停车时，按下 SB1，常闭的 SB1 先打开，KM1 失电，切断电动机正序电源。但电动机 M 因惯性仍以很高的速度继续朝原方向旋转，原已闭合的 KV 常开触点仍闭合；SB1 的常开触点后闭合，由于 KM1 的常闭辅助触点已复位，所以 KM2 线圈通电自锁，电动机 M 定子串接两相电阻进行反接制动。

当电动机 M 的转速下降到低于 100r/min 时，KV 的常开触点复位，KM2 失电，切断负序电源后，电动机 M 自然停车至转速为零。

（二）可逆运行反接制动控制线路

图 5-11 为可逆运行反接制动控制线路，图中 KM1、KM2 为正、反转接触器，KM3 为短接电阻接触器，KA1～KA3 为中间继电器，KV 为速度继电器，其中 KV1 为正转闭合常开触点，KV2 为反转闭合常开触点，R 为启动与制动电阻。

电动机 M 正向启动和反接制动停车过程如下。

合上 Q，按下 SB2，KM1 通电自锁，电动机 M 定子绕组串入制动电阻 R 正向启动；当正向转速大于 120r/min 时，KV1 闭合，由于 KM1 的常开辅助触点已闭合，所以 KM3 得电，将 R 短接，电动机 M 在全压下继续启动至稳定运转。

当需要电动机 M 停车时，按下 SB1，其常闭触点先打开，KM1、KM3 相继断电，电动机 M 定子绕组切断正序电源并串入制动电阻 R。

SB1 的常开触点后闭合，KA3 得电，其常闭触点又再次切断 KM3 电路。由于惯性，电动机 M 的转速仍很高，KV1 仍闭合，且 KA3(18-10) 已闭合，使 KA1 通电，触点 KA1(3-12) 闭合，KM2 得电，电动机 M 定子绕组串入制动电阻 R 进行反接制动。

KA1 的另一触点（3-19）闭合，使 KA3 仍通电，确保 KM3 始终处于断电状态，R 始终串入 M 的定子绕组。当正向转速小于 100r/min 时，KV1 断开，KA1 断电，KM2、KA3 同时断电，反接制动结束，M 停止运转。

电动机 M 反向启动及其反接制动过程相似，可作为训练分析能力的练习。在此不再赘述。

二、能耗制动控制线路

（一）按时间原则控制的单向运行能耗制动控制线路

图 5-12 为按时间原则进行能耗制动的控制线路，图中 KM1 为单向运行接触器，KM2 为能耗制动接触器，KT 为时间继电器，T 为整流变压器，VC 为桥式整流电路。

当电动机 M 单向正常运行时，若要停车，按下 SB1，其常闭触点先断开，KM1 失电，电动机 M 定子绕组切断三相电源；SB1 的常开触点后闭合，KM2、KT 同时得电自锁，如果电动机 M 定子绕组丫接，则将两相定子绕组接入直流电源进行能耗制动。电动机 M 在能耗制动作用下转速迅速下降，当转速接近零时，到达 KT 的整定时间，其延时常闭触点打开，KM2、KT 相继断电，能耗制动结束。

该电路中，将 KT 常开瞬动触点与 KM2 自锁触点串联，是考虑到 KT 断线或机械卡住时，致使常闭延时触点不能断开，不至于使 KM2 长期得电，造成电动机 M 定子绕组长期通过直流电流而过热。

（二）按速度原则控制的可逆运行能耗制动控制线路

图 5-13 为速度原则控制的可逆运行能耗制动控制线路，图中 KM1、KM2 为正、反转接触器，KM3 为制动接触器。

电动机 M 正向启动运转停车时能耗制动过程如下。

合上 Q，按下 SB2，KM1 通电自锁，电动机 M 正向启动运转，当正向转速大于 120r/min 时，KV1 闭合。

停车时，按下 SB1，其常闭触点先打开，KM1 失电，由于惯性电动机 M 的转速 n 还很高，KV1 仍闭合；在 SB1 的常开触点闭合时，KM3 得电自锁，电动机 M 定子绕组通入直流电进行能耗制动，电动机 M 的转速迅速下降；当正向转速小于 100r/min 时，KV1 断开，KM3 失电，能耗制动结束，电动机 M 自然停车。

电动机 M 反向启动运转及其能耗制动过程相似，可作为训练分析能力的练习。在此不再赘述。

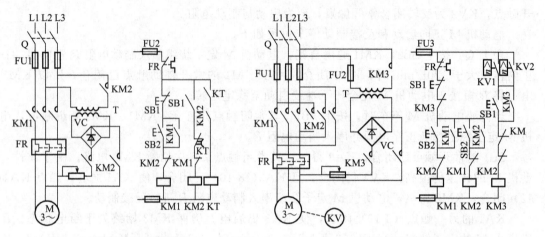

图 5-12 能耗制动控制线路　　　　图 5-13 可逆运行能耗制动控制线路

第四节　其他基本控制线路

一、点动控制

机床在正常加工时需要连续不断的工作，称为长动。点动是指按下按钮时，电动机得电转动工作；松开按钮时，电动机就失电停止工作。点动控制多用于机床刀架、横梁、立柱的快速移动，也常用于机床的试车调整和对刀等场合。长动可用自锁电路实现，取消自锁触点或使自锁触点不起作用就是点动。

图 5-14 列出了实现点动控制的几种常见控制线路。

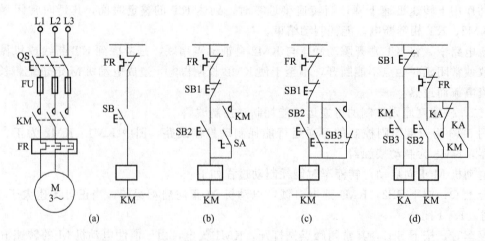

图 5-14　点动控制线路

图 5-14(a) 是基本的点动控制线路。

图 5-14(b) 是带手动开关 SA 的点动控制线路，打开 SA 将自锁触点断开，可实现点动

控制；合上 SA 可实现连续控制。

图 5-14(c) 增加一个点动用的复合按钮 SB3，点动时用其常闭触点断开接触器 KM 的自锁触点，实现点动控制；连续控制时，可按启动按钮 SB2。

图 5-14(d) 是用中间继电器实现点动的控制线路，点动时按 SB3，中间继电器 KA 的常闭触点断开接触器 KM 的自锁触点，KA 的常开触点使 KM 通电，电动机点动；连续控制时，按 SB2 即可。

二、多地控制

在较大型的机床设备上，常要求能在机床的多个地点进行控制。

如果要求在两个或两个以上的地点都能操作，可在各操作地点各安装一套按钮，将分散在各操作站上的启动按钮常开点引线并联起来，停止按钮常闭点引线串联连接。实现的线路如图 5-15(a) 所示。

多人操作的大型冲压设备等，为了保证操作安全，要求几个操作者准备好后，都发出主令信号（如按下启动按钮）时，设备才能压下。此时应将启动按钮的常开触点串联，如图 5-15(b) 所示。

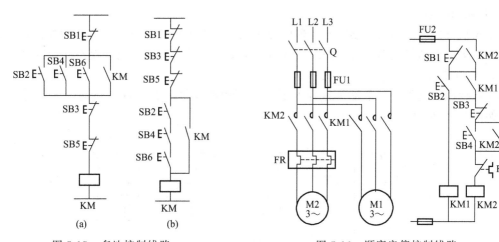

图 5-15　多地控制线路　　　　　图 5-16　顺序启停控制线路

三、顺序控制

对于多电动机拖动的机床，总是润滑油泵或液压泵先启动而最后停止，主轴电动机后启动，冷却泵最后启动而最先停止，因此需要顺序启停控制环节。

图 5-16 是以润滑油泵电动机 M1 和主轴电动机 M2 为例的顺序启停控制线路。

机床启动时，合上 Q，按下 SB2，KM1 线圈得电自锁，润滑油泵电动机 M1 启动运转。再按下 SB4，KM2 线圈得电自锁，主轴电动机 M2 才能启动运转且将 SB1 锁住。

机床停车时，必须先按下 SB3，KM2 线圈失电去自锁，主轴电动机 M2 停转。由于与 SB1 并联的 KM2 常开辅助触点已经复位，此时按下 SB1 时，KM1 线圈失电去自锁，润滑油泵电动机 M1 才能停转。

四、联锁控制

1. 自锁控制

自锁控制是要求电动机控制回路启动按钮按下松开后，电动机仍能保持运转工作状态，与点动相对应，下面以图 5-17 所示线路来对比说明。

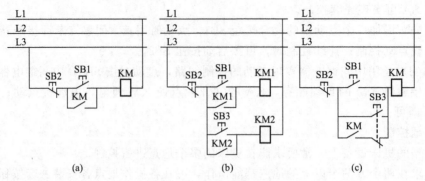

图 5-17 自锁控制线路

图 5-17(a)为典型具有自锁功能的控制线路，当按钮 SB1 按下后，接触器 KM 线圈得电，同时其常开辅助触点吸合，当按钮被松开后仍能保持接触器 KM 线圈得电，自锁功能得以实现。

图 5-17(b)为两路自锁电路，SB2 起停止作用，按下 SB1，KM1 线圈自锁运行，按下 SB3，KM2 自锁运行。

图 5-17(c)为点动与自锁同时实现的控制电路，图中用复合按钮实现点动控制，当 SB3 按下时，实现电动机点动运行，SB3 松开后，电动机停转；SB1 实现自锁连续运行。

2. 互锁控制

在实际控制过程中，常常有这样的要求，两台电动机不允许同时接通，这就是互锁控制，如图 5-18 所示。

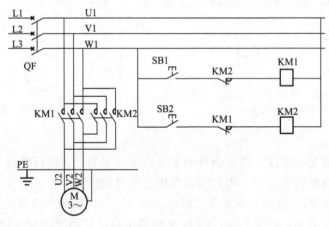

图 5-18 互锁控制线路

当按下 SB1，KM1 得电工作时，即使误按下 SB2，KM2 也不能得电，否则会使两个接触器的主触点同时吸合，引起主回路短路。

第五节　简单控制电路设计

电气控制系统是生产机械不可缺少的组成部分，对生产机械能否正确、安全、可靠地工作，起着决定性的作用。因此，必须合理选取控制方案，正确设计电气控制线路，准确选用各电器元件，使电气控制系统完全符合生产机械的运行控制规律，符合生产工艺要求。

一、生产设备电气控制系统设计的要求

① 生产设备的电气传动调速、电气制动和正反向等方案，要依据生产设备的结构、传动方式、负载特性、调速指标等来确定，还要考虑到用户电网的电压、电流、频率和容量等实际情况。

② 合理选择电气控制方式，满足生产设备工艺要求和主要技术性能，工作准确可靠。

③ 操纵部分的设计应符合操作、测量显示、故障自诊断和安全保护的要求。

二、生产设备电气控制系统设计的内容

① 拟定电气控制系统设计任务书。
② 确定电气传动方案，选择传动电动机。
③ 设计电气控制系统电路图。
④ 选择电气元件，并制定电气元件明细表。
⑤ 设计操纵装置、电气柜及非标准电气元件。
⑥ 设计生产设备的电气设备布置总图、电气安装图，以及电气接线图。
⑦ 编写电气控制系统说明书及使用说明书。

三、控制电路设计的基本方法

1. 常开触点串联

当要求的几个条件同时具备时，线圈才能通电动作，这时可采用几个常开触点串联进行控制，如图 5-19(a) 所示。

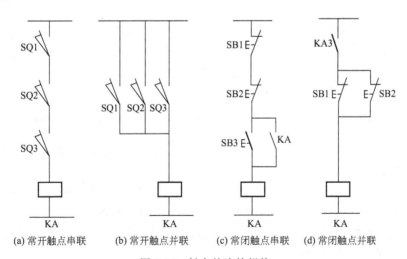

(a) 常开触点串联　(b) 常开触点并联　(c) 常闭触点串联　(d) 常闭触点并联

图 5-19　触点的连接规律

当常开的行程开关 SQ1、SQ2 和 SQ3 均动作闭合后，线圈 KA 才能通电吸合。

2. 常开触点并联

在几个条件中，只要其中一个条件成立，所控制的线圈就将得电，可用几个常开触点并联进行控制，如图 5-19(b) 所示。

只要 SQ1、SQ2 和 SQ3 其中任一个动作，线圈 KA 就会通电吸合。

3. 常闭触点串联

当要求的几个条件中具备一个条件时，线圈就会断电释放，即可采用由几个常闭触点串

联进行控制，如图 5-19(c) 所示。

SB1 与 SB2 两个常闭按钮触点中只要按下其中任意一个，线圈 KA 就会断电释放。

4. 常闭触点并联

当要求几个条件同时存在时，线圈才会断电释放，可采用将这几个常闭触点并联进行控制，如图 5-19（d）所示。

当 KA1 与 KA2 的常闭触点同时断开时，KA 线圈才会断电释放。

四、电气控制线路设计的注意事项

（一）注意电器的正确连接

电气控制线路能否正确运行，其关键就在于线圈和触点是否连接正确。如线圈或触点连接错误，将会造成控制线路错误的动作，甚至会出现危险。

1. 线圈的连接

（1）错误的线圈连接　在交流控制电路中，不允许两个线圈串联使用，即使是两个同型号线圈，也不能采用串联后接在两倍额定电压的交流电源上，如图 5-20(a) 所示。

（2）电感量相近的线圈连接　电感量相近的两个线圈要求同时通电动作时，应将两个线圈并联连接，使它们的端电压一致，如图 5-20(b) 所示。

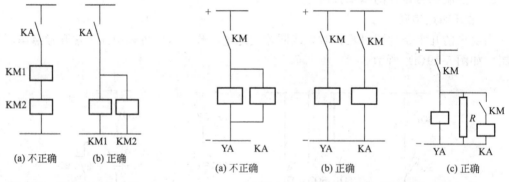

图 5-20　两个线圈的连接　　　　图 5-21　电磁铁与继电器线圈的连接

（3）电感量相差较大的线圈连接　图 5-21(a) 所示为直流电磁铁线圈 YA 和直流中间继电器线圈 KA 连接的控制线路。

在图 5-21(a) 所示的电路中，当触点 KM 断开时，由于电磁铁 YA 电感量很大，将会在电磁铁 YA 线圈两端产生较大的感应电动势，加在中间继电器 KA 线圈上形成闭合回路，有可能使 KA 仍维持吸合状态。随着感应电动势的逐渐衰减，KA 才释放，即延长了中间继电器 KA 的吸合时间，不符合控制要求。

避免的方法是在 YA 线圈中单独串联一个 KM 常开触点，如图 5-21(b) 所示。也可在 YA 线圈两端并联一放电电阻 R，并在 KA 支路中串入 KM 常开触点，以获得可靠的工作，如图 5-21(c) 所示。

2. 触点的布置

由于同一电器上的常开触点和常闭触点相距较近，若在电路的连接中将它们分布在线路的不同电源位置上，在开关动作时，有引起电源短路的危险。因此，在设计时应尽量将这些触点都接在同一极或同一相上，以免使电器触点间引起短路。同时，在线路实际运行中，也存在连接导线长短与电路安全问题。

图 5-22(a) 所示的接法既不安全又很浪费导线。

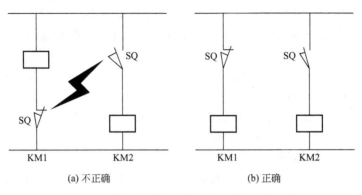

(a) 不正确　　　　　　　(b) 正确

图 5-22　同一电器中不同触点在线路中的布置

图 5-22(a) 电路中,由于行程开关 SQ 的常开、常闭触点靠得很近,在触点断开时,由于电弧可能造成电源短路,而且这种接法需引出 4 根导线。

可以看到,图 5-22(b) 则更为合理,SQ 的常开、常闭触点接在同一极上,且只需引出 3 根导线。

(二) 防止触点之间的竞争

电气元件从一种状态到另一种状态都有一定的动作时间。对一个控制线路来说,改变某一控制信号后,由于触点与线圈动作时间之间的配合不当,可能会出现与控制预定结果相反的结果。这时控制电路就存在着潜在的危险——竞争。

1. 竞争实例分析

如图 5-23 所示,KM1 和 KM2 接触器分别控制电动机 M1 和 M2 的运行,且 M1 启动一定时间后,M2 自行启动。

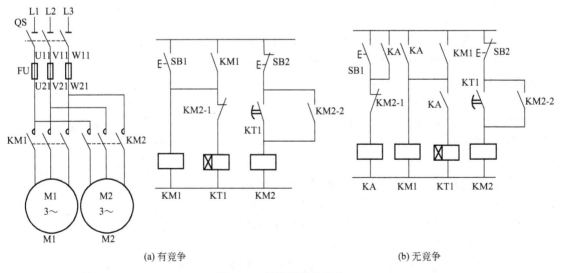

(a) 有竞争　　　　　　　(b) 无竞争

图 5-23　线路可靠性比较

由图 5-23(a) 可知,KM1 线圈得电后,经一定时间,KM2 线圈将通电吸合。由于其触点的动作特点是先断后合,则其常闭触点 KM2-1 首先断开,常开自锁触点 KM2-2 然后才闭合,两者之间在动作上存在一个时间差 $\Delta t1$。但触点 KM2-1 断开后立即使时间继电器 KT1 线圈断电，KT1 的常开延时闭合瞬间，断开触点会立即断开。那么从时间继电器 KT1 线圈失电到常开触点复位的动作过程也存在一个时间差 $\Delta t2$。因此，线圈 KM2 是继续通电还是断电，就取决于自锁触点 KM2-2 的闭合速度与 KT 触点断开的速度了。

如果 $\Delta t1>\Delta t2$，那么 KM2 线圈的自锁触点 KM2-2 来不及闭合，KT 触点就复位断开，使 KM2 线圈失电，则竞争就"失败"了。

如果 $\Delta t1<\Delta t2$，则在 KT 触点复位断开之前，KM2-2 自锁触点已经闭合，使 KM2 线圈在自锁作用下继续得电，则竞争就"胜利"了。

2. "竞争"现象改进措施

图 5-23(b) 中，由于加入了一个中间继电器，则当 KM2 线圈得电时，KM2-1 触点断开与 KM2-2 自锁触点闭合之间仍存在一个动作时间差 $\Delta t1$。但常闭触点 KM2-1 断开时，先使中间继电器 KA 线圈断电，KA 常开触点随后才复位。

在 KA 线圈断电到 KA 触点动作之间，也存在一个动作时间差，记为 $\Delta t2$。

由于 KA 触点的复位，使时间继电器 KT1 线圈断电，在 KT1 线圈触点动作之间又存在一个动作时间差，记为 $\Delta t3$。

因此，一方面由 $\Delta t1$ 企图使 KM2 线圈能通过自锁而继续得电，另一方面则通过 ($\Delta t2+\Delta t3$) 企图使 KT1 触点在 KM2-2 自锁触点闭合前断开，使 KM2 线圈不能通过自锁触点而继续得电。

通常交流接触器的平均固有吸上时间（触点闭合时间）为 0.05～0.07s，而固有释放时间（触点断开时间）为 0.02～0.05s。由于继电器与接触器的电磁机构相似，所以，在此可将接触器的触点动作时间与继电器触点动作时间视为相似。因此，从上述电路动作时间的分析中可知，$\Delta t1<\Delta t2+\Delta t3$ 总能成立，也就是说图 5-23(b) 的控制线路是安全可靠的，是不会发生竞争的。

（三）防止电路中存在寄生电路

寄生电路是指在电气控制线路的动作过程中，意外接通的线路。在控制线路中如果有寄生电路，将破坏电器和电路的正常工作顺序，造成误动作。

图 5-24 所示的控制线路中存在寄生电路。

正常情况下，电路能完成启动、正反转和停车的控制顺序，信号灯也能显示电动机的正、反转工作状态。

但是，当电动机因过载而使热继电器 FR 常闭触点断开时，将出现图中虚线所示的寄生电路，使接触器 KM1 线圈不能断电释放，电动机失去了过载保护的作用，最终有可能造成事故。

因此，通常情况是将热继电器的常闭触点移到停止按钮 SB1 的下面，即可防止出现寄生电路。

（四）尽量减少电器触点数目

在控制线路中，应尽量避免不必要的联锁，减少电器触点，提高线路的可靠性，以减少故障。

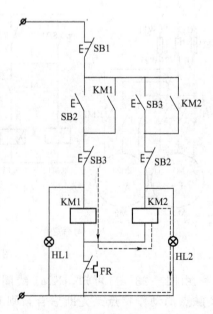

图 5-24 存在寄生电路的控制线路

1. 合并同类触点

在获得同样控制功能的情况下，化简、合并同类性质的触点。用一个触点能完成的动作，不用两个触点。在化简触点的过程中，应考虑触点容量是否够大、是否影响其他回路等。

图 5-25 所示为触点的化简和合并的线路。

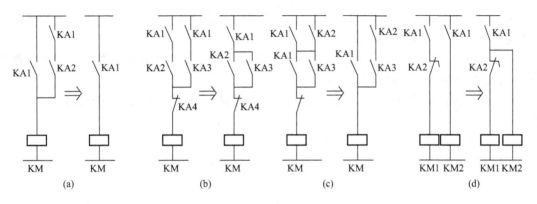

图 5-25 触点的化简与合并

2. 利用转换触点

如图 5-26 所示，利用转换开关 SA 触点，将两对触点合并成一对转换触点，化简线路。

3. 利用二极管单向导电性减少触点数

图 5-27 所示为利用二极管等效的线路。

图 5-27(a) 和图 5-27(b) 是等效的，可用于弱电控制，目前在自动化磨床上得到应用。

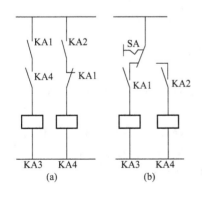

图 5-26 利用转换触点

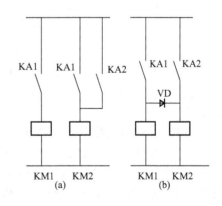

图 5-27 利用二极管等效

4. 利用逻辑代数法化简线路

（1）电路状态定义　用 KA、KM、SQ 等分别表示继电器、接触器、行程开关等电器的动合（常开）触点；用 $\overline{KA}$、$\overline{KM}$、$\overline{SQ}$ 等分别表示其动断（常闭）触点。电路中开关元件的原始状态为"0"，元件受激状态为"1"。

（2）逻辑关系表达　在逻辑代数中，基本逻辑关系有逻辑和、逻辑乘、逻辑非，与门电路中的"或"、"与"、"非"门相对应。通常以 A、B 等表示逻辑变量。

① 逻辑和——表示变量间"或"的关系

$$F=A+B$$

在电路中即说明线圈 F 如要得电,那么相并联的触点 A 和 B 中只要有一个接通就可以了。

② 逻辑乘——表示变量间"与"的关系

$$F=AB$$

在电路中则为 A、B 两触点相串联,共同控制 F 线圈。对 F 线圈来说,只有 A 和 B 同时接通时,线圈 F 才得以通电吸合。

③ 逻辑非——表示变量相反的关系　在电路中,若变量 A 表示电路的动合触点,那么 $\overline{A}$ 就表示它的动断触点,即 $A=0$,$\overline{A}=1$。

根据这三种基本逻辑关系和逻辑代数的基本性质的关系式,可以在控制电路的设计中化简电路。

（3）线路化简实例　如图 5-28 所示。

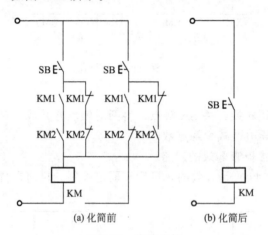

图 5-28　线路化简

接触器 KM 在图 5-28(a) 中的逻辑表示式为

$$KM=SB(KM1 \cdot KM2+\overline{KM1} \cdot \overline{KM2})+SB(KM1 \cdot \overline{KM2}+\overline{KM1} \cdot KM2)$$

化简得

$$KM=SB \cdot KM1 \cdot KM2+SB \cdot \overline{KM1} \cdot \overline{KM2}+SB \cdot KM1 \cdot \overline{KM2}+SB \cdot \overline{KM1} \cdot KM2$$

$$KM=SB \cdot KM1(KM2+\overline{KM2})+SB \cdot \overline{KM1} \cdot (\overline{KM2}+KM2)$$

$$KM=SB \cdot KM1+SB \cdot \overline{KM1}=SB$$

因此,化简后的线路如图 5-28(b) 所示。

(五) 尽量减少电路不必要的通电时间

当电路在线路控制系统的运行中不起控制作用了,就不应继续通电。一方面可以减少电能损耗,另一方面也可以延长电器的使用寿命。

(六) 尽量减少连接导线的数量和长度

合理安排电器元件及触点位置,以尽量减少连接导线的数量,或缩短连接导线的长度。

1. 实例 1

如图 5-29 所示。

若采用图 5-29(a) 的接线方式,则需 4 根导线从控制柜向按钮盒连线。而采用图 5-29(b) 接线方式,只需 3 根导线从控制柜向按钮盒连线,并且图 5-29(a) 中线圈没有直接与动力线相连,符合交流电器的线圈应并联于电源线的一侧的设计要求。

2. 实例 2

对一个串联回路,将电器元件或触点位置互换,并不影响其工作原理,但在实际运行和接线中却影响到电路的安全,也关系到实际连接导线数量和导线长度,如图 5-30 所示。

在实际接线中会发现,如按原理图连接实际线路时,从控制柜向按钮盒的连线有 7 根;按图 5-30(c) 化简合并后,连线为 6 根;在图 5-30(b) 中,其动作原理及线路功能与原理图完全一样,可在实际接线操作中就会发现,从控制柜到按钮盒的连线却从原来的 7 根减少到 5 根,使实际布线大为简化,也更加合理,实际接线如图 5-30(d) 所示。

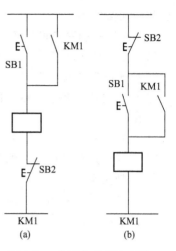

图 5-29 合理位置接法实例一

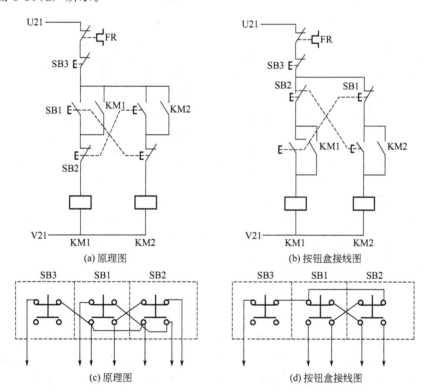

图 5-30 合理位置接法实例二

(七) 应保证电气控制线路工作的安全性

电气控制线路在发生事故或出现误动作情况下,应能保证操作人员、电气设备、生产机械的安全,并能有效地制止事故的扩大。为此,在电气控制电路的设计中,应采取一定的保护措施,常用的有漏电保护、短路保护、过载保护、失压保护、欠压保护、过流保护、行程保护和联锁保护等。

五、电气控制系统设计实例

以设计CW6163型卧式车床电气控制系统为例。

1. 机床电气传动的特点及控制要求

① 机床主运动和进给运动由主电动机M1集中传动。主轴运动的正反向靠两组电磁离合器完成。

② 主轴的制动采用液压制动器。

③ 刀架快速移动由单独的快速电动机M3拖动。

④ 切削液泵由电动机M2拖动。

⑤ 进给运动的纵向左右运动，横向前后运动，以及快速移动，都集中由一个手柄操作。各电动机型号如下。

主电动机M1：Y160M-4，11kW，380V，22.6A，1460r/min。

切削液泵电动机M2：JCB-22，0.15kW，380V，0.43A，2790r/min。

刀架快速移动电动机M3：Y90S-4，1.1kW，380V，2.7A，1400r/min。

2. 电气控制线路的设计

(1) 主电路设计　根据电气传动的要求，由接触器KM1、KM2、KM3分别控制电动机M1、M2、M3，如图5-31所示。

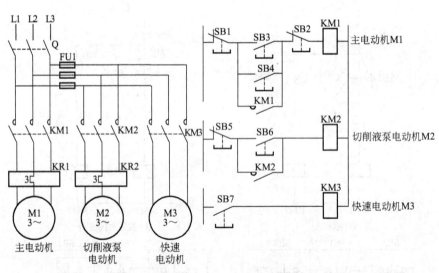

图5-31　电气控制线路设计

图5-31中，机床的三相电源由电源引入开关Q引入；主电动机M1的过载保护由热继电器KR1实现；主电动机M1的短路保护可由机床前一级配电箱中的熔断器担任；切削液泵电动机M2的过载保护由热继电器KR2实现；快速移动电动机M3由于是短时工作，不设过载保护；电动机M2、M3共同采用熔断器FU1作短路保护。

(2) 控制电路设计　如图5-31所示。

考虑到操作方便，主电动机可在主轴箱操作板上和刀架拖板上设置两地控制，由SB1、SB2、SB3、SB4分别控制其启动和停止，接触器辅助触点KM1与启动按钮SB3、SB4构成自锁。

切削液泵电动机 M2 由 SB5、SB6 进行启停操作，按钮装在主轴箱板上。

快速电动机 M3 工作时间短，为了操作灵活，由按钮 SB7 与接触器 KM3 组成点动控制电路。

（3）信号指示与照明电路设计　如图 5-32 所示。

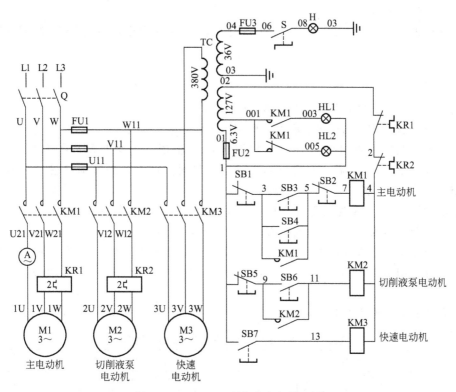

图 5-32　CW6163 型车床电气原理图

在电源开关 Q 接通后，采用绿色电源接通指示灯 HL2 发光显示机床电气线路供电状态，设置红色指示灯 HL1 表示主电动机是否运行，由接触器 KM1 的动合和动断两对触点进行切换通电显示，如图 5-32 所示。

在操作板上设有交流电流表 A，串联在电动机的主回路中，指示机床的工作电流，以便根据电动机 M1 工作情况，调整切削用量，使主电动机尽量满载运行，提高生产效率，并提高主电动机的功率因数。

设置照明灯 H，采用 36V 安全电压供电，使用灯具上自带开关控制。

（4）控制电路的电源　考虑安全可靠及满足照明指示灯的要求。采用变压器供电，控制电路电压 127V，照明灯电压 36V，指示灯电压 6.3V。

（5）绘制电气原理图　根据各部分线路之间相互关系和电气保护线路，可画出电气原理图，如图 5-32 所示。

3. 选择电气元件

（1）电源引入开关 Q　电源引入开关 Q 主要用作电源隔离开关，并不用它来直接启停电动机，按三台电动机额定电流，选择中小型机床常用的三极组合开关 HZ10-25/3，额定电流 25A。

(2) 热继电器 KR1 及 KR2 主电动机 M1 额定电流 22.6A，KR1 应选用 JR0-40 型热继电器，热元件电流为 25A，整定电流调节范围为 16～25A，工作时将额定电流调整为 22.6A。

同理，KR2 应选用 JR0-10 型热继电器，选用 1 号元件，整定电流调节范围是 0.4～0.64A，整定在 0.43A。

(3) 熔断器 FU1、FU2、FU3 FU1 是对 M2、M3 两台电动机进行保护的熔断器。熔体电流为

$$I_R \geqslant \frac{2.7 \times 7 + 0.43}{2.5} \approx 7.7 \text{A}$$

可选用 RL1-15 型熔断器，配用 10A 的熔体。

FU2、FU3 选用 RL1-15 型熔断器，配用最小等级的熔体 2A。

(4) 接触器 KM1、KM2、KM3 接触器 KM1，根据主电动机 M1 额定电流为 22.6A、控制回路电源电压 127V，需主触点三对、动合辅助触点两对、动断辅助触点一对等情况，选用线圈电压为 127V 的 CJ0-40 型接触器。

由于电动机 M2、M3 的额定电流很小，KM2、KM3 可选用 JZ7-44 交流中间继电器替代接触器，线圈电压为 127V，触点电流 5A，完全能满足要求。

(5) 控制变压器 最大负载时是 KM1、KM2、KM3 同时工作，并考虑到照明灯等其他电路容量，可选用 BK-100 型变压器，其电压等级为 380V/127-36-6.3V，可满足控制电路需要。

其他元件的选用见表 5-1。

表 5-1 CW6163 型卧式车床电气元件明细表

符 号	名 称	型 号	规 格	数 量
M1	主电动机	Y160M-4	11kW,380V,22.6A,1460r/min	1
M2	切削液泵电动机	JCB-22	0.15kW,380V,0.43A,2790r/min	1
M3	快速电动机	Y90S-4	1.1kW,380V,2.7A,1400r/min	1
Q	组合开关	HZ10-25/3	3 极,500V,25A	1
KM1	交流接触器	CJ0-40	40A,线圈电压 127V,吸持功率 33V·A	1
KM2、KM3	交流中间继电器	JZ7-44	5A,线圈电压 127V,吸持功率 12V·A	2
KR1	热继电器	JR0-40	额定电流 25A,整定电流 22.6A	1
KR2	热继电器	JR0-10	热元件 1 号,整定电流 0.43A	1
FU1	熔断器	RL1-15	500V,熔体 10A	3
FU2、FU3	熔断器	RL1-15	500V,熔体 2A	2
TC	控制变压器	BK-100	100V·A,380V/127-36-6.3V	1
SB3、SB4、SB6	控制按钮	LA10	黑色	3
SB1、SB2、SB5	控制按钮	LA10	红色	3
SB7	控制按钮	LA9		1
S	控制开关	LA18	旋钮式	1
H	照明灯		36V	1
HL1、HL2	信号指示灯	XD0	6.3V,绿色 1,红色 1	2
PA	交流电流表	62T2	0～50A,直接接入	1

第五章 电气控制基本环节

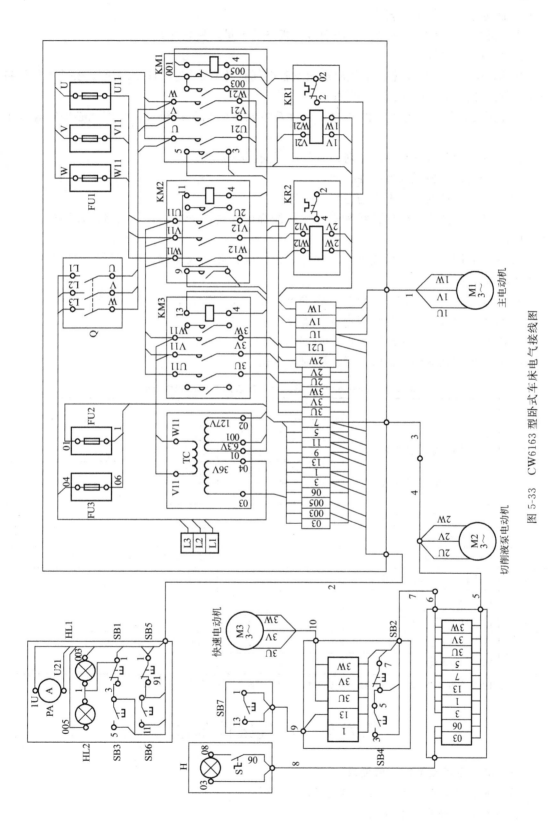

图 5-33 CW6163 型卧式车床电气接线图

4. 制定电气元件明细表

电气元件明细表要注明各元件的型号、规格及数量，见表5-1。

5. 绘制电气接线图

机床的电气接线图是根据电气原理图及各电气设备安装布置图来绘制的。安装电气设备或检查线路故障都要依据电气接线图。

接线图要表示出各电气元件的相对位置及各元件的相互接线关系。因此必须符合以下要求。

① 接线图中各电气元件的相对位置与实际安装的位置一致。

② 一个电器的各元件要画在一起。

③ 各电气元件的文字符号与电路图一致。

④ 对各部分线路之间的接线和对外部接线都应通过端子板进行，而且应注明外部接线的去向。

⑤ 为了看图方便，对导线走向一致的多根导线合并画成单线，要在元件的接线端标明接线的编号和去向。

⑥ 接线图还应标明接线用导线的种类和规格，以及穿线管的型号、规格尺寸。

⑦ 成束的接线应说明接线根数及其接线号。

绘制的CW6163型卧式车床电气接线图如图5-33所示。

图5-33电气接线图中的管内敷线明细表见表5-2。

表5-2 CW6163卧式车床电气接线图管内敷线明细表

图中代号	管 或 电缆 类型	电线 截面/mm²	电线 根数	接 线 号
1	内径15mm聚氯乙烯软管	4	3	1U,1V,1W
2	内径15mm聚氯乙烯软管	4	2	1U,U21
		1	7	1,3,5,9,11,003,005
3	内径15mm聚氯乙烯软管	1	13	2U,2V,2W,3U,3V,3W,1,3,5,7,06,13,03
4	G3/4 螺纹管			
5	直径15mm金属软管	1	10	3U,3V,3W,1,3,5,7,06,13,03
6	内径15mm聚氯乙烯软管	1	9	3U,3V,3W,1,3,5,7,10,备用1
7	18mm×16mm 铝管			
8	直径11mm金属软管	1	2	03,06
9	内径8mm聚氯乙烯软管	1	2	1,13
10	YHZ橡套电缆	1	3	3U,3V,3W

注：管内电线均为BVR型，电气板接线为BV型，主电路截面4mm²，控制电路截面1mm²。

第六节 电气维修基础

一、电气设备维修的一般要求

① 采取的维修步骤和方法必须正确，切实可行。

② 不得损坏完好的电气元件。

③ 不得随意更换电气元件及连接导线的型号规格。
④ 不得擅自改动线路。
⑤ 修理后的电气装置必须满足其质量标准要求。
⑥ 电气设备的各种保护性能必须满足使用要求。
⑦ 修复后的电气设备应满足各种功能要求。

二、电气设备维修的一般方法

电气设备的维修包括日常维护保养和故障检修两方面。

(一) 电气设备的日常维护和保养

电气设备的日常检查、维护和保养,能及时发现一些非正常因素,可及时进行修复或更换处理,将故障消灭在萌芽状态,防患于未然。

1. 电动机的日常维护保养

要经常检查电动机进出风口是否通畅、负载电流是否平衡、绝缘电阻是否符合要求、接地装置是否牢固、温升及噪声是否正常、有无异常气味等。

2. 控制设备的日常维护保养

控制设备日常检查维护的内容有电气柜密封是否良好、操纵按钮及主令开关是否清洁完好、接触器继电器等电器的触点系统吸合是否良好、电磁线圈是否过热、触点有无烧蚀毛刺、线路接头与端子板的连接是否牢靠、电气柜散热是否良好等。

(二) 故障检修的一般方法

1. 检修前进行故障调查

通过问、看、听、摸来了解故障前后的操作情况和故障发生后的异常现象,大致判断故障发生的部位。

问:询问操作者故障发生前的操作过程和故障发生后的症状。

看:查看电器的外观,如熔断器的熔体熔断、导线接头松动或脱落、接触器触点接触不良或熔焊、线圈过热烧毁等。

听:细听电动机、接触器、继电器等电器的声音是否正常。

摸:断开电源后,触摸电动机、变压器、电磁线圈等是否过热。

2. 用逻辑分析法缩小并确定故障范围

根据机械部件的动作要求,分析主电路的工作过程,对照控制电路,结合故障现象和线路工作原理,确定故障的可能范围,通过检查测量进行逐步排查。

3. 用测量法确定故障点

(1) 电压分段测量法 根据被检测电路电源情况,用万用表的相应电压挡位进行测量。

如图 5-34 所示,控制电源为交流 380V,按下启动按钮 SB2 时,KM1 不吸合。

采用电压分段测量法,确定故障点的步骤如下。

将万用表挡位调到交流 500V,逐步测量各段电压。

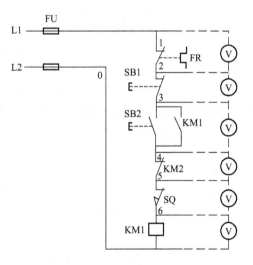

图 5-34 电压分段测量法

按住 SB2，测 0-1 两点间电压，若为 0V，说明没有控制电压，需检查熔断器 FU 是否熔断；若为 380V，则进行下一步。

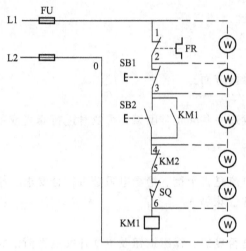

图 5-35 电阻分段测量法

测 1-2 两点间的电压，若为 380V，热继电器 FR 常闭触点接触不良；若为 0V，则进行下一步。

测 2-3 两点间的电压，若为 380V，按钮 SB1 常闭触点接触不良；若为 0V，则进行下一步。

测 3-4 两点间的电压，若为 380V，按钮 SB2 常开触点接触不良；若为 0V，则进行下一步。

测 4-5 两点间的电压，若为 380V，接触器 KM2 常闭触点接触不良；若为 0V，则进行下一步。

测 5-6 两点间的电压，若为 380V，行程开关 SQ 触点接触不良；若为 0V，则进行下一步。

测 6-0 两点间的电压，若为 380V，接触器 KM 线圈断路。

（2）电阻分段测量法　同样的故障现象，也可采用电阻分段测量法确定故障点。

断开电源，把万用表的转换开关置于适当的电阻挡，进行分段测量，如图 5-35 所示。

测 1-2 之间的电阻，若为∞，热继电器 FR 常闭触点接触不良；若为 0Ω，则进行下一步。

测 2-3 之间的电阻，若为∞，按钮 SB1 常闭触点接触不良；若为 0Ω，则进行下一步。

测 3-4 之间的电阻，若为∞，按钮 SB2 常开触点接触不良；若为 0Ω，则进行下一步。

测 4-5 之间的电阻，若为∞，接触器 KM2 常闭触点接触不良；若为 0Ω，则进行下一步。

测 5-6 之间的电阻，若为∞，行程开关 SQ 触点接触不良；若为 0Ω，则进行下一步。

测 6-0 之间的电阻，若为∞，接触器 KM 线圈断路。

（3）短接法　同样的故障现象，还可采用短接法确定故障点。

检查时，在不切断电路电源情况下，用一根绝缘良好的导线，将所怀疑的断路部位短接，若电路接通，则说明该处断路。

采用短接法确定故障点的过程如图 5-36 所示，检查步骤如下。

检查前，先用万用表测量 1-0 两点间的电压，若正常，一人按住启动按钮 SB2，另一人进行检查。

短接 1-2 两点，接触器 KM1 吸合，FR 常闭触点接触不良，否则，进行下一步。

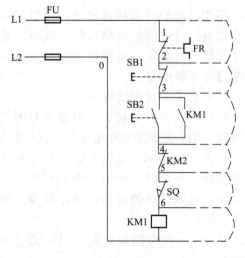

图 5-36 短接法

短接 2-3 两点，接触器 KM1 吸合，SB1 的常闭触点接触不良，否则，进行下一步。
短接 3-4 两点，接触器 KM1 吸合，SB2 的常开触点接触不良，否则，进行下一步。
短接 4-5 两点，接触器 KM1 吸合，KM2 的常闭触点接触不良，否则，进行下一步。
短接 5-6 两点，接触器 KM1 吸合，SQ 的常闭触点接触不良，否则，KM1 线圈断路。

注意，机床设备常见的故障为断路故障时，短接法更简便可靠。但短接法带电操作，容易发生短路和触电事故，必须注意安全；其次，短接法只能短接压降极小的导线和触点之类元件，对于压降较大的电器，不可短接，否则会出现短路故障。

三相异步电动机正反转控制实训

一、实训目的
1. 了解所用电器的结构、工作原理及使用方法。
2. 掌握三相异步电动机正反转控制线路工作原理及接线方法。
3. 熟悉线路的故障分析及检测、排除方法。

二、实训设备
学生自行选择或设计线路，并选择相应电器元件，经教师审批后方可继续。

三、实训内容与步骤
1. 检查所用电器元件质量，了解使用方法。
2. 根据电气原理图，先接主电路，再接控制电路。
3. 学生自检和互检后，经指导教师检查后方可通电实验。
4. 操作控制电动机的启动和停止，并进行正反转操作，观察正反转时各器件工作状态有何变化。

四、问题讨论
1. 根据电气原理图，分析实验中的故障原因，总结检查调试过程。
2. 分析电动机只能正转不能反转时的可能原因，并拟定检查确定故障点的方案。

三相异步电动机 Y-△降压启动控制实训

一、实训目的
1. 了解所用电器的结构、工作原理及使用方法。
2. 掌握三相异步电动机Y-△降压启动控制线路工作原理及接线方法。
3. 熟悉线路的故障分析及检测、排除方法。

二、实训设备
学生自行选择或设计线路，并选择相应电器元件，经教师审批后方可继续。

三、实训内容与步骤
1. 检查所用电器元件质量，了解使用方法。
2. 根据电气原理图，先接主电路，再接控制电路。
3. 学生自检和互检后，经指导教师检查后方可通电实验。
4. 操作控制电动机的启动和停止，观察各器件工作状态有何变化。

四、问题讨论
1. 根据电气原理图,分析实验中的故障原因,总结检查调试过程。
2. 如果时间继电器的通电延时常开触点与常闭触点接反,电路工作状态如何?

三相异步电动机能耗制动控制实训

一、实训目的
1. 熟悉三相异步电动机能耗制动控制线路及接线方法。
2. 了解三相异步电动机能耗制动的制动特点。

二、实训设备
学生自行选择或设计线路,并选择相应电器元件,经教师审批后方可继续。

三、实训内容与步骤
1. 检查所用电器元件质量,了解使用方法。
2. 按电气原理图接线,先接主电路,再接控制电路。
3. 学生自检和互检后,经指导教师检查后方可通电实验。
4. 启动电动机,等转速稳定后,再进行能耗制动操作。
5. 观察高、低速时的制动效果。
6. 调节直流电流,观察制动效果变化。

四、问题讨论
1. 根据电气原理图,分析实验中的故障原因,总结检查调试过程。
2. 分析总结影响能耗制动效果的各种因素。

思考题与习题

1. 根据图 5-37 所示控制线路情况,判断其分别有哪种控制功能或错误:①长动;②点动;③启动后无法关断;④按下按钮电源短路;⑤线圈不能接通。

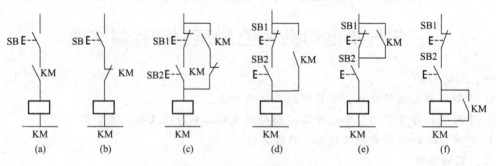

图 5-37 思考题与习题 1 图

2. 什么是自锁、互锁、联锁?试举例说明各自的作用?
3. 机床继电-接触器控制线路中一般应设哪些保护?各起什么作用?短路保护和过载保护有什么区别?零压保护的目的是什么?
4. 试设计手动控制的笼型异步电动机的 Y-△ 降压启动控制电路。
5. 试设计可以两处操作的对一台电动机实现长动和点动的控制线路。

6. 试设计两台笼型电动机 M1、M2 的顺序启动停止的控制线路。
   ① M1、M2 能顺序启动，并能同时或分别停止。
   ② M1 启动后 M2 启动，M1 可点动，M2 可单独停止。
7. 设计一小车运行电路图，要求：①小车由原位开始前进，到终端后自动停下；②小车在终端停留 2min 后自动停止；③要求能在前进或后退中任意一位置均可停止或启动。
8. 某机床主轴和润滑油泵各由一台电动机带动。今要求主轴必须在油泵开动后才能开动，主轴能正反转并能单独停车，有短路、失压及过载保护等。试绘出电气控制原理图。
9. 简述反接制动和能耗制动的控制要求。
10. 短接法进行电气设备故障检修的注意事项是什么？
11. 电气控制系统的设计应包括哪些内容？

第六章 典型机床电气控制

机床的电气自动控制系统,不仅要完成各部件拖动电动机的启动、反转、制动和调速等一些基本控制,而且应保证机床各部分动作的准确与协调,以满足生产工艺所提出的具体要求。

本章介绍了几种典型机床的结构、工作特点,并分析了各种机床电气控制的原理。通过对整台机床电气控制原理的分析,有助于加深对基本控制电路的认识和理解,熟悉机、电、液在控制中的相互配合,掌握各机床电气控制的规律,培养阅读电气图的能力,进一步掌握分析电气图的方法,为逐步掌握控制电路常见故障的分析、检测和维修打好基础。

第一节 电气识图与制图基础知识

为了表达和分析机床电气控制系统的工作原理,便于使用、安装、调试和维修电气控制系统,需要将电气控制系统中各电气元件及其连接,用一定的图形表达出来,这样绘制出来的图形就是电气控制系统图。

常见的电气控制系统图有电气原理图、电器布置图与电气安装接线图。本章中机床电气控制原理分析只介绍和使用电气原理图。

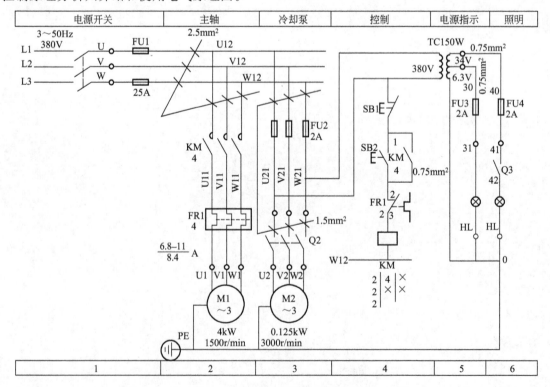

图 6-1 CW6132 型车床电气原理图

CW6132型车床的电气原理图、电器布置图与电气安装接线图分别如图6-1~图6-3所示。

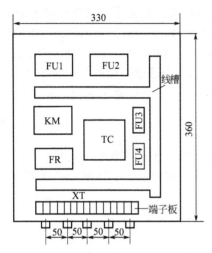

图6-2 CW6132型车床的电器布置图

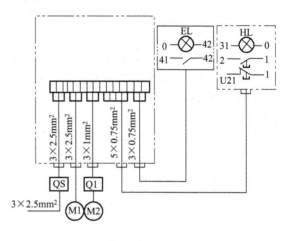

图6-3 CW6132型车床电气安装接线图

下面以它们为例,介绍电气识图与制图的一些基础知识。

一、电气控制系统图的基本表达方法

(一) 图幅的分区

为了方便查找和确定图纸上某元器件的位置,方便阅读,往往需要将图幅分区。图幅分区的方法是在图的边框处,从标题栏相对的左上角开始,竖边方向用大写拉丁字母,横边方向用阿拉伯数字,依次编号,这样就将图幅分成了若干个图区。图幅分区式样如图6-4所示。

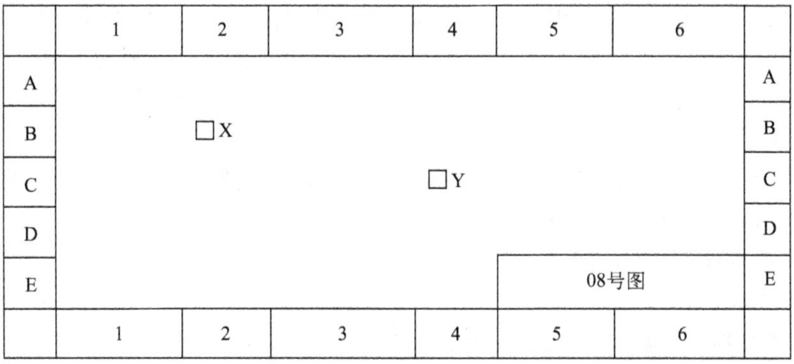

图6-4 图幅分区式样

图幅分区后,相当于在图纸上建立了一个坐标。电气图上元器件和连接线的位置则由此"坐标"唯一地确定,用"图号/行、列"标注。

如图6-4中X元件位于B2区,可标记为08/B2;Y元件位于C4区,可标记为08/C4。

在较简单机床的电气原理图中,图幅竖边方向可以不用分区,只在图幅下方横边方向的边框进行编号分区,将图幅上方横边方向的边框设置为用途栏,用文字注明该栏下方对应电路或元件的功能或用途,以帮助理解电气原理图各部分的功能及整个电路的工作原理,如图6-1所示。

（二）电气控制系统中的图形符号、文字符号和回路标号

国家标准化管理委员会参照国际电工委员会的有关标准，制定了我国电气设备的有关国家标准，如 GB/T 4728—2005～2008《电气简图用图形符号》、GB/T 4026—2004《人机界面标志标识的基本方法和安全规则》、GB/T 6988—2006～2008《电气技术用文件的编制》、GB/T 5094—2002～2005《工业系统、装置与设备以及工业产品结构原则与参照代号》等。

在电气控制系统图中，电气元件的图形符号、文字符号、接线端子标记以及图形绘制等技术文件，都必须采用国家相关标准。

1. 电气控制电路的图形符号

图形符号是构成电气图的基本单元，是用来表示一个电气元件或电气设备的图形标记。所有图形符号均按无电压、无外力作用的正常状态示出，如继电器、接触器的线圈未通电，开关未合闸，按钮未按下，行程开关未到位等。

常用电气图形符号和文字符号的新旧国标对照表见附录一。

2. 电气控制电路的文字符号

为了在图纸上或技术说明中区分出元器件、部件、组件，除了图形符号外，还必须在图形符号旁边标注相应的文字符号，当使用相同类型电器时，可在文字符号后加注阿拉伯数字序号来区分。电气图纸中的文字符号分为基本文字符号和辅助文字符号，这些符号均有指定的意义，而且必须按国家标准规定要求标注。

其中基本文字符号表示电气设备（如电动机、发电机、变压器等）和电气元件（如电阻、电容、继电器等）；辅助文字符号则是表示电气设备、电气元件的功能、状态、特征，如用"WH"表示白色（white），"ST"表示启动（start）。

附录二是常用基本文字符号的新旧对照表，附录三是常用辅助文字符号的新旧对照表。

3. 技术数据的标注

电气元件的技术数据，除在电气元件明细表中标明外，有时也可用小号字体标注在其图形符号的旁边，如图 6-1 中，图区 2 热继电器 FR1 的动作电流值范围为 6.8～11A，整定值为 8.4A；图 6-3 标注的 $0.75mm^2$、$1mm^2$、$2.5mm^2$ 等字样表明该导线的截面积。

二、电气原理图

电气原理图是表示电气设备各元器件组成和连接关系的图形，以便于分析电路的工作原理，不涉及元器件的实际结构和安装位置。

（一）电气原理图的基本规则与要求

1. 主电路和辅助电路

电气原理图包括主电路和辅助电路两大部分。

主电路是指完成主要功能的电气线路，如从电源到电动机绕组的大电流所通过的电路，其中有刀开关、熔断器、接触器主触点、热继电器发热元件与电动机等。

辅助电路是用来完成辅助功能的电气线路，包括控制电路、照明电路、信号电路和保护电路等。它们主要由控制变压器、按钮、继电器或接触器的线圈及触点、照明灯、信号灯等电气元件组成。

主电路一般绘制在电气原理图的左边，辅助电路放在电气原理图的右边。

2. 动力电路、控制和信号电路

动力电路、控制和信号电路应分别绘出。

动力电路电源绘成水平线，受电的动力装置及其保护电器支路应垂直电源电路画出。各

个接线端子都要用数字编号,动力电路的接线端子用一个字母后面附一位或两位数字的编号,如 U11、V11、W11。

控制和信号电路应垂直地绘在两条水平电源线之间。耗能元件(如线圈、电磁铁、信号灯等)应直接连接在下端水平电源线上,控制触点连接在上方水平线与耗能元件之间。辅助电路的接线端子只用数字编号。

3. 图形符号的位置和大小

原理图上各电路的安排应便于分析、维修和寻找故障,按动作顺序和信号流自上而下和自左到右的原则绘制。功能相关的电气元件应绘在一起,使它们之间关系明确。

在不改变图形符号含义的前提下,可根据图面布置的需要,进行旋转或镜像,但文字和指示方向不可倒置。

图形符号的大小、线条的粗细可放大或缩小,但在同一张图中,同一图形符号的大小应保持一致,各符号间及符号本身比例应保持不变。

4. 电气元件

各个电气元件在电气原理图中的位置,一般都根据便于阅读的原则,按照其动作顺序从上到下、从左至右依次排列,可以水平布置,也可以垂直布置。

电气元件不是按其实际位置绘制的,也不表示元件的大小,只用电气元件导电部件及其接线端钮来表示电气元件各个部分,同一电器元件的各个部分可以不画在一起,但文字符号必须相同,用导线将电气元件各导电部件连接起来。如图 6-1 中的接触器 KM1,它的线圈和辅助触点画在辅助电路里,主触点画在主电路里。

所有电气元件的触点都按"平常"状态绘出,即均按线圈没有通电或不受外力作用时的状态画出。对主令开关是指手柄置于零位时各触点位置;电器应是未通电时的状态;二进制元件应是置零时的状态;机械开关应是循环开始前的状态。

5. 导线的连接与标识

有直接电连接的交叉导线连接点要用实心黑圆点表示,无直接电连接交叉导线的交叉处不画黑圆点。

线路的交接点,如是需要测试和拆、接外部引出线的端子,应该用图符号"空心圆"表示。

用导线直接连接的互连端子,因为其电位相同故应采用相同线号,互连端子的符号应与器件端子的符号有所区别。

6. 标注

原理图应标注下列数据:各个电源电路的电压值、极性、频率及相数;某些元器件的特性,如电阻、电容的数值;不常用电器的操作方法和功能。

对非电气控制和人力操作的电器,必须在电气图上用相应的图形符号表示其操作方式及工作状态。同一个机械操作件动作的所有触点,应用机械连杆符号表示其联动关系。

(二) 符号位置的索引

在较复杂的电气原理图中,由于接触器、继电器的线圈和触点在电气原理图中不画在一起,其触点可能分布在图中所需的各个图区,为便于阅读,在接触器、继电器线圈的文字符号下方可标注其触点位置的索引,而在触点文字符号下方也可标注其线圈位置的索引。

符号位置的索引,可采用"图号/页次·图区号"的组合索引法。

当某一元件相关的各符号元素出现在不同图号的图样上,且每个图号仅有一页图样时,索引代号可省去页次；当与某一元件相关的各符号元素只出现在同一图号的图样上，而该图号有几张图样时，索引代号可省去图号；当与某一元件相关的各符号元素只出现在一张图样的不同图区时，索引代号只用图区号表示。

对于接触器线圈，索引表中各栏含义如下：左栏，主触点所在图区号；中栏，辅助常开触点所在图区号；右栏，辅助常闭触点所在图区号。

对于继电器，索引表中各栏含义如下：左栏，辅助常开触点所在图区号；右栏，辅助常闭触点所在图区号

例如图 6-1 中，图区 4 接触器 KM 线圈下索引标注表明：KM 有三对主触点在图区 2，一个常开辅助触点在图区 4，一个常开辅助触点和两个常闭辅助触点没有使用。

又如图 6-1 中，图区 4 中热继电器触点文字符号 FR1 下面的"2"，为最简单的索引代号，它指出热继电器 FR1 的线圈位置在图区 2。

三、电器布置图

电器布置图是用来表明电气设备上所有电动机和各电气元件的实际位置，如电动机要和被拖动的机械部件在一起、行程开关应放在要取得信号的地方、操作元件放在操作方便的地方、一般电气元件应放在控制柜内，从而为生产机械上电气控制设备的安装和维修提供必备的资料。

电器布置图主要由机床电气设备布置图、控制柜及控制板电气设备布置图、操纵台及悬挂操纵箱电气设备布置图等组成。在图中各个电气元件的代号应和相关电路图及其清单上的代号保持一致，在电气元件之间还应留有导线槽的位置。

CW6132 型车床的电器布置图如图 6-2 所示。

四、电气安装接线图

电气安装接线图主要是用来表示电气控制系统中各个元器件的实际结构、位置和连接关系。电气安装接线图可以清楚地表明各电气元件之间的电气连接，是实际安装接线的重要依据。

绘制电气安装接线图时应把各电气元件的各个部分（如接触器的线圈和触点）画在一起，文字符号、元件连接顺序、线路号码都必须与电气原理图一致。不在同一控制箱和同一配电屏上的各电气元件都必须经接线端子板连接。电气安装接线图中的电气连接关系用线束来表示，连接导线应注明导线规范（数量、截面积等），一般不表明实际走线途径，施工时根据实际情况选择最佳走线方式。

对于控制装置的外部连接线，应在图上或用接线表示清楚，并标明电源的引入点。

CW6132 型车床的电气安装接线图如图 6-3 所示。

五、机床电气控制电路分析具体步骤

（一）熟悉机床

分析控制电路前应首先了解机床的基本结构、运动形式、加工工艺过程、操作方法和机床对电气控制的基本要求等，然后再根据控制电路及有关说明来分析该机床的各个运动形式是如何实现的。

弄清各电动机的安装部位、作用、规格和型号。

初步掌握各种电器的安装部位、作用以及各操纵手柄、开关、控制按钮的功能和操纵方法。

注意了解与机床的机械、液压发生直接联系的各种电器的安装部位及作用，如行程开

关、撞块、压力继电器、电磁离合器、电磁铁等。

（二）主电路分析

从主电路入手，根据每台电动机和电磁阀等执行电器的控制要求，分析其控制内容，包括启动、方向控制、调速和制动等。

如从主电路中看机床用几台电动机来拖动，搞清楚每台电动机的作用。这些电动机分别用哪些接触器或开关控制，有没有正反转或减压启动，有没有电气制动。各电动机由哪个电器进行短路保护，哪个电器进行过载保护，还有哪些保护。如果有速度继电器，则应弄清与哪个电动机有机械联系。

（三）控制电路分析

① 分析控制环节。

根据主电路中每台电动机和电磁阀等执行电器的控制要求，逐一找出控制电路中的控制环节，利用前面学过的基本环节的知识，按功能不同划分成若干个局部控制线路来进行分析。

如可将控制电路分为几个环节，每个环节一般主要控制一台电动机。将主电路中接触器的文字符号和控制电路中的相同文字符号一一对照，分清控制电路中哪一部分电路控制哪一台电动机，如何控制；各个电器线圈通电，它的触点会引起或影响哪些动作；机械操作手柄和行程开关之间有什么联系等。

② 分析辅助电路。

辅助电路包括电源显示、工作状态显示、照明和故障报警等部分，它们大多由控制电路中的元件来控制，所以在分析时，还要对照控制电路进行分析。

③ 机床中其他电路，如照明与信号等电路的分析。

④ 分析联锁与保护环节。

机床对于安全性和可靠性有很高的要求，实现这些要求，除了合理地选择拖动和控制方案以外，在控制线路中还设置了一系列电气保护和必要的电气联锁。

⑤ 总体检查。

经过"化整为零"，逐步分析了每一个局部电路的工作原理以及各部分之间的控制关系之后，还必须用"集零为整"的方法，检查整个控制线路，看是否有遗漏。特别要从整体角度去进一步检查和理解各控制环节之间的联系，理解电路中每个元件所起的作用。

第二节　CA6140型卧式车床电气控制

CA6140型卧式车床是普通车床的一种，适用于加工各种轴类、套筒类和盘类零件上的回转表面（如车削内外圆柱面、圆锥面、环槽及成型回转表面），加工端面及加工各种常用的公制、英制、模数制和径节制螺纹，还能进行钻孔、镗孔、滚花等工作，它的加工范围较广，但自动化程度低，适于小批量生产及修配车间使用。

一、CA6140型卧式车床主要结构

CA6140型普通车床主要由床身、主轴变速箱、进给箱、溜板箱、方刀架、尾架、丝杠和光杠等部件组成。图6-5所示为CA6140型普通车床外形。

二、CA6140型卧式车床运动形式和控制要求

（一）主运动和进给运动

CA6140型卧式车床加工时，主运动是主轴通过卡盘或顶尖带动工件旋转，它承受车削

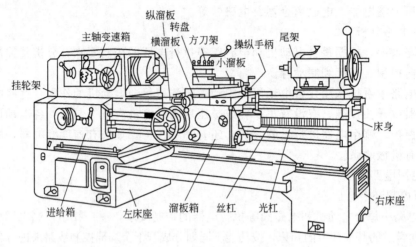

图 6-5 CA6140 型普通车床外形

时的主要切削功率；进给运动是溜板带动刀架直线移动，它使刀具移动，以切削金属。进给运动消耗的功率很小，所以主运动和进给运动都由主轴电动机拖动。主轴电动机的动力由 V 带、主轴变速箱传递到主轴，实现主轴的旋转，通过挂轮箱传递给进给箱来实现刀具的纵向和横向进给。

主轴一般只要求作单向旋转，加工螺纹时要求的主轴反转是由操纵手柄通过机械的方法来实现的，所以主轴电动机只需要单方向旋转。

主轴的转速由主轴变速箱外的手柄调节，故主轴电动机不需要调速。

主轴电动机的容量不大，可以采用直接启动，也不需要制动。

（二）辅助运动

CA6140 型卧式车床的辅助运动是指刀架的快速移动、尾座的移动、工件的装卸、加工冷却。

刀架的快速移动是由一台电动机拖动，快移电动机可直接启动，不需要正反转、调速和制动。

冷却泵由一台电动机单方向旋转带动，实现刀具切削时的冷却。冷却泵电动机可直接启动，不需要正反转、调速和制动。

尾座的移动和工件的装卸都由人力操作。

三、CA6140 型卧式车床电气原理图分析

CA6140 型卧式车床的电气原理图如图 6-6 所示。

（一）主电路分析

三相交流电源由转换开关 QS1 引入。

主轴电动机 M1、冷却泵电动机 M2、快移电动机 M3 均采取直接启动，分别由接触器 KM1、中间继电器 KA1、中间继电器 KA2 来控制其启动和停止。

主轴电动机 M1 采用热继电器 FR1 作过载保护，采用熔断器 FU 作短路保护。

冷却泵电动机 M2 采用热继电器 FR2 作过载保护，采用熔断器 FU1 作短路保护。

快移电动机 M3 因为是间歇短时运行，故不需要热继电器进行过载保护，采用熔断器 FU1 作短路保护。

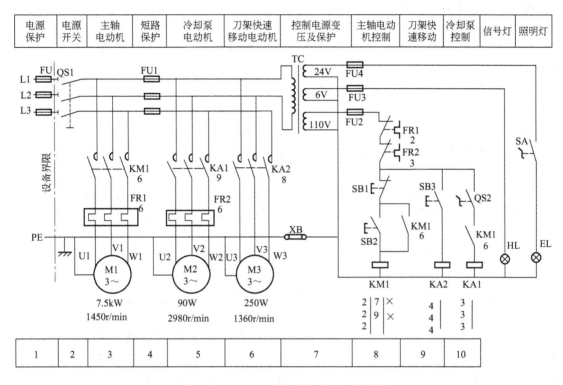

图 6-6 CA6140 型卧式车床电气原理图

另外,为防止电动机外壳漏电伤人,电动机外壳均与地线连接。

(二)控制电路分析

1. 控制电路电源

控制电路通过控制变压器 TC 输出的 110V 交流电压供电,采用熔断器 FU2 作短路保护。

2. 主轴电动机 M1 控制

按下 SB2,接触器 KM1 通电吸合,主电路上 KM1 的三个常开主触点闭合,主轴电动机 M1 转动;同时 KM1 的一个常开辅助触点闭合,进行自锁,保证松开按钮 SB2 后主轴电动机 M1 仍能连续运转。

按下停止按钮 SB1,接触器 KM1 断电释放,主轴电动机 M1 停止。

3. 快移电动机 M3 控制

按下按钮 SB3,KA2 通电吸合,KA2 三个常开主触点闭合,快移电动机 M3 旋转,由溜板箱的十字手柄控制方向,实现刀架的快速移动。

松开按钮 SB3,KA2 断电释放,快移电动机 M3 停止,刀架停止移动。

4. 冷却泵电动机 M2 控制

主轴电动机 M1 启动后,KM1 常开辅助触点吸合,使转换开关 QS2 闭合,中间继电器 KA1 方能通电吸合,冷却泵电动机 M2 带动冷却泵旋转。

转换开关 QS2 断开,中间继电器 KA1 断电释放,冷却泵电动机 M2 和冷却泵均停止旋转。

当主电动机 M1 停止时,KM1 常开辅助触点断开,中间继电器 KA1 断电释放,冷却泵电动机 M2 和冷却泵均停止旋转。

（三）其他电路分析

指示灯 HL 由控制变压器 TC 直接输出 6V 交流安全电压供电，采用熔断器 FU3 作短路保护。

控制变压器 TC 输出 24V 交流安全电压给照明灯 EL 供电，由开关 SA 控制其接通与断开，采用熔断器 FU4 作短路保护。

（四）其他联锁和保护

KM1 常开辅助触点实现了主轴电动机 M1 和冷却泵电动机 M2 的顺序启动和联锁保护。

热继电器 FR1 和 FR2 的常闭触点串联在控制电路中，当主电动机 M1 或冷却泵电动机 M2 过载时，热继电器 FR1 或 FR2 的常闭触点断开，控制电路断电，接触器和中间继电器均断电释放，所有电动机停止旋转，实现了过载保护。

接触器 KM1、中间继电器 KA1 可实现失压和欠压保护。

第三节　M7130 型平面磨床电气控制

磨床是用砂轮的端面、周边或成型砂轮对工件的表面进行磨削加工的精密机床。通过磨削，使工件表面的形状精度和表面粗糙度等达到预期的要求。磨床的种类很多，按其工作性质可分为平面磨床、外圆磨床、内圆磨床、工具磨床，以及一些专用磨床，如螺纹磨床、齿轮磨床、球面磨床、花键磨床、导轨磨床与无心磨床等。平面磨床应用最为广泛，又可分为卧轴矩台平面磨床、立轴矩台平面磨床、卧轴圆台平面磨床、立轴圆台平面磨床等。本节以 M7130 型卧轴矩台平面磨床为例进行分析。

一、M7130 型平面磨床主要结构

M7130 型平面磨床主要由床身、工作台、电磁吸盘、砂轮箱、滑座和立柱等部分组成，其外形结构如图 6-7 所示。

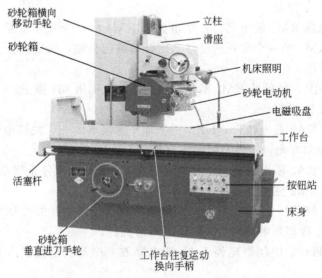

图 6-7　M7130 型平面磨床外形结构

二、M7130型平面磨床运动形式和控制要求

矩形工作台平面磨床工作状况如图6-8所示。

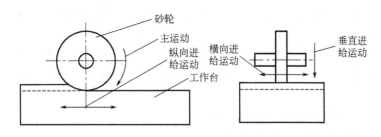

图6-8 矩形工作台平面磨床工作状况

磨床是使工件随工作台往复进给，利用砂轮的旋转来实现磨削加工的。

（一）主运动

平面磨床的主运动是指砂轮的旋转运动。为保证磨削加工质量，要求砂轮有较高转速，通常采用两极笼型异步电动机拖动；为提高砂轮主轴的刚度，采用装入式砂轮电动机直接拖动，电动机与砂轮主轴同轴；砂轮电动机只要求单方向旋转，可直接启动，无调速和制动要求。

（二）进给运动

工件或砂轮的往复运动为进给运动，有垂直进给、横向进给及纵向进给三种。工作台每完成一次纵向往复运动时，砂轮箱作一次间断性的横向进给；当加工完整个平面后，砂轮箱作一次间断性的垂直进给。

1. 纵向进给

纵向进给即工作台沿床身的往复运动。机床工作台是通过活塞杆，由油压推动作纵向往复运动的；通过换向撞块碰撞床身上的液压换向手柄，改变油路而实现工作台往复运动的换向；工作台往复运动的极限位置可通过撞块来调节。

2. 垂直进给

垂直进给即滑座在立柱上的上下运动。床身上固定有立柱，沿立柱的导轨上装有滑座。在滑座内部往往也装有液压传动机构，由垂直进刀手轮操作，滑座可沿立柱导轨上下移动。

3. 横向进给

横向进给即砂轮箱在滑座上的水平运动。由横向移动手轮操作，砂轮箱经液压传动机构，沿滑座水平导轨作连续或间断横向移动，前者用于调节运动或修整砂轮，后者用于进给。

所以进给运动是由液压泵电动机拖动液压泵，通过液压传动机构实现的。液压泵电动机只需要单方向旋转，可直接启动，无调速和制动要求。

（三）辅助运动

1. 工件夹紧

工作台表面的T形槽可以直接安装大型工件；也可以安装电磁吸盘，电磁吸盘通入直流电流时，可同时吸持多个小工件进行磨削加工；在加工过程中，工件发热可自由伸展，不易变形。当电磁吸盘通入反向直流小电流可以使工件去磁，方便卸下工件。电磁吸盘与机械夹紧装置相比，具有夹紧迅速、操作快捷、不损伤工件等优点，但它只能对导磁性材料（如钢铁）的工件吸持，而对非导磁性材料（如铜、铝）的工件则不能吸持。

2. 工作台纵向、横向、垂直三个方向的快速移动

辅助运动还有砂轮箱在滑座水平导轨上的快速横向移动、滑座沿立柱垂直导轨的快速垂直移动、工作台往复运动速度的调整和快速移动等，也由液压传动机构实现。

3. 工件冷却

冷却泵电动机拖动冷却泵，提供切削液冷却工件，以减小工件在磨削加工中的热变形并冲走磨屑，保证加工质量。冷却泵电动机同样只需要单方向旋转，可直接启动，无调速和制动要求。

三、M7130 型平面磨床电气原理图分析

M7130 型平面磨床电气原理图如图 6-9 所示。

（一）主电路分析

三相交流电源由转换开关 Q 引入。

冷却泵电动机 M3 采用接插件 X1 连接，和砂轮电动机 M1 一起，均采取直接启动，由接触器 KM1 控制它们的启动和停止，并采用热继电器 FR1 作长期过载保护。

液压泵电动机 M2 也采取直接启动，由接触器 KM2 控制其启动与停止，采用热继电器 FR2 作长期过载保护。

三台电动机共用熔断器 FU1 作短路保护，外壳均采取接地保护。

（二）控制电路分析

1. 控制电路电源

控制电路从 FU1 下引出交流 380V 电压作为控制电源，采用熔断器 FU2 作短路保护。

2. 电磁吸盘控制电路

电磁吸盘控制电路由整流装置、控制装置及保护装置等部分组成。

电磁吸盘整流装置由变压器 T2 与桥式全波整流器 VD 组成。变压器 T2 将交流 220V 电压降为 127V，经桥式整流装置后变为 110V 的直流电压。

电磁吸盘集中由转换开关 SA1 控制。SA1 有三个位置：充磁、断电、去磁。平常 SA1 处于断电位置。

正常加工时，SA1 处于"充磁"位置，触点 SA1(14-16) 和 SA1(15-17) 接通，经过插销 X3 给电磁吸盘的线圈供电。电磁吸盘流过正常充磁电流时，工件被吸牢；同时 KA 线圈得电，KA (3-4) 接点闭合，为接通接触器 KM1、KM2，即启动三台电动机进行加工做准备。

将 SA1 置于"去磁"位置，触点 SA1(14-18) 和 SA1(16-15) 接通，整流电压反向，电磁吸盘通入反向直流电流，并串联可变电阻 R_2，用以限制并调节反向去磁电流的大小，使工件去磁但不致反向磁化，再将 SA1 置于断电位置，卸下工件。此时 SA1 触点（3-4）闭合，可以接通接触器 KM1、KM2，启动三台电动机，便于调整机床或在不使用电磁吸盘时进行加工。

若工件对去磁要求严格，在取下工件后，还要用交流去磁器进行处理。交流去磁器是平面磨床的一个附件，使用时，将交流去磁器插头插在床身的插座 X2 上，再将工件放在去磁器上即可去磁。

由于电磁吸盘线圈匝数多、电感大，在通电时储存了大量的磁场能量，当电磁吸盘线圈断电时，在其线圈两端将产生高电压，易使线圈绝缘及其他电气设备损坏。为此，应在电磁吸盘两端设置放电回路，以吸收断开电源后它所释放出的磁场能量。该机床在电磁吸盘两端并联了放电电阻 R_3。

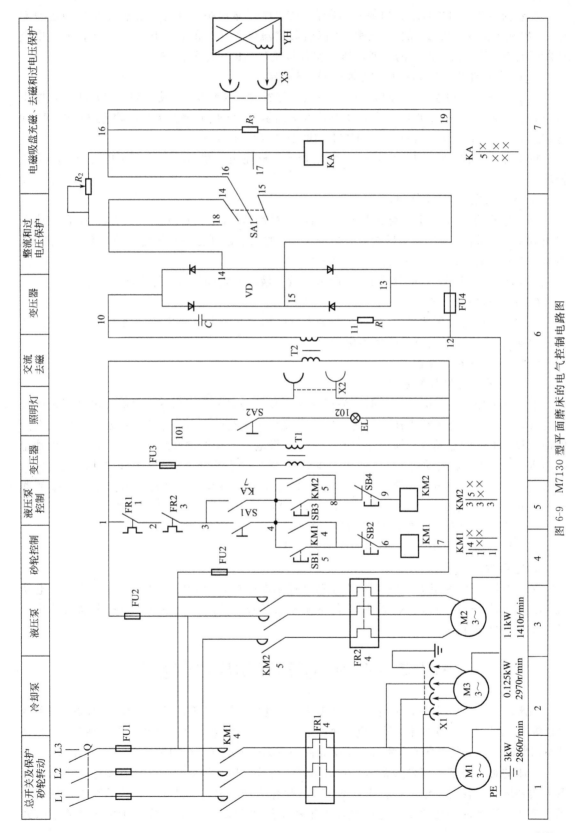

图 6-9 M7130 型平面磨床的电气控制电路图

在整流变压器 T2 的二次侧装有熔断器 FU4 作短路保护。此外，在整流装置中还设有 R、C 串联支路并联在 T2 的二次侧，用以吸收交流电路产生的过电压，以及在直流侧电路通断时在 T2 的二次侧产生的浪涌电压，实现整流装置的过电压保护。

3. 砂轮电动机 M1 和冷却泵电动机 M3 的控制

当主令开关 SA1 置于"充磁"或"去磁"位置时，KA(3-4) 或 SA1(3-4) 闭合，按下按钮 SB1，接触器 KM1 得电吸合，主电路 KM1 的三个常开主触点闭合，砂轮电动机 M1 和冷却泵电动机 M3 通电运转；同时 KM1 辅助触点（4-5）闭合自锁。

按下停止按钮 SB2，接触器 KM1 断电释放，砂轮电动机 M1 和冷却泵电动机 M3 停止转动。

4. 液压泵电动机 M2 控制

当主令开关 SA1 置于"充磁"或"去磁"位置时，KA(3-4) 或 SA1(3-4) 闭合，按下按钮 SB3，接触器 KM2 得电吸合，主电路 KM2 的三个常开主触点闭合，液压泵电动机 M2 通电运转；同时 KM2 辅助触点（4-8）闭合自锁。

按下停止按钮 SB4，接触器 KM2 断电释放，液压泵电动机 M2 停止转动。

（三）其他电路分析

照明电路通过变压器 T1，将电压降为安全电压，并由主令开关 SA2 来控制照明灯的开关；熔断器 FU3 为照明电路的短路保护。

（四）其他联锁和保护

1. 电磁吸盘的欠电流保护

平面磨床作用电磁吸盘加工时，为确保人身和设备安全，当出现电磁吸盘吸力不足或吸力消失时，将不允许继续工作，因此在电磁吸盘线圈电路中串入欠电流继电器 KA 作欠电流保护。只有电磁吸盘具有足够的吸力时，欠电流继电器 KA 的常开触点闭合，才能启动砂轮电动机 M1、冷却泵电动机 M3、液压泵电动机 M2 进行磨削加工。若在磨削加工过程中，电磁吸盘的线圈电流过小或消失，则欠电流继电器 KA 将释放，其常开触点断开，接触器 KM1、KM2 线圈断电，电动机 M1、M2、M3 立即停止旋转，避免事故发生。

2. 冷却泵电动机与砂轮电动机的顺序控制

在砂轮电动机启动后，才能启动冷却泵电动机。

3. 过载保护

热继电器 FR1 和 FR2 的常闭触点串联在控制电路中，当砂轮电动机 M1 或液压泵电动机 M2 过载时，热继电器 FR1 或 FR2 的常闭触点断开，控制电路断电，所有电动机停止旋转，实现了过载保护。

第四节　Z3040 型摇臂钻床电气控制

钻床是一种孔加工机床，可用于在大中型零件上进行钻孔、扩孔、铰孔、锪孔、攻螺纹及修刮端面等加工。因此，钻床要求主轴运动和进给运动有较宽的调速范围。Z3040 型摇臂钻床的主轴调速范围为 50:1，正转最低转速为 40r/min，最高为 2000r/min，进给范围为 0.05～1.60mm/r。

钻床的种类很多，有台式钻床、立式钻床、卧式钻床、摇臂钻床、深孔钻床、多轴钻床及专用钻床等。在各类钻床中，摇臂钻床具有操作方便、灵活、适用范围广等特点，特别适用于多孔大型零件的孔加工，是机械加工中的常用机床设备。本节以 Z3040 型摇臂钻床为例，分析其电气控制。

一、Z3040 型摇臂钻床主要结构

摇臂钻床的主要结构如图 6-10 所示。它主要由底座、内立柱、外立柱、摇臂、主轴箱和工作台等部分组成。

二、Z3040 型摇臂钻床运动形式和控制要求

Z3040 型摇臂钻床加工前，通过摇臂的回转和升降、主轴箱的移动定位，调整各个部分移动；加工时，主轴箱由夹紧装置紧固在摇臂导轨上，摇臂紧固在外立柱上，外立柱紧固在内立柱上，主轴带动钻头旋转并向下垂直进给，实现钻孔或攻螺纹等加工。

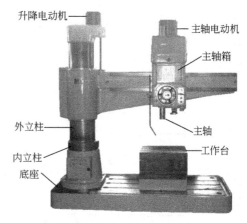

图 6-10　Z3040 型摇臂钻床

（一）主运动和进给运动

Z3040 型摇臂钻床的主运动是主轴的旋转运动，进给运动是主轴的上下移动。

主轴的旋转及主轴上下进给都是由主轴电动机拖动，在加工螺纹时要求主轴可正反转，主轴的正反转和主轴上下进给都由机械方法获得。主轴变速和进给变速的机构都在主轴箱内，用变速机构分别调节主轴转速和上下进给量。所以主轴电动机只要求单方向旋转，可直接启动，不需要调速和制动。

（二）辅助运动

Z3040 型摇臂钻床的辅助运动有摇臂连同外立柱绕内立柱的回转运动、摇臂沿外立柱上下移动、主轴箱沿摇臂导轨水平移动等。

1. 摇臂连同外立柱绕内立柱的回转运动

摇臂钻床内立柱固定在底座上，外立柱套在内立柱的外面，并可绕内立柱回转 360°。摇臂与外立柱之间不能作相对转动，可以连同外立柱一起绕内立柱回转 360°。

摇臂同外立柱绕内立柱的回转运动是依靠人力推动的，但在推动前必须先将外立柱松开。外立柱的松开与夹紧和主轴箱的松开与夹紧是依靠液压推动松紧机构同时进行的。

2. 摇臂沿外立柱上下移动

摇臂借助丝杠的正反转可沿外立柱作上下移动。摇臂沿外立柱升降时的松开与夹紧是依靠液压推动松紧机构进行的。

3. 主轴箱沿摇臂导轨水平移动

通过手轮操纵，主轴箱可以在摇臂水平导轨上移动。但在移动前也必须将主轴箱松开。

因此，摇臂的升降电动机要求能正反向旋转，可直接启动，不需要调速和制动。液压泵电动机通过拖动液压泵来控制夹紧机构实现夹紧与放松，所以也要求能正反向旋转，采用点动控制，直接启动，不需要调速和制动。

4. 工件冷却

冷却泵电动机带动冷却泵提供冷却液，采取直接启动，只要求单方向旋转，不需要调速和制动。

三、Z3040 型摇臂钻床电气原理图分析

图 6-11 所示为 Z3040 型摇臂钻床电气原理图。

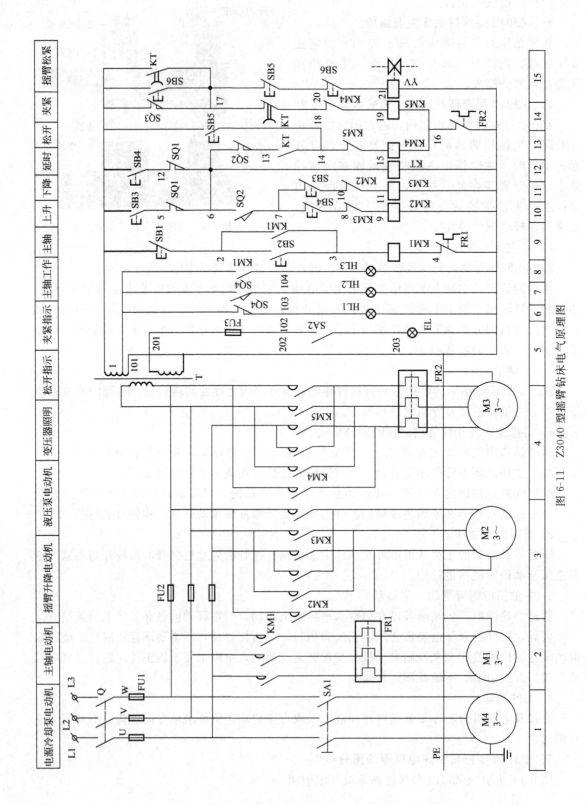

图 6-11 Z3040 型摇臂钻床电气原理图

第六章 典型机床电气控制

（一）主电路分析

三相交流电源由开关 Q 引入。

M1 为主轴电动机，由接触器 KM1 控制其单方向启停，热继电器 FR1 作过载保护。

M2 为摇臂升降电动机，由接触器 KM2 和 KM3 控制其正反转，因 M2 是短时运行，所以不设过载保护。

M3 为液压泵电动机，由接触器 KM4 和 KM5 控制其正反转，由热继电器 FR2 作过载保护。

M4 为冷却泵电动机，由于容量小，所以用转换开关 SA1 直接控制。

熔断器 FU1 作为 M1、M4 的短路保护，熔断器 FU2 作为 M2、M3 及控制电路的短路保护。所有电动机外壳均采取接地保护。

（二）控制电路分析

1. 控制电路电源

控制电路由变压器 T 将 380V 交流电压降为 110V，作为控制电源。

2. 主轴电动机的旋转控制

主轴电动机 M1 单方向旋转，由按钮 SB1、SB2 和接触器 KM1 控制其启动和停止。按下启动按钮 SB2(2-3)，接触器 KM1 得电吸合，触点 KM1(2-3) 自锁，主轴电动机 M1 启动，HL3 指示灯亮。按下停止按钮 SB1，接触器 KM1 断电释放，主轴电动机 M1 停转，指示灯 HL3 熄灭。过载时，热继电器 FR1 的常闭触点断开，接触器 KM1 释放，主轴电动机 M1 停转。

3. 摇臂升降控制

控制电路要保证在摇臂升降时，首先使液压泵电动机启动运转，供出压力油，经液压系统将摇臂松开；然后才使摇臂升降电动机 M2 启动，拖动摇臂上升或下降。当移动到位后，控制电路又要保证 M2 先停下，再通过液压系统将摇臂夹紧，最后液压泵电动机 M3 停。

(1) 松开摇臂 按住上升按钮 SB3（或下降按钮 SB4），时间继电器 KT 线圈通电，其常开触点 (13-14) 闭合，常闭延时闭合触点 (17-18) 断开，接触器 KM4 线圈通电，使 M3 正转，液压泵供出正向压力油。同时，KT 常开延时打开，触点 (1-17) 闭合，接通电磁阀 YV 线圈，使压力油进入摇臂松开油腔，推动松开机构。

(2) 摇臂上升（或下降） 摇臂松开机构动作完成时碰压行程开关 SQ2，其常闭触点 (6-13) 断开，接触器 KM4 线圈断电，M3 停止转动，摇臂维持放松状态。同时，SQ2 常开触点 (6-7) 闭合，使接触器 KM2（下降为 KM3）线圈通电，摇臂升降电动机 M2 正转（下降为反转），拖动摇臂上升（或下降）。

(3) 夹紧摇臂 当摇臂上升（或下降）到所需位置时，松开按钮 SB3（或 SB4），接触器 KM2（下降为 KM3）和时间继电器 KT 均断电，摇臂升降电动机 M2 停转，摇臂停止升降。KT 释放后，延时 1~3s，其常闭延时闭合触点 (17-18) 闭合，KM5 线圈通电，油泵电动机 M3 反转，反向供给压力油。因 SQ3 的常闭触点 (1-17) 是闭合的，YV 线圈仍通电，结果使压力油进入摇臂夹紧油腔，推动夹紧机构使摇臂夹紧。夹紧后，夹紧机构压下 SQ3，其常闭触点 (1-17) 断开，KM5 和电磁阀 YV 因线圈断电而使液压泵电动机 M3 停转，摇臂重新夹紧，完成了摇臂整个升降过程。

如果点动按钮 SB3 或 SB4 通电时间过短，可能会造成摇臂处于半放松状态，使行程开关 SQ3 常闭触点 (1-17) 复位。这时，电磁阀 YV 线圈通电，时间继电器 KT 的延时闭合常

机床电气自动控制

闭触点（17-18）断开，切断接触器 KM5 和电磁阀 YV，这样就保证摇臂在加工工件前总是处于夹紧状态。

4. 主轴箱和立柱的松开与夹紧控制

立柱与主轴箱的放松与夹紧均采用液压操纵，两者同时进行工作，工作时要求二位六通电磁阀 YV 不通电。

按主轴箱松开按钮 SB5(1-14)，接触器 KM4 通电，液压泵电动机 M3 正转。电磁阀 YV 不通电，压力油进入主轴箱松开油缸和立柱松开油缸，推动松紧机构使主轴箱和立柱松开。行程开关 SQ4 不受压，其常闭触点（101-102）闭合，指示灯 HL1 亮，表示主轴箱和立柱已经松开，可以操纵主轴箱和立柱的移动。主轴箱在摇臂的水平导轨上由手动按钮操纵来回移动，通过推动摇臂可使其与外立柱一起绕内立柱旋转。

按下主轴箱夹紧按钮 SB6(1-17)，接触器 KM5 通电，液压泵电动机 M3 反转。这时，电磁阀 YV 仍不通电，压力油进入主轴箱和摇臂夹紧油缸，推动松紧机构使主轴箱和摇臂夹紧。同时行程开关 SQ4 被压，其常闭触点（101-102）断开，指示灯 HL1 灭，其常开触点（101-103）闭合，指示灯 HL2 亮，表示主轴箱和立柱已夹紧，可以进行加工。

利用主轴箱和立柱的夹紧、放松，还可以检查电源相序正确与否，以确保摇臂升降电动机 M2 工作正常。

（三）其他电路分析

控制变压器 T 输出照明用交流安全电压 36V，由主令控制开关 SA2 控制，采用熔断器 FU3 作短路保护。

控制变压器 T 输出 6.3V 交流电压，供给指示灯用。指示灯 HL1 灯亮表示主轴箱和立柱同时处于放松状态，指示灯 HL2 灯亮表示主轴箱和立柱同时处于夹紧状态，这两只指示灯分别由行程开关 SQ4 的常闭、常开触点控制。指示灯 HL3 灯亮表示主轴电动机带动主轴旋转工作，由接触器 KM1 的常开辅助触点控制。

（四）其他联锁和保护

1. 按钮、接触器联锁

在摇臂升降电路中，除了采用按钮 SB3 和 SB4 的机械联锁外，还采用了接触器 KM2 和 KM3 的电气联锁，即对摇臂升降电动机 M2 实现了正反转复合联锁。在液压泵电动机 M3 的正反转控制电路中，接触器 KM4 和 KM5 采用了电气联锁，在主轴箱和立柱的夹紧、放松电路中，为保证压力油不供给摇臂夹紧油路，将按钮 SB5 和 SB6 的常闭触点串联在电磁阀 YV 线圈的电路中，以达到联锁目的。

2. 限位联锁

在摇臂升降电路中，行程开关 SQ2 是摇臂放松到位的信号开关，其常开触点（6-7）串联在接触器 KM2 和 KM3 线圈中，它在摇臂完全放松到位后才动作闭合，以确保摇臂的升降在其放松后进行。

行程开关 SQ3 是摇臂夹紧到位的信号开关，其常闭触点（1-17）串联在接触器 KM5 线圈、电磁阀 YV 线圈电路中。如果摇臂未夹紧，则行程开关 SQ3 常闭触点闭合保持原状，使得接触器 KM5 线圈、电磁阀 YV 线圈通电，对摇臂进行夹紧，直到完全夹紧为止，行程开关 SQ3 的常闭触点才断开，切断接触器 KM5 线圈、电磁阀 YV 线圈。

3. 时间联锁

通过时间继电器 KT 延时断开的常开触点（1-17）和延时闭合的常闭触点（17-18），时

第六章 典型机床电气控制

间继电器 KT 能保证在摇臂升降电动机 M2 完全停止运行后,才能进行摇臂的夹紧动作,时间继电器 KT 的延时长短由摇臂升降电动机 M2 从切断电源到停止的惯性大小来决定。

4. 失压(欠压)保护

主轴电动机 M1 采用按钮与自锁控制方式,具有失压保护;各接触器线圈自身也具有欠压保护功能。

5. 机床的限位保护

摇臂升降都有限位保护,由组合限位开关 SQ1 来完成。SQ1(5-6) 为上极限限位,SQ1(12-6) 为下极限限位。摇臂上升到上极限位置时,撞块使组合开关触点 SQ1(5-6) 断开,接触器 KM2 线圈断电,摇臂升降电动机 M2 停转。此时,组合限位开关 SQ1 的触点 (12-6) 仍闭合,可按下按钮 SB4 使摇臂下降。当摇臂下降达下极限位置时,撞块使组合限位开关 SQ1 触点 (12-6) 断开,接触器 KM3 线圈断电,摇臂升降电动机 M2 停转。此时,组合限位开关 SQ1 的触点 (5-6) 仍闭合,可按按钮 SB3 使摇臂上升。

第五节 X62W 型铣床电气控制

铣床是一种用途非常广泛的机床,它在金属切削机床中的使用数量仅次于车床。铣床主要用来加工工件各种表面,如平面、斜面和沟槽等;装上分度头,还可以铣切直齿轮或螺旋面。如果装上回转工作台,还可以加工凸轮和弧形槽。

铣床的种类很多,一般可分为卧式铣床、立式铣床、龙门铣床、仿形铣床和各种专用铣床。本节以最常用的 X62W 型卧式万能铣床为例,来分析铣床的电气控制特点。

一、X62W 型卧式万能铣床主要结构

X62W 型卧式万能铣床主要由底座、床身、悬梁、刀杆支架、主轴电动机、工作台、溜板、升降台等部分组成。其外形如图 6-12 所示。

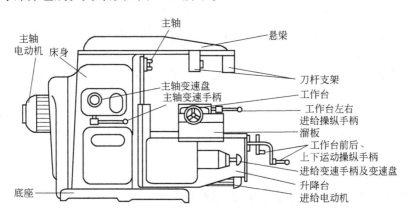

图 6-12 X62W 型卧式万能铣床外形

二、X62W 型卧式万能铣床基本运动形式及控制要求

X62W 型卧式万能铣床是使工件随工作台作进给运动,利用主轴带动铣刀的旋转来实现铣削加工的。

(一)主运动

主运动是指主轴电动机带动铣刀作旋转运动。

主轴电动机空载时可直接启动，铣削加工有顺铣和逆铣两种加工形式，因此要求主轴电动机能正反向旋转；但大多数情况下一批或多批工件只用一个方向铣削，所以可以根据铣刀类型，在加工前预先设置主轴电动机的旋转方向，而在加工过程中不需变换方向。

铣刀的切削是一种不连续的加工，为避免机械传动系统产生振动，主轴上装有惯性轮，转动惯量大，故主轴电动机有制动要求，以提高工作效率，同时可用于更换铣刀。

主轴变速采用变速盘进行速度选择，通过改变主轴变速箱的齿轮传动链实现速度调节，因此主轴电动机不需要调速。

（二）进给运动

进给运动是指工件随圆形工作台作旋转运动，或在左、右、上、下、前、后六个方向中，工件随工作台作其中一个方向的直线进给运动。

在使用圆形工作台加工时，工作台不能移动。

工作台在六个方向的进给运动，是由进给电动机分别拖动三根丝杠来实现的，每根丝杠都应该有正反向旋转，所以要求进给电动机能正反转。

为了保证机床、刀具的安全，在铣削加工时，同一时刻只允许工件作某一个方向的进给运动。因此工作台各方向的进给运动之间有机械和电气的联锁保护。

为防止刀具和机床损坏，进给运动要在铣刀旋转之后才能进行，即主轴旋转与工作台应有先后顺序控制的联锁关系；铣刀停止旋转，进给运动就应该同时停止或提前停止，否则容易造成工件和铣刀相碰事故。

进给运动采用变速盘进行速度选择，通过改变进给变速箱的齿轮传动比实现速度调节，因此进给电动机也不需要调速。

（三）辅助运动

辅助运动有工作台快速移动、主轴和进给变速冲动及工件冷却等。

1. 工作台快速移动

工作台快速移动是指工作台在左、右、上、下、前、后六个方向之一的快速移动。它是通过快速电磁离合器的吸合，改变传动链的传动比来实现的。

2. 主轴和进给变速冲动

为了保证变速时齿轮易于啮合，减小齿轮端面的冲击，当主轴变速和进给变速时，电动机都需要点动，即变速冲动。

3. 工件冷却

冷却泵电动机用来拖动冷却泵，有时需要对工件、刀具进行冷却润滑，采用主令开关控制其单方向旋转。

三、电气原理图分析

图 6-13 所示为 X62W 型万能铣床的电气原理图。

（一）主电路分析

转换开关 QS1 是铣床的电源总开关。熔断器 FU1 为总电源的短路保护。

（1）主轴电动机 M1　由接触器 KM1 控制启动与停止。其旋转方向由主令开关 SA3 预先设置。热继电器 FR1 对主轴电动机 M1 进行过载保护。

（2）进给电动机 M2　由接触器 KM3、KM4 实现正反转。热继电器 FR3 为进给电动机的过载保护。

（3）冷却泵电动机 M3　只有在主电动机 M1 启动后才能启动。由转换开关 QS2 控制冷

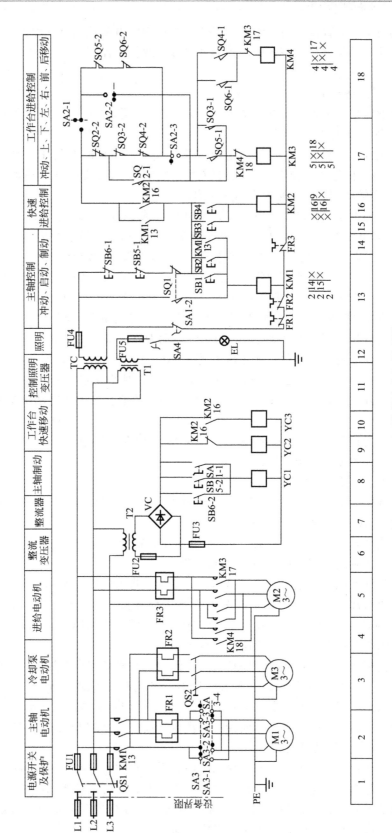

图 6-13 X62W 型万能铣床电气原理图

却泵电动机 M3 的直接启动、停止。FR2 作为冷却泵电动机的过载保护。

为防止电动机漏电，每台电动机的外壳都采取接地保护。

（二）控制电路分析

1. 控制回路电源

控制回路采用低电压 110V 供电，由变压器 TC 提供。

2. 主轴控制电路

（1）主轴电动机的启动　合上电源总开关 QS1，将转向控制开关 SA3 手柄扳至需要的位置，然后按下启动按钮 SB1 或 SB2（两地控制），接触器 KM1 得电吸合并自锁，同时 KM1 常开主触点闭合，主轴电动机 M1 启动。

（2）主轴电动机的制动　按下停止按钮 SB5 或 SB6，接触器 KM1 断电的同时，电磁离合器 YC1 得电，对主轴电动机 M1 进行制动，当主轴停车后可松开按钮。停机时，应注意按下停止按钮时要按到底（否则没有制动），并且要保持一定时间。

换刀时，主轴的意外转动将造成人身事故，因此应使主轴处于制动状态。在停止按钮动合触点 SB5-2、SB6-2 两端并联了一个转换开关 SA1-1 触点，换刀时使它处于接通状态，电磁离合器 YC1 线圈通电，主轴处于制动状态；换刀结束后，将 SA1 置于断开位置，这时 SA1-1 触点断开，SA1-2 触点闭合，为主轴启动做好准备。

（3）主轴变速冲动控制　在主轴变速手柄向下压并向外拉出时，冲动开关 SQ1 短时受压，接触器 KM1 短时得电，主轴电动机 M1 点动，使齿轮易于啮合；选好速度后迅速推回手柄，行程开关 SQ1 恢复，KM1 失电，变速冲动结束。当主轴电动机重新启动后，便在新的转速下运行。

在推回变速手柄时，应动作迅速，以免 SQ1 压合时间过长，导致主轴电动机 M1 转速太快不利于齿轮啮合甚至打坏齿轮。

3. 工作台进给控制电路

转换开关 SA2 为圆工作台工作状态选择开关，工作台进给时 SA2 处于断开位置，其触点 SA2-1、SA2-3 接通，SA2-2 断开。

只有当主轴启动后，接触器 KM1 得电动作，辅助触点自锁，工作台控制电路才能得电工作，实现主轴旋转与工作台的顺序联锁控制。

（1）工作台纵向（左、右）进给运动的控制　将纵向操作手柄扳向右侧，联动机构接通纵向进给机械离合器，同时压下向右进给的行程开关 SQ5，SQ5 的常开触点 SQ5-1 闭合，常闭触点 SQ5-2 断开，由于 SQ6、SQ3、SQ4 不动作，则 KM3 线圈得电，KM3 的主触点闭合，进给电动机 M2 正转，工作台向右运动。

将纵向操作手柄向左扳动，联动机构将纵向进给机械离合器挂上，同时压下向左进给行程开关 SQ6，使 SQ6 的常开触点 SQ6-1 闭合，常闭触点 SQ6-2 断开，接触器 KM4 得电吸合，其主触点 KM4 闭合，进给电动机 M2 反转，工作台实现向左运动。

若将手柄扳到中间位置，纵向传动的离合器脱开，行程开关 SQ5 与 SQ6 复位，电动机 M2 停转，工作台运动停止。

（2）工作台垂直（上、下）和横向（前、后）运动的控制　工作台的上下和前后运动由垂直和横向进给手柄操纵。该手柄扳向上、下、左、右时，接通相应的机械进给离合器；手柄在中间位置时，各向机械进给离合器均不接通，各行程开关复位，接触器 KM3 和 KM4 失电释放，电动机 M2 停止，工作台停止移动。

当手柄扳到向下或向前位置时,手柄通过机械联动机构使行程开关 SQ3 动作,KM3 得电,进给电动机正转,拖动工作台移动。当手柄扳到向上或向后位置时,行程开关 SQ4 动作,KM4 得电,进给电动机反转。

其控制过程与纵向(左、右)进给运动的控制过程相似。

(3) 工作台的快速移动　在对刀或工作台位置进行较大调整时,需要快速移动工作台。主轴电动机启动后,将操纵手柄扳到所需移动方向,再按下快速移动按钮 SB3(SB4),使接触器 KM2 得电吸合,KM2 常闭触点断开,进给离合器 YC2 断电脱离,常开触点闭合,快移离合器 YC3 得电工作,工作台按照选定的方向实现快速移动。松开快速移动按钮时,KM2 失电,常开触点断开,快移离合器 YC3 断电脱离,KM2 常闭触点闭合,进给离合器 YC2 得电工作,工作台仍然按原选定的方向进给移动。

(4) 进给变速冲动控制　变速时将进给变速手柄向外拉出并转动,调整到所需的转速,然后再把手柄用力向外拉到极限位置后迅速推回原位。在外拉手柄的瞬间,行程开关 SQ2 瞬时动作,触点 SQ2-2 分断,SQ2-1 闭合,接触器 KM3 短时吸合,进给电动机 M2 稍稍转动。当手柄推回原位时,行程开关 SQ2 恢复,KM3 失电释放,变速冲动使齿轮顺利啮合。

4. 圆工作台的控制

圆工作台是安装在工作台上的机床附件,用于铣削圆弧、凸轮曲线,由进给电动机 M2 通过传动机构驱动圆工作台进行工作。

当使用圆工作台加工时,圆工作台工作状态选择转换开关 SA2 处于接通位置,它的触点 SA2-2 闭合,SA2-1、SA2-3 断开。此时按下主轴启动按钮 SB1 或 SB2,接触器 KM1 吸合并自锁,同时 KM1 常开触点闭合,使电流通过 SQ2-2→SQ3-2→SQ4-2→SQ6-2→SQ5-2→SA2-2,使接触器 KM3 得电吸合,进给电动机 M2 正转,并通过联动机构使圆工作台按照需要的方向转动。

圆形工作台的运动必须和六个方向的进给有可靠的互锁,否则会造成刀具或机床的损坏。为避免这种事故的发生,从电气上保证了只有纵向、横向及垂直手柄放在零位才可以进行圆形工作台的旋转运动。当扳动工作台的任一进给手柄时,SQ3～SQ6 就有一个常闭触点被断开,接触器 KM3 失电释放,圆工作台停止工作。

(三) 其他电路分析

1. 电磁离合器的直流电源

电磁离合器的直流电源由变压器 T2 降压,经桥式整流电路 VC 供给;在变压器 T2 二次侧和桥式整流电路 VC 输出端,分别采用 FU2 和 FU3 进行短路保护。

2. 照明控制

变压器 T1 供给 24V 安全照明电压,照明灯由转换开关 SA4 控制,采用 FU5 作短路保护。

3. 多地控制

为了使操作者能在铣床的正面、侧面方便地操作,设置了多地控制,如主轴电动机的启动(SB1、SB2)、停止(SB5、SB6),工作台的进给运动和快速移动(SB3、SB4)。

(四) 其他联锁与保护

1. 工作台限位保护

在工作台的六个运动方向上各设有一块挡铁,当工作台移动到极限位置时,挡铁撞动进给手柄,使进给手柄回到中间零位,所有进给行程开关复位,从而实现行程限位保护。

2. 工作台垂直、横向和纵向运动之间的联锁

机床电气自动控制

单独对垂直和横向操作手柄而言，上、下、左、右四个方向只能选择其一，绝不会出现两个方向的可能。但在操作这个手柄时，纵向手柄应置于中间位置。如纵向操作手柄被拨动到任一方向，SQ5 或 SQ6 两个行程开关中的一个被压下，它们的常闭触点 SQ5-2 或 SQ6-2 断开，接触器 KM3 或 KM4 立刻失电，进给电动机 M2 停止，起到了联锁保护。

同样，当纵向操作手柄选择了某一方向进给时，如垂直和横向操作手柄被拨动到任一方向，SQ3 或 SQ4 两个行程开关中的一个被压下，它们的常闭触点 SQ3-2 或 SQ4-2 断开，接触器 KM3 或 KM4 立刻失电，进给电动机 M2 停止，也起到了联锁保护。

3. 过载保护

当主轴电动机和冷却泵过载时，热继电器常闭触点 FR1、FR2 断开，控制电路断电，所有动作被停止。当进给电动机过载时，热继电器常闭触点 FR3 断开，工作台无进给和快速运动。

4. 进给电动机正反转互锁

接触器 KM3、KM4 的辅助常闭触点分别串联在对方线圈回路，实现了进给电动机的正反转互锁，避免在故障状态下的电源短路。

5. 工作台进给与快速的互锁

接触器 KM2 的辅助常开触点和辅助常闭触点分别控制工作台进给与工作台快速移动，实现了进给与快速的互锁，保护了传动机构。

C6140 型车床常见电气故障分析与维修实训

根据设备台数，将学生分组进行实训。如只有一台设备，可将其作为阶段测验，由教师对每一个学生进行过程考核。

一、实训目的

1. 评价学生 CA6140 型车床电气原理分析能力。
2. 训练并测试学生电气故障分析和维修能力。

二、实训设备

CA6140 型车床或模拟装置，电工工具、万用表、兆欧表。

三、实训内容与步骤

（一）学生分组

（二）各组学生相互训练或教师对学生逐一测试

1. 训练或测试学生电气原理、电气元件位置、线路连接及车床操作等。

（1）请学生分析电气原理图，并指出各电气元件的位置及线路连接情况。

（2）请学生描述说明 CA6140 型车床的各个工作状态，并操作实现。

2. 训练或测试学生电气故障分析和维修能力。

（1）教师指导学生设置故障或教师设置故障。

（2）请学生描述故障现象并分析故障可能原因。

（3）请学生诊断确定故障点，维修处理故障，恢复车床正常状态。

（4）学生相互评价指导或教师评价指导。

四、CA6140 型卧式车床常见电气故障的诊断与检修内容

1. 主轴电动机不能启动。

(1) M1主电路熔断器FU和控制电路熔断器FU2熔体熔断，应更换。

(2) 热继电器FR1已动作过，动断触点未复位。要判断故障所在位置，还要查明引起热继电器动作的原因，并排除。可能有的原因：长期过载；继电器的整定电流太小；热继电器选择不当。按原因排除故障后，将热继电器复位即可。

(3) 控制电路接触器线圈松动或烧坏，接触器的主触点及辅助触点接触不良，应修复或更换接触器。

(4) 启动按钮或停止按钮内的触点接触不良，应修复或更换按钮。

(5) 各连接导线虚接或断线。

(6) 主轴电动机损坏，应修复或更换。

2. 主轴电动机断相运行。

按下启动按钮，电动机发出"嗡嗡"声不能正常启动，这是电动机断相造成的，此时应立即切断电源，否则易烧坏电动机。可能的原因如下。

(1) 电源断相。

(2) 熔断器有一相熔体熔断，应更换。

(3) 接触器有一对主触点未接触好，应修复。

3. 主轴电动机启动后不能自锁。

故障原因是控制电路中自锁触点接触不良或自锁电路接线松开，修复即可。

4. 按下停止按钮主轴电动机不停止。

(1) 接触器主触点熔焊，应修复或更换接触器。

(2) 停止按钮动断触点被卡住，不能断开，应更换停止按钮。

5. 冷却泵电动机不能启动

(1) SQ2触点不能闭合，应更换。

(2) 熔断器FU1熔体熔断，应更换。

(3) 热继电器FR2已动作过，未复位。

(4) 中间继电器KA1线圈或触点已损坏，应修复或更换。

(5) 冷却泵电动机已损坏，应修复或更换。

6. 快速移动电动机不能启动。

(1) 按钮SB3已损坏，应修复或更换。

(2) 中间继电器KA2线圈或触点已损坏，应修复或更换。

(3) 快速移动电动机已损坏，应修复或更换。

X62W型铣床常见电气故障分析与维修实训

根据设备台数，将学生分组进行实训。如只有一台设备，可将其作为阶段测验，由教师对每一个学生进行过程考核。

一、实训目的

1. 评价学生X62W型铣床电气原理分析能力。

2. 训练并测试学生电气故障分析和维修能力。

二、实训设备

X62W型铣床或模拟装置，电工工具、万用表、兆欧表。

三、实训内容与步骤

（一）学生分组

（二）各组学生相互训练或教师对学生逐一测试

1. 训练或测试学生电气原理、电气元件位置、线路连接及车床操作等。

（1）请学生分析电气原理图，并指出各电气元件的位置及线路连接情况。

（2）请学生描述说明X62W型铣床的各个工作状态，并操作实现。

2. 训练或测试学生电气故障分析和维修能力。

（1）教师指导学生设置故障或教师设置故障。

（2）请学生描述故障现象并分析故障可能原因。

（3）请学生诊断确定故障点，维修处理故障，恢复铣床正常状态。

（4）学生相互评价指导或教师评价指导。

四、X62W型铣床常见电气故障的诊断与检修内容

1. 主轴停车时没有制动作用。

（1）电磁离合器YC1不工作，工作台能正常进给和快速进给。

检查电磁离合器YC1，如YC1线圈有无断线、接点有无接触不良等。此外还应检查控制按钮SB5和SB6是否正常。

（2）电磁离合器YC1不工作，且工作台无正常进给和快速进给。

重点是检查整流器中的四个整流二极管是否损坏或整流电路有无断线。

2. 主轴换刀时无制动。

转换开关SA1经常被扳动，其位置发生变动或损坏，导致接触不良或断路。

调整转换开关的位置或予以更换。

3. 按下主轴停车按钮后主轴电动机不能停车。

如果在按下停车按钮后，KM1不释放，则可断定故障是由KM1主触点熔焊引起的。应注意此时电磁离合器YC1正在对主轴有制动作用，会造成M1过载，并产生机械冲击。所以一旦出现这种情况，应马上松开停车按钮，进行检查，否则会很容易烧坏电动机。

检查接触器KM1主触点是否熔焊，并予以修复或更换。

4. 工作台各个方向都不能进给。

（1）电动机M2不能启动，电动机接线脱落或电动机绕组断线。

检查电动机M2是否完好，并予以修复。

（2）接触器KM1不吸合。

检查接触器KM1、控制变压器一、二次绕组，电源电压是否正常，熔断器是否熔断，并予以修复。

（3）接触器KM1触点接触不良或脱落。

检查接触器触点，并予以修复。

（4）经常扳动操作手柄，开关受到冲击，行程开关SQ3、SQ4、SQ5、SQ6位置发生变动或损坏。

调整行程开关的位置或予以更换。

（5）变速冲动开关SQ2-1在复位时，不能闭合接通或接触不良。

调整变速冲动开关SQ2-1的位置，检查触点情况，并予以修复或更换。

5. 主轴电动机不能启动。

(1) 电源不足、熔断器熔断、热继电器触点接触不良。

检查三相电源、熔断器、热继电器触点的接触情况，并进行相应的处理或更换。

(2) 启动按钮损坏、接线松脱、接触不良或线圈断路。

更换按钮，紧固接线，检查与修复线圈。

(3) 变速冲动开关 SQ1 的触点接触不良，开关位置移动或撞坏。

检查冲动开关 SQ1 的触点，调整开关位置，并予以修复或更换。

(4) 因为 M1 的容量较大，导致接触器 KM1 的主触点、SA3 的触点被熔化，或接触不良。

检查接触器 KM1 和相应开关 SA3，并予以调整或更换。

6. 主轴电动机不能冲动（瞬时转动）。

行程开关 SQ1 经常受到频繁冲击，使开关位置改变、开关底座被撞碎或接触不良。

修理或更换开关，调整开关动作行程。

7. 进给电动机不能冲动（瞬时转动）。

行程开关 SQ2 经常受到频繁冲击，使开关位置改变、开关底座被撞碎或接触不良。

修理或更换开关，调整开关动作行程。

8. 工作台能向左、向右进给，但不能向前、向后、向上、向下进给。

(1) 限位开关 SQ3、SQ4 经常被压合，使螺钉松动、开关位移、触点接触不良、开关机构卡住及线路断开。

检查与调整 SQ3 或 SQ4，并予以修复或更改。

(2) 限位开关 SQ5-2、SQ6-2 被压开，使进给接触器 KM3、KM4 的通电回路均被断开。

检查 SQ5-2 或 SQ6-2，并予以修复或更换。

9. 工作台能向前、向后、向上、向下进给，但不能向左、向右进给。

(1) 限位开关 SQ5、SQ6 经常被压合，使开关位移、触点接触不良、开关机构卡住及线路断开。

检查与调整 SQ5 或 SQ6，并予以修复或更改。

(2) 限位开关 SQ5-2、SQ6-2 被压开，使进给接触器 KM3、KM4 的通电回路均被断开。

检查 SQ5-2 或 SQ6-2，并予以修复或更换。

10. 工作台不能快速移动。

(1) 电磁离合器 YC3 由于冲击力大，操作频繁，经常造成铜制衬垫磨损严重，产生毛刺，划伤线圈绝缘层，引起匝间短路，烧毁线圈。

如果铜制衬垫磨损，则更换电磁离合器 YC3；重新绕制线圈，并予以更换。

(2) 线圈受震动，接线松脱。

紧固线圈接线。

(3) 控制回路电源故障或 KM2 线圈断路、短路烧毁。

检查控制回路电源及 KM2 线圈情况，并予以修复或更换。

(4) 按钮 SB3 或 SB4 接线松动、脱落。

检查按钮 SB3 或 SB4 接线，并予以紧固。

机床电气自动控制

思考题与习题

1. 电路图中如何识别并找到同一电器的不同元件?
2. 电路图中元件分区如何表示?
3. CA6140型车床中,如发现主轴电动机只能点动,可能的故障原因是什么?在此情况下,冷却泵能否正常工作?
4. 机床上由于电动机过载后自动停车,有人立即按启动按钮,但电动机不能启动,试分析可能的原因。
5. 试分析Z3040型钻床操作摇臂下降时电路的工作情况。
6. M7130型平面磨床电磁吸盘吸力不足的原因可能是什么?
7. 铣床在变速时,为什么要进行冲动控制?
8. X62W型万能铣床具有哪些联锁和保护?为何要有这些联锁与保护?
9. X62W型万能铣床工作台运动控制有什么特点?在电气与机械上是如何实现工作台运动控制的?
10. 简述X62W型万能铣床圆工作台电气控制的工作原理。
11. 分析铣床工作台能向左、向右进给,但不能向前、向后、向上、向下进给的故障。
12. 机床电气控制线路应采取哪些安全措施?

第七章 可编程控制器及其应用

可编程控制器是通过输入接口，接收工业设备或生产过程的各类输入信号（如从操作按钮、各种开关等送来的开关量或由电位器、传感器、变送器等提供的模拟量），并将其转换成其能够接受和处理的数据，再运行用户控制程序，将产生的结果通过输出接口，转换成外围设备所需要的控制信号，去驱动控制对象（如接触器、电磁阀、调节阀、指示灯、调速装置等），进而控制工业设备或生产过程。

本章介绍的主要内容包括可编程控制器的基本组成、工作原理、指令系统及 PC 的应用等。

第一节 概　　述

一、可编程控制器的产生和发展

前面介绍的继电-接触器控制系统，由继电器、接触器和各种开关按照一定的逻辑关系，用导线连接而成。由于接线多，要改变控制逻辑时，必须重新排线、连接，甚至要增减元器件，非常费时费力，因此只适用于工作模式固定、控制逻辑简单、大批量生产的制造设备和一些自动化程度较低的制造设备。

20 世纪初期，电子技术和逻辑代数的发展促进了逻辑控制的发展。30 年代，设计出了电子管顺序逻辑控制器，解决了由于继电器等开关触点通断延时太长而引起的不稳定问题；50 年代，半导体二极管、三极管逻辑控制电路取代了电子管控制器，解决了电子管热丝大功率耗能问题；60 年代，中小规模集成电路的出现，大大减少了逻辑控制器连接点数量，降低了其故障率；60 年代末，随着大规模集成电路技术、计算机技术、自动控制技术的发展，以计算机系统为核心的可编程逻辑控制器（Programmable Logic Controller）诞生，即 PLC；80 年代，超大规模集成电路的出现，产生了 CPU、单板计算机、单片计算机，可编程逻辑控制器具有了通用性、易用性和易学性的特点，PLC 得到进一步发展，不仅具有继电逻辑特性，也具有了连续控制的特性，更名为可编程控制器（Programmable Controller），简称 PC。为避免和个人计算机混淆，仍称为 PLC。

1985 年 1 月，国际电工委员会（IEC）对可编程序控制器给出如下定义："可编程序控制器是一种数字运算的电子系统，专为工业环境下应用而设计。它采用可编程序的存储器，用来在内部存储执行逻辑运算、顺序控制、定时、计数和算术运算等操作的指令，并通过数字式、模拟式的输入和输出，控制各种类型的机械或生产过程。可编程序控制器及其有关设备，都应按易于与工业控制系统连成一个整体，易于扩充的原则设计"。

二、可编程控制器的主要特点

1. 简单易学、操作方便、改变控制程序灵活

目前大多数 PLC 生产厂家在设计 PLC 编程语言时，均采用了继电-接触器控制系统常

用的梯形图编程方式,熟悉继电-接触器控制设备的工程技术人员很容易掌握 PLC 的使用。利用专用的编程器,可以简单地查看、编辑、修改用户程序。

2. 抗干扰性强、可靠性高

PLC 本身就是为工程和生产现场设备的控制而设计的,具有很强的抵抗各种工业环境干扰的能力,内部使用的器件都经过严格筛选,器件的一致性、可靠性都得到了保证。

3. 应用范围广

可编程控制器的使用范围很宽,凡是需要顺序控制的场合都可以用 PLC 来实现,例如,交通信号灯的控制、电梯的控制、大型停车场的控制、自动洗车机的控制、机械手的控制、数控机床的控制等。有一些微型 PLC 用于儿童玩具中,增加了玩具的智慧性和趣味性。

三、PLC 的发展方向

PLC 目前向着两个相反的方向发展,一是向大型化、通用化发展,以适应现代工业控制的需要;另一个是向小型化、微型化、专用化发展,以适应产品的快速改型、更新换代的需要,以及家用设备控制的需要。

全世界已有数百家电器公司在生产 PLC,如美国的 TI(德州电气公司)、GC(通用电气公司)、Gourd(歌德公司)、DEC(数字设备公司),日本的 MITSBISHI(三菱)、HITACH(日立)、OMRON(立石),德国的 SIMENS(西门子),荷兰的 PHILIP(飞利浦),瑞典的 GE(通用公司)等。我国自 20 世纪 80 年代初期开始引进可编程控制器的产品和生产线,并积极分析消化可编程控制器的设计原理和制造技术,到 80 年代中期我国已经能够自己设计制造可编程控制器了,国内国际最有影响的就是上海香岛机电制造公司。

本章以日本立石(OMRON)公司的 C20P 型 PLC 为例介绍 PLC 的原理与应用。在附录 4 中列出了 C 系列 P 型可编程控制器指令表以供参考。

第二节 可编程控制器的组成及工作原理

一、可编程控制器的组成

可编程控制器一般有两种功能部件:主机(CPU 单元)和扩展单元。

(一) CPU 单元

可编程控制器的 CPU 单元由电源、中央处理机 MPU、存储器、输入输出接口及外围设备接口构成。可编程控制器的结构框图如图 7-1 所示。

1. 输入输出接口(简称 I/O 接口)

输入输出接口是 MPU 与工业控制现场的连接通道。与微机的 I/O 接口工作于弱电的情况不同,PLC 的 I/O 接口是按强电要求设计的,即其输入接口可以接收强电信号,其输出接口可以直接和强电设备相连接。因此,I/O 接口除起连接系统内外部的作用外,其输入接口还有对输入信号进行整理、滤波、隔离、电平转换的作用;输出接口一方面具有隔离 PLC 内部电路与外部执行元件的作用,另外还具有功率放大的作用。

图 7-1 PLC 组成结构

输入接口主要包括光电耦合器、输入状态寄存器和输入数据寄存器。输入端子接受各种开关信号或模拟信号（经 A/D 转换），各种信号经光电耦合器转换成 PLC 能够接受的电平信号，输入到输入状态寄存器或输入数据寄存器中。

输出接口主要包括状态寄存器、输出锁存器、光电耦合器、功率放大器等部分。PLC 通过它把处理后的电平信号转换成电压或电流信号，去控制与被控对象相连的输出端。

PLC 生产厂家为适应不同用户控制不同对象的需要，提供了各种操作电平和驱动能力的 I/O 接口模块供用户选择，它们包括开关量输入模块、开关量输出模块、模拟量输入模块、模拟量输出模块，如输入/输出电平转换、电气隔离、串/并行变换、数据传送、误码校验、A/D 或 D/A 变换等模块。

开关量输入模块有直流开关量输入单元、交流开关量输入单元两种类型，它是将现场的按钮开关、选择开关、行程开关、接近开关以及一些传感器输出状态等开关量信号，转换成 PLC 内部统一的标准信号电平，并传送到内部总线的输入接口。

开关量输出模块有三种输出方式，即继电器输出、晶体管输出和双向可控硅输出。晶体管输出用于直流负载；双向可控硅输出用于交流负载；继电器输出可用于直流负载，也可用于交流负载，用户可根据执行部件的需要来选择。

2. 存储器

存储器分为系统存储器和用户存储器两种。

系统存储器用于存放系统工作程序（监控程序），模块化应用功能子程序、命令解释子程序、功能子程序的调用管理程序及按对应定义（I/O，内部继电器，定时器/计数器，移位寄存器等）存储系统参数等。系统程序关系到 PLC 的性能，出厂时已固化在 ROM 或 EPROM 片上，不能由用户直接存取。

用户存储器（RAM）存储用户编制的梯形图程序，PLC 的用户存储器通常以字（16 位/字）为存储单位，PLC 产品说明书中所列存储器型式或容量（字节数 Byte），就是对用户程序存储器而言。用户程序存储器 RAM 中的数据通常是"容易丢失"的，如果机器停电，所存内容就会消失，为避免这一现象，通常采用低功耗 CMOS-RAM，并使用后援电池——锂电池，在 PLC 断电期间向 CMOS-RAM 供电。只要用户程序及数据送入内存，即使 PLC 的电源产生故障或断电时，有后援电池向 CMOS-RAM 供电，便能完整地保存程序，直至用户需要改变时为止。

3. 微处理器（MPU 或 CPU）

微处理器是 PLC 的核心元件，它的作用如下。

① 在 PLC 开机后和运行中，运行监控程序，检测内部电源和各种器件的工作状态，监测用户程序输入时的语法错误。

② 按 PLC 中监控程序赋予的功能，接收并存储从编程器输入的用户程序和数据。

③ 扫描现场输入装置的状态和数据，并把它们存入输入寄存器状态表或输入数据寄存器中。

④ 从用户程序存储器中逐条读取用户程序中的指令，对指令进行解释，按指令规定的任务，按照输入寄存器状态表、数据寄存器、输出寄存器状态表，执行用户程序，并用执行结果更新输出寄存器状态表和数据寄存器的内容。再根据输出状态表和数据寄存器的内容，改写输出缓冲器，驱动输出接口电路的通断，实现输出控制或与外围设备进行数据通信等。

4. 外围设备接口

外围设备接口电路用于连接 I/O 扩展单元、打印机、上位计算机、编程器、盒式录音机、EPROM/EEPROM 及其写入器等。

5. 电源

PLC 的电源把外接交流电转换成 PLC 正常工作所需要的直流电，并滤除现场的干扰信号以及稳定电源的电压。另外，它还向可充电锂电池充电。

C20P 可编程控制器主机的主视图如图 7-2 所示。

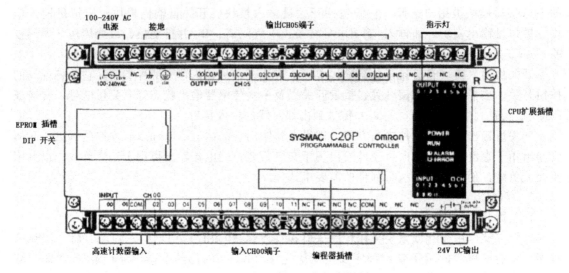

图 7-2　C20P 型 PLC 主机主视图

（二）扩展单元

1. I/O 扩展单元

PLC 的输入输出接线端子数量（输入输出点数）有限，当实际的输入输出信号数多于 PLC 接线端子数时，可以使用 I/O 扩展单元补充。

2. 专用单元

专用单元用于其他功能的扩展：如模拟定时器单元、模拟量输入单元、模拟量输出单元、上位计算机连接单元、通信单元等。

扩展单元的技术特性及与 PLC 主机的连接和编程方法可参看相关的产品手册。C20P 型 I/O 扩展单元主视图如图 7-3 所示。

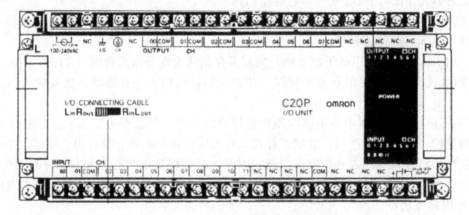

图 7-3　C20P 型 I/O 扩展单元主视图

二、可编程控制器的工作原理

（一）PLC 控制系统的组成

与自动控制系统一样，PLC 控制系统也是由输入设备、输出设备、控制器、外围设备组成，如图 7-4 所示，只是控制系统中的控制器由 PLC 来实现。

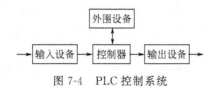

图 7-4　PLC 控制系统

用可编程控制器作为控制器，可以构成开环控制系统，也可以构成闭环控制系统；可以实现开关量的控制，也可以实现模拟量的控制。对于 C 系列 P 型 PLC，一般都用于组成开关量开环或闭环控制系统。本书也以开关量控制为主，来介绍可编程控制器的用法。

1. 输入设备

输入设备是用来把预定的控制信号、输出信号的反馈量转换成 PLC 可以识别的信号。常用的输入设备包括控制开关和传感器。对于 C 系列 P 型 PLC，输入设备包括按钮开关、行程开关、光电开关、温控开关、数字开关等。

2. 输出设备

输出设备用来把 PLC 输出的控制信号进行功率放大，以便驱动被控对象工作。常用的输出设备包括继电器、接触器、显示器、打印机、小功率电器等。

3. 外围设备

外围设备用于实现与用户进行对话、与上位计算机进行通信，包括编程器、盒式录音机、EPROM/EEPROM 写入器、磁盘驱动器、X-Y 记录仪等。

（二）PLC 的工作过程

PLC 对用户程序的执行过程是通过 CPU 的周期循环扫描，并采用集中采样、集中输出的方式来完成的。当 PLC 开始运行时，首先清除输入输出寄存器状态表的原有内容，然后进行自诊断，自检 CPU 及 I/O 组件，确认其工作正常后，开始循环扫描。循环扫描分三个阶段，如图 7-5 所示。

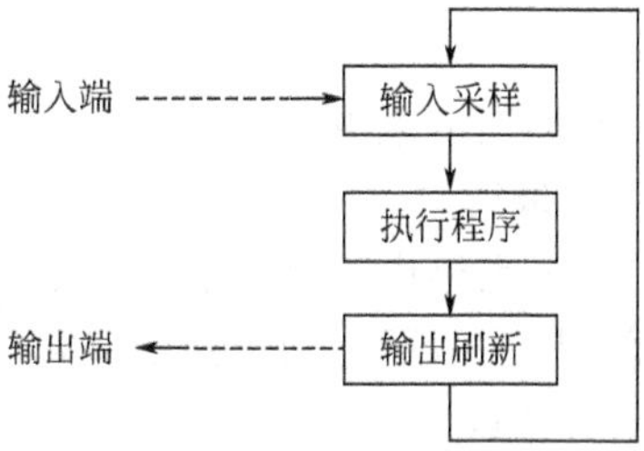

1. 输入处理阶段

扫描全部输入端，读取其状态并写入输入状态寄存器状态表内。

2. 程序处理阶段

扫描用户程序，按梯形图的次序（从左到右、从上到下）逐"步"扫描，并根据各 I/O 状态和有关数据进行算术和逻辑运算，最后将运算的结果写入输出寄存器状态表。

图 7-5　PLC 的扫描工作过程

3. 输出处理阶段

当所有指令都扫描处理完毕时，把输出状态表中所有输出继电器的通（1）、断（0）状态，转存到输出锁存电路以驱动输出继电器电路，使输出设备相应动作。

之后，CPU 又返回去进行下一扫描循环。

每次从读入输入状态到发出输出信号的这段时间称为扫描周期。扫描周期的长短随

PLC本身的时钟频率及用户程序的长短而有所不同，由于扫描速度很快，大约每条指令（每步）3~60μs，一个扫描周期通常为十到几十毫秒，对被控对象来说，扫描过程几乎是与输入同时完成的。

值得注意的是，在一个扫描周期中，输入采样工作只在输入处理阶段进行，对全部输入端扫描一遍并记下它们的状态后，即进入程序处理阶段，这时不管输入端的状态有何改变，都不予理会（输入状态表不会变化），直到下一个循环的输入处理阶段才会根据当时扫描到的状态予以刷新。这种集中采样、集中输出的工作方式使 PLC 在运行中的绝大部分时间实质上和外部设备是隔离的，这就从根本上提高了 PLC 的抗干扰能力，提高了可靠性。

第三节 可编程控制器的编程语言

可编程控制器是为工程应用而设计的，因此在编程语言上也设计成继电-接触器逻辑控制图形符号的编程语言，以方便电气操作人员和设备操作人员学习掌握。常用的语言形式有梯形图法、逻辑功能图法、指令助记符法、逻辑代数式法等。本书只介绍最常用的梯形图法和指令助记符法。

一、梯形图法

梯形图因其状如木梯而得名，如图 7-6 所示，在继电控制系统中一直使用这种方法，使得电气控制工程师很容易学会和掌握可编程控制器的用法。

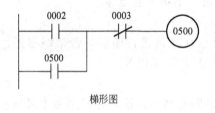

图 7-6 梯形图和指令程序表

梯形图的基本图形符号有三种。

1. 母线

母线是继电控制系统中电源线的等效图形符号，在 PLC 中仅表示一行的起点，而非电源线，因此只画左边一条竖线即可（图 7-6）。

2. 接点

接点是继电控制系统中触点的表示符，因而有常开（动合）接点和常闭（动断）接点两个符号，如图 7-7 所示。在 PLC 中接点的闭合与断开用存储器中一位的状态 1 或 0 对应表示。

图 7-7 接点符号

3. 线圈

线圈在继电控制系统中是电磁线圈，当电磁线圈的电路接通时，线圈产生电磁力，使触点动作。在 PLC 中它是存储器的一位，当 PLC 线圈电路中的接点全部接通时，使对应的存储器位置 1，否则清除为 0。因此，线圈是根据其电路条件设置存储位的状态，接点是读取存储位的状态。

二、指令助记符法

梯形图编程法的特点是逻辑关系清楚，易于阅读也易于设计，但是 PLC 所使用的编程器一般都是使用指令助记符来标识按键和显示存储器内容的，为便于程序的输入与编辑，要将梯形图转换为指令助记符形式。它的书写格式如图 7-6 中的表格所示。指令助记符程序分为三栏。

1. 地址

地址是 PLC 存储器中存储单元的编号，在这里是程序指令在存储器中的位置。地址由四位十进制数表示，C20～C60 P 型 PLC 的地址范围为 0000～1193，即可以编写有 1194 条指令的程序。PLC 在执行程序时总是从 0000 号地址开始执行程序，一直到遇到 END 指令时结束。如果没有END 指令，就一直执行到地址为 1193 的单元为止。

2. 指令

这里是指令的助记符，就是要让 PLC 做什么。例如，LD 表示在母线上连一个动合接点。

3. 数据

按指令的要求放上继电器编号、通道号或数值。

第四节　可编程控制器的内部器件

一、可编程控制器的等效电路

可编程控制器的等效电路如图 7-8 所示，可以分成三部分，即输入等效电路、内部等效控制电路和输出等效电路。

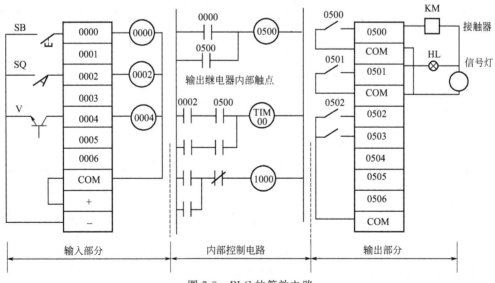

图 7-8　PLC 的等效电路

在等效电路中 PLC 的各个部分都以继电器的形式表示，实际上每一个继电器都对应着存储器的一位存储位，当等效继电器线圈通电（ON）时对应的存储位置为"1"，等效继电器线圈断电（OFF）时对应的存储位置为"0"。对于等效继电器接点（即触点）的接通与断开是由CPU通过读对应存储器位状态（"1"或"0"）来决定的。

1. 输入等效电路

一个输入端子对应一个等效输入继电器。外部输入信号通过输入接线端子驱动等效输入继电器的线圈通电或断电，使其对应的内部等效输入接点闭合或断开。等效输入继电器的等效线圈只有一个，而且只能由外部输入电路操纵通断电，等效输入继电器接点的闭合或断开实际上是由CPU通过读存储器的状态来决定的，因此编程时等效输入继电器没有线圈，而内部输入接点个数可以任意。

2. 内部等效控制电路

这一部分电路是由用户控制程序决定的，即控制逻辑等效电路（梯形图），可以使用的等效器件有输入继电器的接点、输出继电器的内部线圈和内部接点、辅助继电器的内部线圈和内部接点、专用继电器的内部接点、定时（继电）器/计数（继电）器的内部线圈和内部接点以及数据存储器等。

3. 输出等效电路

输出等效电路由内部等效输出继电器的内部线圈、外部动合触点和输出端子构成。一个内部等效输出继电器对应一个输出端子。

总之，PLC的等效电路是以继电-接触器逻辑控制电路的形式表示的，使用时不必考虑PLC的实际工作过程，只要正确编程就可以了。

二、可编程控制器的内部器件

立石公司的C系列P型可编程控制器的内部器件实际上就是等效继电器的器件。它包括输入继电器、输出继电器、内部辅助继电器、专用继电器、暂存继电器、保持继电器、定时器、计数器和数据存储器共9种器件，见表7-1。

表7-1　C系列P型PLC机的器件

序号	器件名称	器件数量	器件代号	
1	输入继电器	80	0000~0015,0100~0115,0200~0215, 0300~0315,0400~0415	
2	输出继电器	60/80	0500~0515,0600~0615,0700~0715 0800~0815,0900~0915	
3	内部辅助继电器	136	1000~1015,1100~1115,1200~1215 1300~1315,1400~1415,1500~1515 1600~1615,1700~1715,1800~1807	
4	专用继电器	16	1808~1815,1900~1907	
5	暂存继电器	8	TR0~TR7	
6	保持继电器	160	HR000~HR015,HR100~HR115,HR200~HR215, HR300~HR315,HR400~HR415,HR500~HR515, HR600~HR615,HR700~HR715,HR800~HR815, HR900~HR915	
7	定时器	共48个	TIM/CNT00~TIM/CNT47	同一程序中同一编号的线圈只能出现一次
8	计数器			
9	数据存储区	64通道	DM00~DM63	

任何一种可编程控制器的内部器件都用编号的形式供用户使用,只是编号方式不同。立石公司的 C 系列 PLC 都是用通道号和点号(一个继电器称作一个点)构成内部器件编号的。每十六个连续编号的继电器构成一个通道(CH),在使用时通道号表示 16 个继电器同时被使用。表 7-1 中,用四位数字编号的器件,编号的前两位是通道号(00~19),后两位是该通道的继电器点号(00~15);用两个字母和三位数字构成编号的器件,它的两个字母和第一位数字构成通道号(HR0~HR9),后两位数字构成该通道的继电器点号(00~15);数据存储器只按通道使用,因此只有通道号没有继电器点号;其余的继电器不按通道使用继电器,因此不论几位编号都只是点号,没有通道号。

1. 输入继电器

输入继电器用来接受外部传感器或开关的输入信号,并把它传送给 PLC。它与 PLC 输入接线端相连。一旦某一输入端子上的外部信号与公共端(COM)、输入电源形成通路,则相对应的输入继电器动作。它提供许多对动合、动断触点供内部电路编程使用。输入继电器的线圈只能由外部输入信号来驱动,编程指令不能控制它。

不同品种 C 系列 PLC 的输入继电器个数不同。在数量上等于输入接线端子数。例如:C20P 有 12 个输入点,它的编号为 0000~0011;C28P 有 16 个输入继电器,编号是从 0000~0015。实际系统输入继电器的数量和编号,由系统的配置来决定。主机单元的输入继电器从 0000 开始,逐一增加。扩展单元的输入通道起始号等于主机单元结束通道号加上 1。系统输入点数最多不得超过编号上限值,即 80 点。

2. 输出继电器

输出继电器将 PLC 的输出信号,通过它的一对动合触点传送给负载,并且具有一定的负载能力。这对动合触点通过 PLC 输出接线端子与被控电器(如接触器线圈 KM、电磁阀线圈 YV、电磁铁线圈 YA、指示灯 HL 等)相连,还需要根据被控电器的额定电流和电压连接负载电源,PLC 输出端有接负载电源的公共端 COM。另外,它还为编程提供任意对内部动合、动断接点。输出继电器分配在 CH05~CH09。不同品种 PLC 的输出继电器数量不同,等于输出点数,其编号与输出端号相同。C20P 型 PLC 的输出继电器编号为 0500~0507,共 8 个点。实际系统中的输出继电器数由系统配置决定,是各单元输出继电器数之和。

3. 内部辅助继电器

内部辅助电器实质上是一些存储器单元,它不能直接控制外部负载,只起中间继电器的作用。没有输出端子的输出继电器(C20P 型 PLC 的 0508~0515)可以作为辅助继电器使用。

只有 CPU 单元设置内部辅助继电器,分配在 CH10~CH17 和 1800~1807,共 136 个。

4. 专用继电器

专用内部辅助继电器是有特殊作用的内部辅助继电器,为用户提供特殊信号,一共有 16 个,编号为 1808~1815,1900~1907。它们的功能如下。

1808 PLC 备用电池电压监视继电器。当电池电压过低时接通。可以把这个继电器接到输出指示器上,当备用电池电压偏低时可给出报警指示,如图 7-9 所示。

1809 扫描时间监视继电器。当 P 型 PLC 的扫描周期低于 100ms 时,1809 断开,表明 PLC 正常运行。扫描周期在 100~130ms 之间时,1809 接通,表明 PLC 有警告性问题,但仍能继续工作。若扫描周期超过 130ms,表明 PLC 有严重问题,PLC 停止工作。

1810 高速计数器复位继电器。在使用高速计数器指令时,当硬件置"0"信号来到时,它接通一个扫描周期,并且使高速计数器复位。

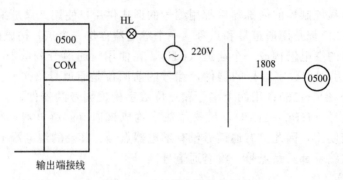

图 7-9　1808 继电器的使用

1811、1812、1814 这三个继电器当 PLC 处于运行状态时断开，可作为 PLC 运行动断触点使用。

1813 继电器当 PLC 处于运行状态时接通，可用作 PLC 运行监视信号。

1815 继电器当 PLC 开始运行时，接通一个扫描周期，可用作 PLC 的上电复位信号。

1900、1901、1902 是时钟脉冲继电器，分别提供周期为 0.1s、0.2s、1s 的时钟脉冲。

如果时钟继电器与计数器配合使用，可以构成长延时定时器，还可以构成闪烁电路。电源掉电后，由于使用了计数器作定时器，可以保持掉电时的值。

1903 BCD 码监视继电器。当算术指令中的操作数不是 BCD 码或数制转换指令 BIN→BCD 或 BCD→BIN 中的操作数大于 9999 时，该继电器接通。

1904 进位标志位（CY）继电器。在执行算术指令时，加法运算产生进位或减法运算产生借位时使它接通。用置位指令 STC 或清进位指令 CLC 可以强制这个继电器接通或断开。

1905、1906、1907 为比较标志继电器，其中：1905 在执行比较指令 CMP 时，当比较结果是大于（＞）时接通；1906 在执行比较指令 CMP 时，当比较结果相等（＝）时接通；1907 在执行比较指令 CMP 时，当比较结果是小于（＜）时接通。

注意，1903~1907 这五个继电器在每次执行结束指令（END）时就被复位，所以编程器不能监视它们的状态。

5. 暂存继电器

P 型 PLC 提供 8 个暂存继电器 TR0~TR7。在形成分支电路时，暂时存储分支点状态。在同一段程序内，不得重复使用相同的 TR。在不同的程序段，可以使用相同号的暂存继电器，如图 7-10 所示，要从一个点分出几个分支电路，而分支电路上有接点时，必须使用暂存继电器。

6. 保持继电器

当电源出现故障时，还能保持原来状态的继电器称为保持继电器。P 型 PLC 一共有 160 个保持继电器，构成 HR0~HR9 共 10 个保持通道，其编号为 HR000~HR915。

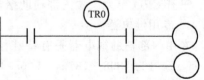

图 7-10　TR 暂存继电器的使用

7. 定时器/计数器

P 型 PLC 中共有 48 个定时器/计数器，编号为 00~47。这 48 个点可编程为定时器，也可编程为计数器。当选作定时器时，前面加字母 TIM，当选作计数器时，前面冠以 CNT。在同一个程序中定时器和计数器的编号不能相同。选作定时器时，可用作普通定时器或高速定时器。选作计数器时,可用作计数器或可逆计数器。当电源掉电时,定时器复位为初始值,而计数器保持掉电时的值不会改变。

8. 数据存储器

数据操作以通道为单位,所以 DM 的编号只用两位数字。P 型 PLC 中,共有 64 个数据通道,编号为 DM00～DM63。数据存储器可用来保持 16 位数据。在使用高速计数器时,DM32～DM63 这 32 个通道用来设置计数范围的上下限,不能再作他用。在电源掉电时,DM 内容保持也不会改变。

上述 8 种器件中的后 6 种只在 CPU 单元中存在。

第五节 可编程控制器的指令系统

一、基本指令

P 型 PLC 中的基本指令可以通过编程器上相对应的指令键输入。在编程器上的指令键有 LD、AND、OR、NOT、OUT、CNT、TIM。

1. LD、LD NOT、OUT 指令

LD:输入逻辑行(又称为支路)的第一个常开接点。其数据除了数据通道之外,PLC 的其余继电器号都可以。

LD NOT:输入逻辑行的第一个常闭接点。数据同 LD 指令。

OUT:将逻辑行的运算结果输出到继电器线圈。数据为继电器线圈号。范围是 0500～1807、HR000～HR915、TR0～TR7。

LD、LD NOT、OUT 指令的使用如图 7-11 所示。

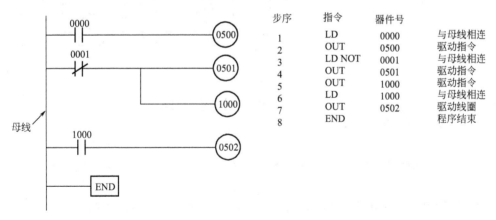

图 7-11 LD、LD NOT、OUT 指令的使用

说明:

① 在梯形图中,每一逻辑行必须以接点开始,所以必须使用 LD 或 LD NOT 指令。此外,这两条指令还用于电路块中每一支路的开始,或分支点后分支电路的起始,并与其他一些指令配合使用。

② OUT 指令是驱动线圈的指令,用于驱动输出继电器、内部辅助继电器、暂存继电器等,但不能用于驱动输入继电器。

③ OUT 指令可以同时并联驱动多个继电器线圈,如图 7-11 中的

OUT0501、OUT1000。

2. AND、AND NOT 指令

AND：逻辑与操作，即串联一个常开接点。数据为接点号。除了暂存继电器接点外，其余继电器接点都可以使用。

AND NOT：逻辑与非操作，即串联一个常闭接点。数据为接点号，同 AND 指令。

AND、AND NOT 指令的使用如图 7-12 所示。

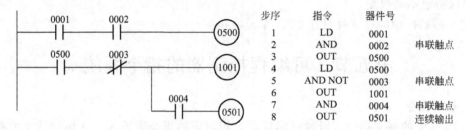

图 7-12　AND、AND NOT 指令的使用

在程序中如果有几个分支输出，并且分支后还有接点串联时，要用暂存继电器 TR 来暂时保存分支点状态。TR 必须与 LD 及 OUT 指令配合使用。

【例 7-1】　暂存继电器 TR 的应用（图 7-13）。

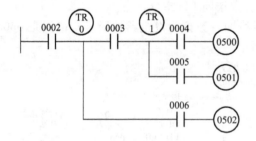

图 7-13　暂存继电器 TR 的应用

在同一程序段中，若有多个分支点时，要用不同号的 TR，且 TR 不得超过 8 个。在不同程序段中，允许暂存继电器重号。

说明：

① AND 和 AND NOT 指令是用于串联一个触点的指令，串联的触点数量不限，即可多次使用。

②"连续输出"是指在执行 OUT 指令后，通过与继电器触点的串联，可用 OUT 指令连续驱动多个线圈。

3. OR、OR NOT 指令

OR：逻辑或操作，即并联一个常开接点。数据为接点号，范围同 AND 指令。

OR NOT：逻辑或非操作，即并联一个常闭接点。数据为接点号，范围同 AND 指令。

OR、OR NOT 指令的使用如图 7-14 所示。

说明：

① OR、OR NOT 是用于并联连接一个触点的命令，并联多个触点不能用此指令。

② OR 和 OR NOT 指令引起的并联，是从 OR 或 OR NOT 一直并联到前面最近的 LD

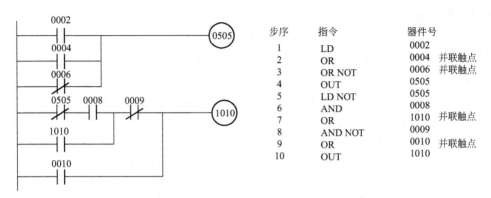

图 7-14 OR、OR NOT 指令的使用

或 LD NOT 指令上,并联的数量不受限制。

4. OUT NOT 指令

OUT NOT:将逻辑行的运算结果取反后输出到继电器线圈。数据为继电器线圈号,范围同 OUT 指令。

【例 7-2】 电动机启动控制电路的编程(图 7-15)。

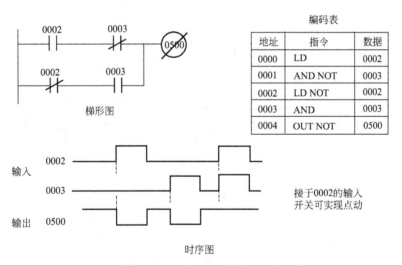

图 7-15 电动机启动控制电路

在时序图中,0003 的波形是指接于 0003 输入端的开关常开触点对 0003 输入继电器线圈的控制。当该输入开关未闭合时,0003 输入继电器线圈未通电。对应的常闭接点是闭合的。

输出使用了取反输出指令。当输入继电器 0002 和 0003 的输入信号均为"0"时它们的动合接点都断开、动开接点都闭合,构成断开(OFF),此时由于 OUT NOT 指令使得输出继电器 0500 线圈接通(ON)。如果 0002 和 0003 的输入信号都为"1",0500 也是为 ON,只有当 0002 和 0003 中只有一个输入信号为"1",另一个输入信号为"0"时,0500 的线圈才能够为断电(OFF)。

在程序中要将两个程序段(又称电路块)连接起来时,需要用电路块连接指令。每个电路块都是以 LD 或 LD NOT 指令开始的。电路块连接指令包括 AND LD 和 OR LD。

5. AND LD 指令

AND LD：将两个电路块串联起来。无操作数据。

【例 7-3】 两个电路块的串联编程举例（图 7-16）。
电路块的每一部分都是以 LD 或 LD NOT 指令开始。

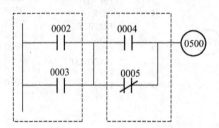

地址	指令	数据
0000	LD	0002
0001	OR	0003
0002	LD	0004
0003	OR NOT	0005
0004	AND LD	—
0005	OUT	0500

图 7-16 两个电路块串联

当串联电路块多于两个时，电路块连接方法有两种，一种是逐块相连，另一种是所有电路块的编码列出后进行总连接，见例 7-4。

【例 7-4】 多个电路块串联时，AND LD 指令的两种编码举例（图 7-17）。

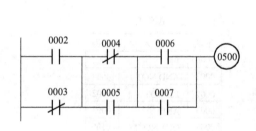

编码方式1		编码方式2	
指令	数据	指令	数据
LD	0002	LD	0002
OR NOT	0003	OR NOT	0003
LD NOT	0004	LD NOT	0004
OR	0005	OR	0005
AND LD		LD	0006
LD	0006	OR	0007
OR	0007	AND LD	
AND LD		AND LD	
OUT	0500	OUT	0500

图 7-17 多个电路块串联

编码方式 1 是电路块逐块连接，编码方式 2 是电路块编程后总连接，两种编码方式的指令条数相同。在使用方式 2 时，要注意两点。总连接时，使用 AND LD 指令的条数要与电路块的实际数相对应，即比电路块数少 1；在一个程序中，使用 AND LD 指令的次数不得超过 8 次，即最多只能使 9 个电路块相连。方式 1 没有这个限制。

6. OR LD 指令

OR LD：将两个电路块并联起来。无操作数据。

【例 7-5】 图 7-18 给出两个串联电路块（支路）的并联举例。

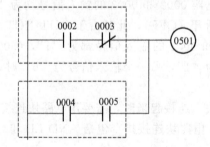

地址	指令	数据
0100	LD	0002
0101	AND NOT	0003
0102	LD	0004
0103	AND	0005
0104	OR LD	
0105	OUT	0501

图 7-18 两个电路块并联

当需并联的电路块多于三个时,也有两种编码方法,见例 7-6。

【例 7-6】 多个电路块并联(图 7-19)。

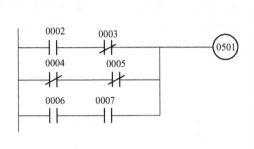

编码方式1

指令	数据
LD	0002
AND NOT	0003
LD NOT	0004
AND NOT	0005
OR LD	
LD	0006
AND	0007
OR LD	
OUT	0501

编码方式2

指令	数据
LD	0002
AND NOT	0003
LD NOT	0004
AND NOT	0005
LD	0006
AND	0007
OR LD	
OR LD	
OUT	0501

图 7-19 多个电路块并联

编码方式 2 的注意点同 AND LD。

上例中编码表缺少地址段,是非标准编码表。

7. TIM 指令

TIM:定时时间到接通定时器接点。数据占两行,第一行跟在指令之后,是两位数字 00~47,为选定的定时器号;第二行数据与第一行数据在编码表中位置上下对齐,是定时器的设定值,用四位十进制数表示。定时单位为 0.1s,定时范围是 0.1~999.9s,所以最低位是十分位。例如,定时 5s 的设定值是 0050。

定时器是减 1 定时器。当输入条件为 ON 时,开始减 1 定时,每经过 0.1s,定时器的当前值减 1,定时时间一到,定时器的当前值为 0000,定时器接点接通并保持。当输入条件为 OFF 时,不管定时器当前处于什么状态都复位,当前值恢复到设定值,相应的动合接点断开。定时器相当于时间继电器,在电源掉电时,定时器复位。

【例 7-7】 定时指令的应用。在图 7-20 中当 0002=ON 时 TIM00 开始计时,15s 时间到时,TIM00 计时数值到 0000,它的动合接点闭合,输出继电器 0500=ON。当输入继电器 0003=ON 或 0002=OFF 时 TIM00 恢复初始值 0150,动合接点断开,输出继电器 0500=OFF。

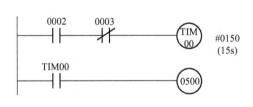

地址	指令	数据
0000	LD	0002
0001	AND NOT	0003
0002	TIM	00
		#0150
0003	LD	TIM00
0004	OUT	0500

图 7-20 TIM 指令的应用

8. CNT 指令

CNT:计数到,接通计数器动合接点,相当于硬件计数器。数据占两行。一行是计数器号 00~47;下一行是计数设定值,用四位十进制数表示。计数范围是 0001~9999。

该指令在梯形图中有两个逻辑输入行。接 CP 端的行,是计数信号输入行;接 R 端的行是计数器复位输入行,又称为置"0"行。

在设计编码表时,该指令需要三步才能完成。第一步是计数脉冲输入行,第二步是计数器复位行,最后才是计数器指令。

计数器是减1计数器。在计数脉冲的上升沿计数器的当前值减1,当计数值减为0时,计数器的动合接点闭合。当复位输入为ON时,计数器复位,当前值恢复到设定值,动合接点断开。电源掉电时,计数器的当前值保持不变。复位信号和计数信号同时来到时,复位信号优先。

【例 7-8】 计数器指令的编程如图 7-21 所示。

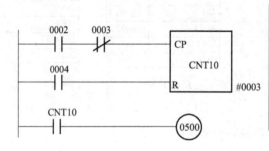

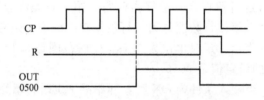

图 7-21 计数器指令的编程

定时器和计数器的设定值,还可以由通道内容给定。如果用输入通道内容提供时,就可以用外部器件如拨码盘输入,这时要占用一个通道的 16 位。要注意的是预置值是十进制数,外部器件必须用 BCD 码输入。编程操作时,输完器件号后按 CLR 键,再输入通道号作设定值,按 WRITE 键写入 PLC。00~17CH(通道)、HR0~HR9 这 28 个通道可以作设定值通道。

以上是 P 型 PLC 的 12 条基本指令。

二、功能指令

功能指令又称为应用指令。这类指令在简易编程器上一般没有对应的指令键(SFT 指令除外),指令的输入是用功能键 FUN 与两个数字键组合完成。

1. 空操作指令

指令助记符:NOP(00)。

数据:无。

功能:CPU 执行这条指令时不作任何逻辑操作,该指令只占一个序号和 2~3μs 时间。

编程操作:FUN、0、0。

该指令可用于在输入程序时留出地址,以便调试程序时插入指令,还可用于扫描时间的微调。在清除用户区内存时,就是用 NOP(00) 指令填满用户 RAM 空间。

2. 结束指令

指令助记符：END(01)。

数据：无。

功能：是程序最后一条指令，表示程序到此结束。PLC只执行0000地址开始至END结束的用户程序，PLC执行到END指令就停止执行程序阶段，转入输出刷新阶段。如果程序中遗漏这条指令，在检查程序时编程器上将显示"NO END INSET"；在运行时报警指示灯闪烁。插入END指令后，PLC才能正常运行。END指令还可用来分段调试程序，在功能模块后插入END指令，PLC就可以分段运行程序，调试通过一个模块，删除该模块后边的END指令，再进行下一段程序的调试，直至全部调试通过。

编程操作：FUN、0、1。

3．互锁指令

指令助记符：IL(02)。

数据：无。

功能：形成分支电路，总与互锁清除指令ILC连用。

编程操作：FUN、0、2。

4．互锁清除指令

指令助记符：ILC(03)。

数据：无。

功能：表示互锁程序段的结束。

编程操作：FUN、0、3。

互锁指令与互锁清除指令总是配合使用。当互锁条件满足时（ON），顺序执行后续指令，如同IL、ILC指令不存在一样。当互锁条件不满足（OFF）时，IL与ILC之间的输出线圈均为OFF，定时器复位，计数器、移位寄存器及锁存继电器的状态不变。

【例7-9】 互锁指令的应用（图7-22）。

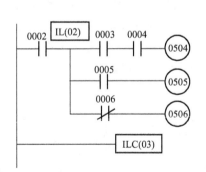

地址	指令	数据
0300	LD	0002
0301	IL(02)	
0302	LD	0003
0303	AND	0004
0304	OUT	0504
0305	LD	0005
0306	OUT	0505
0307	LD NOT	0006
0308	OUT	0506
0309	ILC(03)	

图7-22 IL-ILC的应用

当外接0002端的输入开关闭合时，0002输入继电器接通，它的动合接点闭合互锁条件满足，指令顺序执行。当输入开关断开时，对应的输入继电器不通，0002以内部动合接点断开，互锁条件不满足，输出继电器0504、0505、0506全部OFF。

用IL-ILC指令编程电路，也可用TR编程，见图7-23和图7-13，仔细分析两图，找出异同点。

通常IL和ILC是成对使用的，如果一行有多个分支点时，也可以不成对使用，组成IL-IL-ILC形式，即多个IL与一个ILC配合使用。要注意的是此时检查程序，编程器上会

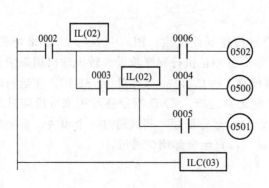

图 7-23 用 IL 分支

显示出错信息 "ILILCERR",这只是告诉用户没有成对使用 IL、ILC 指令,并不影响 PLC 程序的正常运行。

5. 跳转指令

指令助记符：JMP(04)。

数据：无。

功能：程序转移。

编程操作：FUN、0、4。

6. 跳转结束指令

指令助记符：JME(05)。

数据：无。

功能：程序转移结束。

编程操作：FUN、0、5。

跳转指令组是根据 JMP 前的条件,来决定 JMP 与 JME 之间的程序段是否执行。若条件为 OFF,就不执行其间的指令,在它们之间的所有线圈都保持原来的状态;若条件为 ON,即顺序执行 JMP 和 JME 之间的程序,如同 JMP、JME 指令不存在一样。该指令组在功能上与条件转移指令有相似之处,又有不同的地方。详见例 7-10。

【例 7-10】 JMP-JME 指令的应用（图 7-24）。

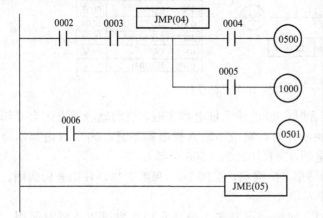

图 7-24 JMP-JME 指令的应用

JME 可以与一个或多个 JMP 指令组合使用。在后一种情况下进行程序检查时，编程器上会出现错误信息"JMP JME ERR"，提示没有成对使用，但这不影响程序的正常执行。

图 7-25 中，当第一个 JMP 的条件不满足，即接于 0002 的输入开关 OFF 时，产生程序转移，0500、0501、0502 均保持原来状态，CNT10 保持当前的计数值。

当第一个 JMP 的条件满足（接于 0002 的输入开关 ON）而第二个 JMP 条件不满足（0005 输入开关 OFF）时，由此开始至 JME 的程序不执行，0501、0502、CNT10 都维持原来状态，而 0500 根据 0003、0004 的状态可能 ON，也可能 OFF。

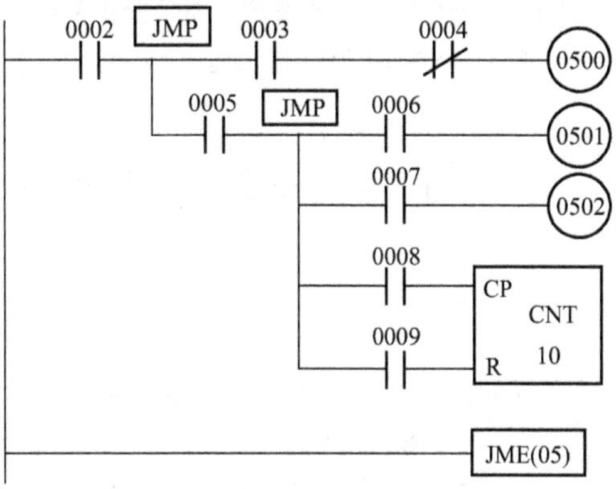

当两个 JMP 的条件都是 ON 时，电路中就像不存在 JMP-JME 指令一样，程序顺序执行。

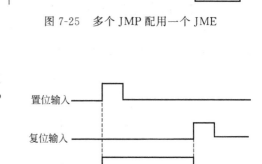

图 7-25　多个 JMP 配用一个 JME

在同一个程序段中，最多允许使用 8 次 JMP、JME，若超过 8 次则出现"JMP OVER"，PLC 停止执行程序。

7. 锁存指令

指令助记符：KEEP(11)。

数据：0500～1807、HR000～HR915。

功能：相当于硬件锁存器电路，当其置位 (ON) 后，将一直保持，直至复位为止。

编程操作：FUN、1、1、继电器号。

图 7-26　锁存器的波形

锁存指令有两个输入行，SET 为置位输入行，RES 为复位输入行。当置位输入为 ON，复位输入为 OFF 时，锁存继电器动作并保持，即使置位输入再变为 OFF 仍保持。当复位输入为 ON，置位输入为 OFF 时，锁存继电器释放。当两输入端同时为 ON 时，复位输入优先，波形如图 7-26 所示。

在写编码表时，先写置位行，然后是复位行，最后是锁存指令，见例 7-11。

【例 7-11】　KEEP 指令的应用如图 7-27 所示。

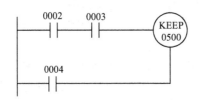

地址	指令	数据
0100	LD	0002
0101	AND	0003
0102	LD	0004
0103	KEEP(11)	0500

图 7-27　KEEP 指令的应用

8. 前沿微分指令

指令助记符：DIFU(13)。

数据：0500～1807、HR000～HR915。

功能：在输入脉冲的前沿 OFF→ON，使指定的继电器接通一个扫描周期后又释放，即把输入状态的前沿微分输出到指定的继电器。

CPU 在连续两次扫描中，发现输入状态从 OFF→ON 时，执行本指令。

DIFU 指令的应用如图 7-28 所示。

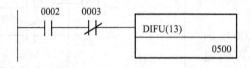

图 7-28 DIFU 指令的应用

编程操作：FUN、1、3、继电器号。

编程举例见例 7-12。

【例 7-12】 前沿微分指令的编程

时序图如图 7-29 所示。当接于 0003 的输入开关断开时，与它对应的输入继电器 0003 动断接点 ON，接于 0002 的开关，由 OFF→ON 时，0500 闭合一个扫描周期后又释放。

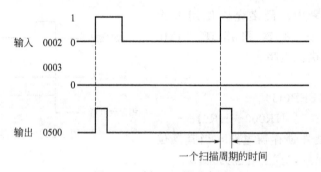

图 7-29 例 7-12 的时序图

9. 后沿微分指令

指令助记符：DIFD(14)。

数据：同 DIFU(13)。

功能：在输入信号的后沿（ON→OFF）使指定的继电器接通一个扫描周期后又释放，即把输入状态的后沿微分输出到指定的继电器。

编程操作：FUN、1、4、继电器号。

这两条微分指令都是在输入状态发生变化时才起作用。在程序运行中，一直接通的输入条件，不会引起 DIFU 的执行；一直处于断开的输入不会引起 DIFD 的执行，见例 7-13。

【例 7-13】 DIFU、DIFD 指令的编程（图 7-30）。

在一个程序中，最多允许 48 个 DIFU 及 DIFD 指令。若多于此数，编程器上显示"DIF OVER"，表示微分指令溢出，并将第 49 个微分指令作废，即当作 NOP 指令执行。

微分指令通常用在一次输入只需进行一次处理的情况下，这种情况是经常遇到的。

10. 逐位移位指令

指令助记符：SFT(10)。

数据：以通道为单位。05～17、HR0～GR9、DM00～DM31。

功能：相当于一个串行输入移位寄存器。

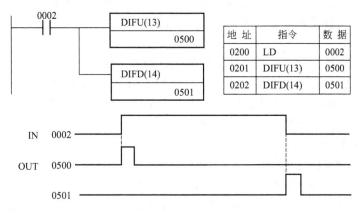

图 7-30　DIFU、DIFD 指令的编程与时序图

编程操作：FUN、1、0、首通道号、末通道号。

移位寄存器必须按照输入（IN）、时钟（CP）、复位（R）和 SFT 指令的次序编程。当移位时钟输入端（CP）由 OFF→ON 时，将一个或几个通道的内容，按照从低位到高位的顺序移动，最高位溢出丢失，最低位由输入端数据（IN 的状态）填充。当复位输入端（R）ON 时，参加移位的所有位全部复位，即都为 OFF。例 7-14 是一个通道的逐位移位举例。

【例 7-14】 一个通道的逐位移位（图 7-31）。

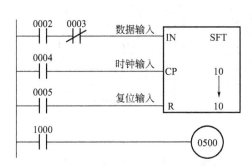

图 7-31　一个通道的逐位移位

若把此例中最后一行为 1015 控制 0500 输出时，可把移位寄存器 16 位的内容一位一位地输出。当 0005 ON 时，10 通道内容变为 0000H。

如果需要多于 16 位的数据移位，可以把几个通道串联起来移位。例 7-15 是三个通道的逐位移位，这些位是从 1000 到 1215，共 48 位。

【例 7-15】 三个通道的逐位移位（图 7-32）。

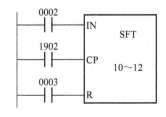

图 7-32　三个通道的逐位移位

移位指令使用时需注意，起始通道和结束通道必须是同类继电器中连续数个通道的首通道和末通道，即同一种器件才能组成移位寄存器使用。另外，起始通道号应小于或等于结束通道号。

移位指令应用广泛。生产中许多装置的操作，如传送带、自动流水线、顺序控制等的移动是单方向的，工作过程是一步接一步的，因此用 SFT 指令特别方便。只需要赋予起始数据为 1（最低位），并把每一步的结束信号（时间或工序完成信号）接到 CP 端，将移位寄存器相应位送输出继电器，就能实现顺序控制。

11. 高速定时器指令

指令助记符：TIMH(15)。

数据：占两行。一行为定时器号 00～47，另一行为设定值。设定值定定时时间，可以是常数，也可以由通道 00～17、HR0～HR9 的内容决定，但必须为四位 BCD 码。

功能：以 0.1s 为单位定时，定时范围为 0.01～99.99s。

编程操作：FUN、1、5、定时器号、设定值。

高速定时器的工作过程是，当定时器的输入一接通，就开始计时，定时器的当前值每隔 0.01 秒减 1，定时时间到，当前值变为 0，定时器的动合接点 ON。当输入端为断开时定时器复位，当前值恢复到设定值。使用高速定时器的接点时，不加后缀字母 H。

【例 7-16】 图 7-33 是以常数作为设定值的例子。

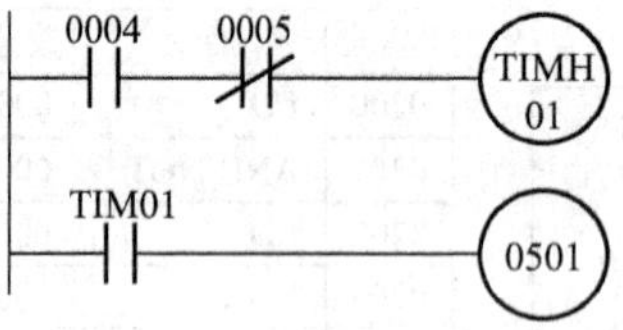

地址	指令	数据
0000	LD	0004
0001	AND NOT	0005
0002	TIMH(15)	00
		#0150
0003	LD	TIM01
0004	OUT	0501

图 7-33 以常数作为设定值

【例 7-17】 图 7-34 是以通道内容为设定值的例子。以通道内容为设定值的编程输入时，在输入定时器号之后，按 CLR 键，再输入通道号，最后按 WRITE 键。

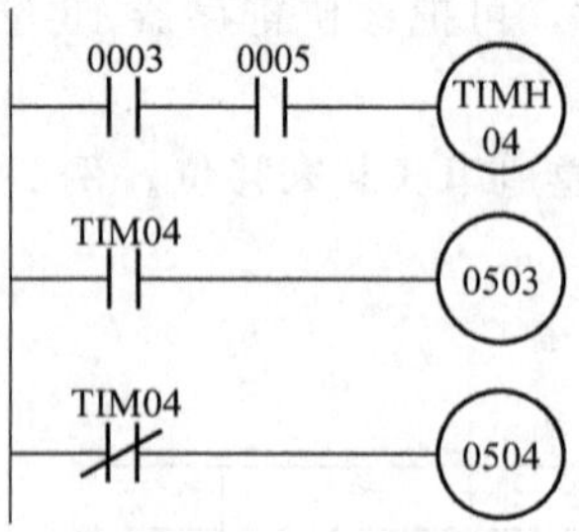

地址	指令	数据
0200	LD	0003
0201	AND NOT	0005
0202	TIMH(15)	04
		HR0
0203	LD	TIM04
0204	OUT	0503
0205	LD NOT	TIM04
0206	OUT	0504

图 7-34 以通道内容作为设定值

注意：TIMH 的定时器号 00～47，在程序中不要与 TIM、CNT 重号；当扫描周期大于 10ms 时，该指令不能正确执行，定时操作可能不准确。

12. 可逆计数器指令

指令助记符：CNTR(12)。

数据：计数器号 00～47，设定范围 0000～9999。设定值可用常数，也可用通道内容，与 TIMH 指令相同。

功能：对外部信号进行加 1 及减 1 的环形计数。

编程操作：FUN、1、2、计数号、设定值。

该指令在梯形图中有三个输入行：加信号（UP）输入行接 ACP 端，减信号（DOWN）输入行接 SCP，复位输入 R。编写指令表时，先编 ACP 行，再编 SCP 行，第三步是 R 行，最后是 CNTR 指令。

在程序执行中，每当计数脉冲处于上升沿，即从 OFF→ON 时执行加 1 或减 1 计数，计数值的当前值加 1 或减 1。如果加 1 和减 1 计数信号同时有效，则不计数。当复位信号 ON 时，计数器复位，当前值变为 0000，计数信号不起作用。

CNTR 是环形计数器，若从 0000 开始加 1 计数，当前值加到设定值时，CNTR 接通，再来一个加 1 计数脉冲，当前值变为 0；此时再减 1 计数时，当前值变为设定值，计数器接通。图 7-35 是定时图。

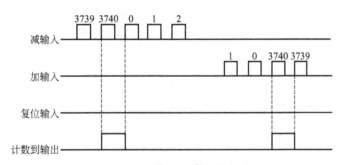

图 7-35　CNTR 环形计数器定时图

从前述可以看到，TIM、TIMH、CNT、CNTR 的线圈号都是 00～47，注意在程序中不要重号使用。在电源掉电时，TIM、TIMH 复位并恢复到设定值，而 CNT、CNTR 的当前值保持不变。

13. 通道数据比较指令

指令助记符：CMP(20)。

数据：见表 7-2。

表 7-2　CMP 的数据

CH00～19
HR0～9
TIM/CNT00～47
DM00～63
四位常数

功能：将 S 中的内容与 D 的内容相比较，比较结果由专用辅助继电器 1905、1906、1907 给出，见表 7-3。

表 7-3　CMP 的功能

CMP	1905	1906	1907
S>D	ON	OFF	OFF
S=D	OFF	ON	OFF
S<D	OFF	OFF	ON

编程操作：FUN、2、0、S、D。

CMP 指令用来将通道数据或四位常数 S，与另一通道数据或四位常数 D 进行比较，S 和 D 中至少有一个是通道数据，数据可以是四位 16 进制数，也可以是四位 BCD 数。

【例 7-18】 两个通道内容的比较（图 7-36）。

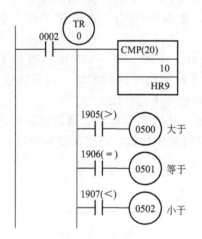

图 7-36 两个通道内容的比较

【例 7-19】 通道内容与常数的比较（图 7-37）。

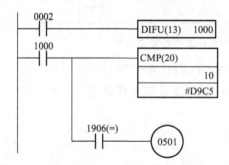

图 7-37 通道内容与 16 进制常数的比较

比较指令可用来监视 TIM 的当前值，并可用一个定时器来控制多个定时输出，见例 7-20。

【例 7-20】 CMP 指令与定时器的配合使用（图 7-38）。

TIM00 设定值为 30s，用两条 CMP 指令监视其当前值。第一条 CMP 指令的常数是 0200，相当于定时 20s，第二条 CMP 指令的常数为 0100，相当于定时 10s。定时器 TIM00 开始定时之后，到 20s 时，1906 ON 并使 0500 ON 且自锁；当 TIM00 继续定时到 10s 时，1906 再次 ON，使 0501 ON，即 30s 到时，使 0502 ON。实现了一个定时器与两条 CMP 指令结合使用，起到三个定时器的作用。

14. 数据传送指令

指令助记符：MOV(21)。

数据：源数据 S，目标 D。数据范围见表 7-4。

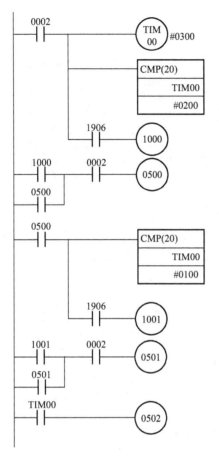

图 7-38 CMP 指令与定时器的配合使用

表 7-4 MOV 指令的数据范围

S(源)	D(目标)
CH00~17	CH05~07
HR0~HR9	HR0~HR9
TIN/CNT00~47	DM00~DM31①
DM00~DM63	
四位常数	

① 当没有使用 FUN98 指令时,可以到 DM63。

功能:把 S 的源数据传送到目标 D 所指定的通道中去。

编程操作:FUN、2、1、S、D。

15. 数据求反传送指令

指令助记符:MVN(22)。

数据:S 为源数据,D 为目标通道,范围同 MOV 指令。

功能:把源数据 S 求反后,传送到指定通道 D 中去。

编程操作:FUN、2、2、S、D。

MOV 指令是把一个通道的数据或四位常数(16 进制或 BCD 码)传送到 D 中,而 MVN 指令是把源数据按位求反后再行传送。在写编码表时,这两条指令都各占一个地址号,但在表中占三行位置,见例 7-21。当传送到目标通道内容为全零时,1906 ON。

【例 7-21】 传送指令的编程（图 7-39）。

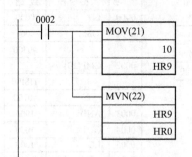

图 7-39 传送指令的编程

当 0002 ON 时，执行 MOV 指令，把 10CH（1000~1015）的 16 位二进制数传送到 HR9 通道中，然后执行 MVN 指令，将 16 位求反后传送到 HR0。

【例 7-22】 将常数 F8C2H 传送到 CH HR2 中（图 7-40）。

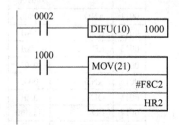

图 7-40 传送常数到通道中

16. 置位进位位指令

指令助记符：STC(40)。

数据：无。

功能：将进位标志继电器 1904 置位，即 ON。

编程操作：FUN、4、0。

17. 复位进位位指令

指令助记符：CLC(41)。

数据：无。

功能：强制将 1904 复位，即 OFF。

编程操作：FUN、4、1。

上述两条指令是对进位位的强制操作指令，通常在作加减运算之前，用 CLC 指令来清进位位，以保证运算结果正确。

第六节 可编程控制器的编程原则

① 接点开始，线圈结束。

在 PLC 中，接点是逻辑条件，线圈是逻辑结果，因此线圈是一行的结束，线圈与母线之间必须至少有一个接点，线圈的右边不能有任何器件。如果有一个线圈在 PLC 通电工作时就接通而直到 PLC 断电时才断开，可在该线圈与母线间接上 1812 或 1813 常开接点（图 7-41）。

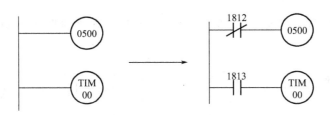

图 7-41 接点开始，线圈结束

② 从上到下，从左到右。

按梯形图的顺序从上到下从左到右进行编程（图 7-42）。

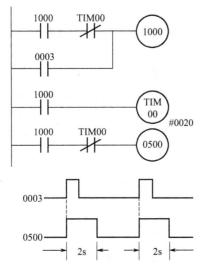

图 7-42 从上到下，从左到右

③ 从地址 0000 开始编程。PLC 从地址 0000 开始执行，到 END(01) 指令结束执行并返回地址 0000。

④ 一个接点可以使用任意次，一个线圈只能用一次。

线圈是写存储位，它的条件不能具有二义性，使用多次表示可以同时有不同的条件，这会产生矛盾结果，PLC 将无法正确执行程序。接点是读存储位，只要存储位的状态是确定的，则接点的状态就都确定了。

⑤ 梯形图上的垂直分支线上不能有接点和线圈，否则无法编程（图 7-43）

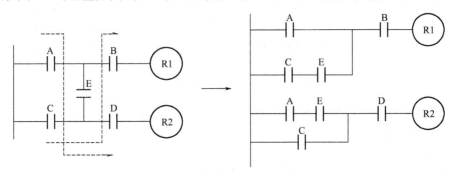

图 7-43 消除垂直分支线上的接点

⑥ 先串后并。

当多个接点先串联后并联时（图 7-44），按串联接点多少降序安排串联支路再将其并联。

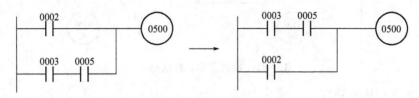

图 7-44 先串后并

⑦ 先并后串。

当有多个并联块时，按接点数从多到少安排先并联后，再串联起来（图 7-45）。

指令	数据
LD	0004
AND NOT	0005
LD	0002
AND	0003
OR	0500
AND LD	—
OUT	0500

指令	数据
LD	0002
AND	0003
OR	0500
AND	0004
AND NOT	0005
OUT	0500

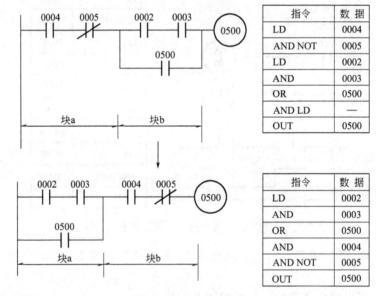

图 7-45 先并后串

⑧ 直接输出，少用暂存（图 7-46）。

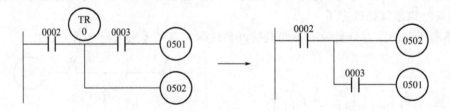

图 7-46 直接输出，少用暂存

图 6-46 左图中的 TR（暂存继电器）可以改画成右图，虽然指令数增加了，但程序变得清晰易读不易出错了。

⑨ 消除复杂组合。

图 7-47 所示梯形图关系复杂，为了容易读懂关系，将它改画成图 7-48。

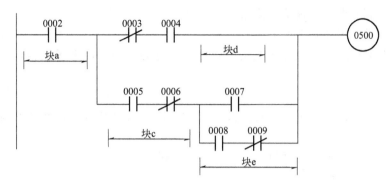

图 7-47　复杂串联和并联梯形图

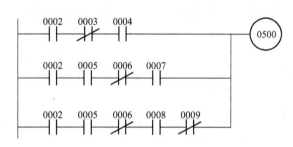

图 7-48　梯形图的展开

⑩ 若要预留空行，必须用 NOP(FUN 00) 指令填充。

PLC 的程序必须一条一条连续地在内存中存放，需要预留空行时一定要用 NOP 指令填充，否则 PLC 不能正确执行程序。

⑪ 用 END(FUN 01) 指令结束程序。

程序结束一定要用 END 指令，否则 PLC 将告知缺少 END 指令，并且不能正确执行程序。

第七节　可编程控制器控制系统的设计与实现

了解 PLC 控制系统的设计，可以深入理解 PLC 的控制过程及实现，有利于用 PLC 进行机床状态检测和故障诊断。

一、PLC 应用系统设计的内容和步骤

设计 PLC 系统的方法不是一成不变的，它与设计人员的设计习惯及实践经验有关。但是，所有设计方法要解决的基本问题是相同的，即：进行 PLC 系统的功能设计，根据受控对象的工艺要求和特点，明确 PLC 系统必须要做的工作和因此必须具备的功能；进行 PLC 系统的分析，通过分析系统功能实现的可能性及实现的基本方法和条件，提出 PLC 系统的基本规模和布局；根据系统功能设计和系统分析的结果，确定 PLC 的机型和系统的具体配置。因此，可以提出适用于任何设计项目的一般性 PLC 系统的设计原则、内容和基本步骤。

（一）系统设计的原则与内容

1．设计原则

① 最大限度地满足被控设备或生产过程的控制要求。

② 在满足控制要求的前提下，力求使系统简单、操作方便。
③ 保证控制系统工作安全可靠。
④ 考虑到今后生产的发展和工艺的改进，在设计容量时，应考虑适当留有进一步扩展的余地。

2. 设计内容

① 拟定控制系统设计的技术条件。技术条件一般以设计任务书的形式来确定，它是整个设计的依据。
② 选择电气传动形式和电动机、电磁阀等执行机构。
③ 选定 PLC 的型号。
④ 编制 PLC 的输入/输出分配表，或绘制输入/输出端子接线图。
⑤ 根据系统设计的要求编写软件规格说明书，然后再用相应的编程语言（常用梯形图）进行程序设计。
⑥ 了解并遵循用户认知心理学，重视人机界面的设计，增强人与机器之间的友善关系。
⑦ 设计操作台、电气柜及非标准电气元件。
⑧ 编写设计说明书和使用说明书。

根据具体任务，上述内容可适当调整。

（二）系统设计和调试的主要步骤

可编程序控制器应用系统设计与调试的主要步骤如图 7-49 所示。

1. 深入了解和分析被控对象的工艺条件和控制要求

控制要求主要是指控制的基本方式、应完成的动作、自动工作循环的组成、必要的保护和联锁等。

PLC 系统的控制要求并不仅仅局限于设备或生产过程本身的控制功能，除此之外，PLC 系统还应具有操作人员对生产过程的高水平监控与干预功能、信息处理功能、管理功能等。PLC 对设备或生产过程的控制功能是 PLC 系统的主体部分，其他功能是附属部分。PLC 系统设计应围绕主体展开，兼顾考虑附属功能。对一个较复杂的生产工艺过程，通常可将控制任务分成几个独立部分，而每个部分往往又可分解为若干个具体步骤。这样做有以下好处。

① 将复杂的控制任务明确化、简单化、清晰化。
② 有助于明确系统中各 PLC 或 PLC 中各 I/O 区的控制任务分工及系统软硬件资源的合理分配。
③ 使分解后的自动化过程创建功能说明书变得更简单。
④ 在程序设计阶段，有助于编写出结构化程序。这不仅使应用程序简洁明了，而且易于程序的测试与维护。
⑤ 在调试阶段，有助于调试工作分步化、系统化。

2. 确定 I/O 设备

根据被控对象对 PLC 控制系统的功能要求，确定系统所需的用户输入、输出设备。常用的输入设备有按钮、选择开关、行程开关、传感器等，常用的输出设备有继电器、接触器、指示灯、电磁阀等。

3. 选择合适的 PLC 类型

根据已确定的用户 I/O 设备，统计所需的输入信号和输出信号的点数，选择合适的

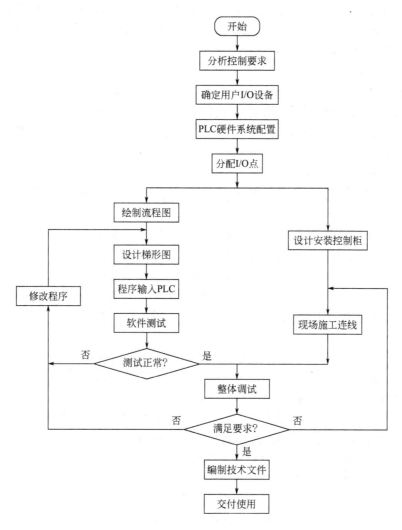

图 7-49 可编程序控制器应用系统设计与调试的主要步骤

PLC 类型，包括机型的选择、容量的选择、I/O 模块的选择、电源模块的选择等。

4. 分配 I/O 点

分配 PLC 的输入/输出点，编制出输入/输出分配表或者画出输入/输出端子的接线图。接着就可以进行 PLC 程序设计，同时也可进行控制柜或操作台的设计和现场施工。

5. 设计应用系统梯形图程序

根据工作功能块图或状态流程图等设计出梯形图（即编程）。这一步是整个应用系统设计最核心的工作，也是比较困难的一步。要设计好梯形图，首先要十分熟悉控制要求，同时还要有一定电气设计的实践经验。

6. 将程序输入 PLC

当使用简易编程器将程序输入 PLC 时，需要先将梯形图转换成指令助记符，以便输入。当使用可编程控制器的辅助编程软件在计算机上编程时，可通过上下位机的连接电缆将程序下载到 PLC 中。

7. 进行软件测试

程序输入PLC后，应先进行测试。由于在程序设计过程中，难免会有疏漏，因此在将PLC连接到现场设备上之前，必须进行软件测试，以排除程序中的错误，同时也为整体调试打好基础，缩短整体调试的周期。

8. 应用系统整体调试

在PLC软硬件设计和控制柜及现场施工完成后，就可以进行整个系统的联机调试。如果控制系统是由几个部分组成的，则应先进行局部调试，然后再进行整体调试；如果控制程序的步序较多，则可先进行分段调试，然后再连接起来总调。调试中发现的问题要逐一排除，直至调试成功。

9. 编制技术文件

系统技术文件包括功能说明书、电气原理图、电器布置图、电气元件明细表、PLC梯形图等。

功能说明书是在自动化过程分解的基础上，对过程的各部分进行分析，把各部分必须具备的功能、实现的方法和所要求的输入条件及输出结果，以书面形式描述出来。在有了各部分的功能说明书后，即可进行归纳统计，整理出系统的总体技术要求。因此，功能说明书是进行PLC系统设备选型、硬件配置、程序设计、系统调试的重要技术依据，也是PLC系统技术文档的重要组成部分。在创建功能说明书时，还可能发现过程中的不合理点并予以修正。

在分过程进行功能描述时，主要包括：动作功能描述；I/O点数及其电气特性；I/O逻辑状态与物理状态（电气或机械状态）的对应关系；与处理过程或设备的其他部分的连接互锁等相互依赖的逻辑关系；与操作站的接口关系。

根据分步功能要求，可以归纳出对PLC系统的总体功能要求：数字量输入、输出总点数及分类点数；模拟量输入、输出通道总数及分类通道数；特殊功能总数及类型；系统中各PLC的分布与距离；对通信能力的要求及通信距离。

二、PLC应用系统的硬件设计

（一）PLC选型

在满足控制要求的前提下，选型时应选择最佳的性能价格比，具体应考虑以下几点。

1. 性能与任务相适应

对于开关量控制的应用系统，当对控制速度要求不高时，可选用小型PLC（如西门子公司S7-200系列PLC或立石公司C系列CPM1A/CPM2A型PLC），如对小型泵的顺序程控制、单台机械的自动控制等。

对于以开关量控制为主，带有部分模拟量控制的应用系统，如对工业生产中常遇到的温度、压力、流量、液位等连续量的控制，应选用带有A/D转换的模拟量输入模块和带有D/A转换的模拟量输出模块，配接相应的传感器、变送器（对温度控制系统可选用温度传感器直接输入的温度模块）和驱动装置，并且选择运算功能较强的中小型PLC，如西门子公司的S7-300系列PLC或立石公司的COM1/CQM1H型PLC。

对于比较复杂的中大型控制系统，如闭环控制、PID调节、通信联网等，可选用中大型PLC（如西门子公司的S7-400系列PLC或立石公司的C200HE/C200HG/C200HX、CV/CVM1等PLC）。当系统的各个控制对象分布在不同的地域时，应根据各部分的具体要求来选择PLC，以组成一个分布式的控制系统。

2. PLC的处理速度应满足实时控制的要求

PLC 工作时，从输入信号到输出控制存在着滞后现象，即输入量的变化，一般要在 1～2 个扫描周期之后才能反映到输出端，这对于一般的工业控制是允许的。但有些设备的实时性要求较高，不允许有较大的滞后时间。例如，PLC 的 I/O 点数在几十到几千点范围内，这时用户应用程序的长短对系统的响应速度会有较大的差别。滞后时间应控制在几十毫秒之内，应小于普通继电器的动作时间（普通继电器的动作时间约为 100ms），否则采用 PLC 控制就没有意义了。

为了提高 PLC 的处理速度，可以采用以下几种方法：选择 CPU 处理速度快的 PLC；优化应用软件，缩短扫描周期；采用高速响应模块，例如高速计数模块，其响应的时间可以不受 PLC 扫描周期的影响，而只取决于硬件的延时。

3. PLC 应用系统结构合理、机型系列应统一

PLC 的结构分为整体式和模块式两种。整体式结构把 PLC 的 I/O 和 CPU 放在一块电路板上，省去插接环节，体积小，每一 I/O 点的平均价格比模块式结构的便宜，适用于工艺过程比较稳定、控制要求比较简单的系统。模块式 PLC 的功能扩展，I/O 点数的增减，输入与输出点数的比例，都比整体式方便灵活。维修更换模块、判断与处理故障快速方便，适用于工艺过程变化较多、控制要求复杂的系统。在使用时，应按实际具体情况进行选择。

在一个单位或一个企业中，应尽量使用同一系列的 PLC，这不仅使模块通用性好，减少备件量，而且给编程和维修带来极大的方便，也给系统的扩展升级带来方便。

4. 在线编程和离线编程的选择

小型 PLC 一般使用简易编程器。它必须插在 PLC 上才能进行编程操作，其特点是编程器与 PLC 共用一个 CPU，在编程器上有一个"运行/监控/编程（RUN/MONITOR/PROGRAM）"选择开关，当需要编程或修改程序时，将选择开关转到"编程（PROGRAM）"位置，这时 PLC 的 CPU 不执行用户程序，只为编程器服务，这就是"离线编程"。程序编好后再把选择开关转到"运行（RUN）"位置，CPU 则去执行用户程序，对系统实施控制。简易编程器结构简单，体积小，携带方便，很适合在生产现场调试、修改程序时用。

图形编程器或者个人计算机与编程软件包配合可实现在线编程。PLC 和图形编程器各有自己的 CPU，编程器的 CPU 可随时对键盘输入的各种指令进行处理；PLC 的 CPU 主要完成对现场的控制，并在一个扫描周期的末尾与编程器通信，编程器将编好或修改好的程序发送给 PLC，在下一个扫描周期，PLC 将按照修改后的程序或参数进行控制，实现"在线编程"。图形编程器价格较贵，但它功能强大，适应范围广，不仅可以用指令语句编程，还可以直接用梯形图编程，并可存入磁盘或用打印机打印出梯形图和程序。一般大中型 PLC 多采用图形编程器。使用个人计算机进行在线编程，可省去图形编程器，但需要编程软件包的支持，其功能类似于图形编程器。

（二）PLC 容量估算

PLC 容量包括两个方面：一是 I/O 的点数；二是用户存储器的容量。

1. I/O 点数的估算

根据功能说明书，可统计出 PLC 系统的开关量 I/O 点数及模拟量 I/O 通道数，以及开关量和模拟量的信号类型。考虑到在前面的设计中 I/O 点数可能有疏漏，并考虑到 I/O 端的分组情况以及隔离与接地要求，应在统计后得出 I/O 总点数的基础上，增加 10%～15%的裕量。考虑裕量后的 I/O 总点数估算值是 PLC 选型的主要技术依据，考虑到今后的调整和扩充，选定的 PLC 机型的 I/O 能力极限值必须大于估算值，并应尽量避免使 PLC 能力接

近饱和，一般应留有30%左右的裕量。

2. 存储器容量估算

用户应用程序占有多少内存与许多因素有关，如I/O点数、控制要求、运算处理量、程序结构等。因此在程序设计之前只能粗略估算。根据经验，每个I/O点及有关功能器件占用的内存大致如下：

$$开关量输入所需存储器字数=输入点数\times 10$$

$$开关量输出所需存储器字数=输出点数\times 8$$

$$定时器/计数器所需存储器字数=定时器/计数器数量\times 2$$

$$模拟量所需存储器字数=模拟量通道数\times 100$$

$$通信接口所需存储器字数=接口个数\times 300$$

计算出存储器的总字数，再加上一个备用量即为存储器容量。

或采用经验公式计算：

$$存储器容量(KB)=(1\sim 1.25)\times (DI\times 10+DO\times 8+AI/AO\times 100+CP\times 300)/1024$$

其中，DI为数字量输入总点数；DO为数字量输出总点数；AI/AO为模拟量I/O通道总数；CP为通信接口总数。

根据上面的经验公式得到的存储器容量估算值只具有参考价值，还应依据其他因素对其进行修正。需要考虑的因素有：经验公式仅是对一般应用系统，而且主要是针对设备的直接控制功能而言的，特殊的应用或功能可能需要更大的存储器容量；不同型号的PLC对存储器的使用规模与管理方式的差异，会影响存储器的需求量；程序编写水平对存储器的需求量有较大的影响。由于存储器容量估算时不确定因素较多，因此很难估算准确。工程实践中大多采用粗略估算，加大裕量，实际选型时应参考此值采用就高不就低的原则。

（三）I/O模块的选择

1. 开关量输入模块的选择

PLC的输入模块用来检测来自现场（如按钮、行程开关、温控开关、压力开关等）的电平信号，并将其转换为PLC内部的低电平信号。

开关量输入模块按输入点数分，常用的有8点、12点、16点、32点等；按工作电压分，常用的有直流5V、12V、24V，交流110V、220V等；按外部接线方式又可分为汇点输入、分隔输入等。

选择输入模块主要应考虑以下两点。

① 根据现场输入信号（如按钮、行程开关）与PLC输入模块距离的远近来选择电压的高低。一般24V以下属低电平，其传输距离不宜太远。如12V电压模块一般不超过10m，距离较远的设备选用较高电压模块比较可靠。

② 高密度的输入模块，如32点输入模块，允许同时接通的点数取决于输入电压和环境温度。一般同时接通的点数不得超过总输入点数的60%。

2. 开关量输出模块的选择

输出模块的任务是将PLC内部低电平的控制信号转换为外部所需电平的输出信号，驱动外部负载。

输出模块有三种输出方式：继电器输出、双向可控硅输出和晶体管输出。

（1）输出方式的选择　继电器输出价格便宜，使用电压范围广，导通压降小，承受瞬间过电压和过电流的能力较强，且有隔离作用。但继电器有触点，寿命较短，且响应速度较慢，适用于动作不频繁的交/直流负载。当驱动电感性负载时，最大开闭频率不得超过1Hz。

一般控制系统的输出信号变化不是很频繁，优先选用继电器型，并且继电器输出型价格最低，也容易购买。

双向可控硅型与晶体管型输出模块分别用于交流负载和直流负载，它们的可靠性高，反应速度快，寿命长，但是过载能力稍差。选择时应考虑负载电压的种类和大小、系统对延迟时间的要求、负载状态变化是否频繁等，还应注意同一输出模块对电阻性负载、电感性负载和白炽灯的驱动能力的差异。

(2) 输出电流的选择　模块的输出电流必须大于负载电流的额定值，如果负载电流较大，输出模块不能直接驱动，则应增加中间放大环节。对于电容性负载、热敏电阻负载，考虑到接通时有冲击电流，故要留有足够的裕量。

(3) 允许同时接通的输出点数　在选用输出模块时，不但要看一个输出点的驱动能力，还要看整个输出模块的满负荷能力，即输出模块同时接通点数的总电流值不得超过模块规定的最大允许电流。如立石公司的CQM1-OC222是16点输出模块，每个点允许通过电流2A(AC250V/DC24V)。但整个模块允许通过的最大电流仅8A。

3. 模拟量及特殊功能模块的选择

除了开关量信号以外，工业控制中还要对温度、压力、液位、流量等过程变量进行检测和控制。模拟量输入、模拟量输出以及温度控制模块就是用于将过程变量转换为PLC可以接收的数字信号，以及将PLC内的数字信号转换成模拟信号输出。此外，还有一些特殊情况，如位置控制、脉冲计数以及联网，与其他外部设备连接等都需要专用的接口模块，如传感器模块、I/O链接模块等。这些模块中有自己的CPU、存储器，能在PLC的管理和协调下独立地处理特殊任务，这样既完善了PLC的功能，又减轻了PLC的负担，提高了处理速度。有关特殊功能模块的应用参见PLC产品手册。

(四) 分配输入/输出点

一般输入点与输入信号、输出点与输出控制是一一对应的。分配好后，按系统配置的通道与接点号，分配给每一个输入信号和输出信号，即进行编号。

在个别情况下，也有两个信号用一个输入点的，那样就应在接入输入点前，按逻辑关系接好线（如两个触点先串联或并联），然后再接到输入点。

1. 明确I/O通道范围

不同型号的PLC，其输入/输出通道的范围是不一样的，应根据所选PLC型号查阅相应的技术手册，弄清相应的I/O点地址的分配，绝不可"张冠李戴"。

2. 内部辅助继电器

内部辅助继电器不对外输出，不能直接连接外部器件，而是在控制其他继电器、定时器、计数器时作数据存储或数据处理用。从功能上讲，内部辅助继电器相当于传统电控柜中的中间继电器。未分配模块的输入/输出继电器区以及未使用1:1连接时的链接继电器区等均可作为内部辅助继电器使用。根据程序设计的需要，应合理安排PLC的内部辅助继电器，在设计说明书中应详细列出各内部辅助继电器在程序中的用途，避免重复使用。

3. 分配定时器/计数器

对用到定时器和计数器的控制系统，注意定时器和计数器的编号不能相同。若扫描时间较长，则要使用高速定时器以保证计时准确。

4. 数据存储器

在数据存储、数据转换以及数据运算等场合，经常需要处理以通道为单位的数据，此时应用数据存储器是很方便的。数据存储器中的内容，即使在 PLC 断电、运行开始或停止时也能保持不变。数据存储器也应根据程序设计的需要来合理安排，以避免重复使用。

（五）安全回路设计

安全回路起保护人身安全和设备安全的作用，它应能独立于 PLC 工作，并采用非半导体的机电元件以及接线方式构成。

设计对人身安全至关重要的安全回路，在很多国家和国际组织发表的技术标准中均有明确的规定。例如，美国国家电气制造商协会（NEMA）的 ICS3-304 可编程序控制器标准中对确保操作人员人身安全的推荐意见为：应考虑使用独立于可编程序控制器的紧急停机功能，在操作人员易受机械影响的地方，例如在装卸机器工具时或者机器自动转动的地方，应考虑使用一个机电式过载器或其他独立于可编程序控制器的冗余工具，用于启动和停止转动。

确保系统安全的硬接线逻辑回路，在以下几种情况下将发挥安全保护作用：PLC 或机电元件检测到设备发生紧急异常状态时；PLC 失控时；操作人员需要紧急干预时。

安全回路的典型设计，是将每个执行器均连接到一特别紧急停止（E-stop）区构成矩阵结构，该矩阵即为设计硬件安全电路的基础。设计安全回路的任务包括以下内容。

① 确定控制回路之间逻辑和操作上的互锁关系。

② 设计硬回路以提供对过程中重要设备的托运安全性干预手段。

③ 确定其他与安全和完善运行有关的要求。

④ 为 PLC 定义故障形式和重新启动特性。

三、PLC 应用系统的软件设计

从应用的角度来看，运用 PLC 技术进行 PLC 应用系统的软件设计与开发，不外乎需要两个方面的知识和技能，第一是学会 PLC 硬件系统的配置，第二是掌握编写程序技术，以进行 PLC 应用系统的软件设计。在熟悉 PLC 的指令系统后，就可以进行简单的 PLC 编程，但这还很不够，对于一个较为复杂的控制系统，设计者还必须具备一定的软件设计知识，这样才能开发出有实际应用价值的 PLC 应用系统。为此，本节在熟悉 PLC 指令系统的基础上，对 PLC 应用软件的设计内容、方法、步骤以及编程工具软件进行较全面的介绍。

（一）PLC 应用软件设计的内容

PLC 应用软件的设计是一项十分复杂的工作，它要求设计人员既要有 PLC、计算机程序设计的基础，又要有自动控制的技术，还要有一定的现场实践经验。

首先设计人员必须深入现场，了解并熟悉被控对象（机电设备或生产过程）的控制要求，明确 PLC 控制系统必须具备的功能，为应用软件的编制提出明确的要求和技术指标，并形成软件需求说明书。在此基础上进行总体设计，将整个软件根据功能的要求分成若干个相对独立的部分，分析它们之间在逻辑上的相互关系，使设计出的软件在总体上结构清晰、简洁，流程合理，保证后继的各个开发阶段及其软件设计规格说明书的完全性和一致性。然后在软件规格说明书的基础上，选择适当的编程语言进行程序设计。所以，一个实用的 PLC 软件工程的设计通常要涉及以下几个方面的内容。

① PLC 软件功能分析与设计。

② I/O 信号及数据结构分析与设计。

③ 程序结构分析与设计。

④ 软件设计规格说明书编制。

⑤ 用编程语言、PLC 指令进行程序设计。
⑥ 软件测试。
⑦ 程序使用说明书编制。

(二) PLC 应用系统的软件设计步骤

根据可编程控制器系统硬件结构和生产工艺要求,在软件规格说明书的基础上,用相应的编程语言指令,编制实际应用程序并形成程序说明书的过程就是应用系统的软件设计。可编程控制器应用系统的软件设计过程如图 7-50 所示。

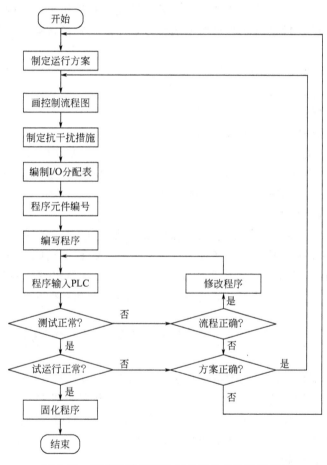

图 7-50 可编程控制器应用系统的软件设计过程

1. 制定设备运行方案

制定方案就是根据生产工艺的要求,分析各输入、输出与各种操作之间的逻辑关系,确定需要检测的量和控制的方法,并设计出系统各设备的操作内容和操作顺序。据此便可画出流程图。

2. 画控制流程图

对于较复杂的应用系统,需要绘制系统控制流程图,用以清楚地表明动作的顺序和条件。对于简单的控制系统,可省去这一步。

3. 制定系统的抗干扰措施

根据现场工作环境、干扰源的性质等因素,综合制定系统的硬件和抗干扰措施,如硬件上的电源隔离、信号滤波等。

4. 编写程序

根据被控对象的输入、输出信号及所选定的 PLC 型号分配 PLC 的硬件资源，为梯形图的各种继电器或接点进行编号，再按照软件规格说明书（技术要求、编制依据、测试），用梯形图进行编程。

5. 软件测试

刚编写好的程序难免有缺陷或错误。为了及时发现和消除程序中的错误和缺陷，减少系统现场调试的工作量，确保系统在各种正常和异常情况时都能作出正确的响应，需要对程序进行离线测试。经调试、排错、修改及模拟运行后，才能正式投入运行。程序测试时重点应注意下列问题。

① 程序能否按设计要求运行。
② 各种必要的功能是否具备。
③ 发生意外事故时能否作出正确的响应。
④ 对现场干扰等环境因素适应能力如何。

经过测试、排错和修改后，程序基本正确，下一步就可到控制现场试运行，进一步查看系统整体效果，还有哪些地方需要进一步完善。经过一段时间试运行，证明系统性能稳定，工作可靠，已达到设计要求，就可把程序固化到 EPROM 或 EEPROM 芯片中，正式投入运行。

6. 编制程序使用说明书

当一项软件工程完成后，为了便于用户和现场调试工作人员的使用，应对所编制的程序进行说明，通常程序使用说明书应包括程序设计的依据、结构、功能、流程图，各项功能单元的分析，PLC 的 I/O 信号，软件程序操作使用的步骤、注意事项，对程序中需要测试的必要环节可进行注释。实际上说明书就是一份软件综合说明的存档文件。

第八节 可编程控制器应用实例

学习可编程控制器的目的，是把可编程控制器用于实际控制系统中。设计可编程控制器控制系统的内容包括控制过程分析、控制方案选择、PC 机型的选择、PC I/O 接点的分配、控制流程的设计、指令程序的编写、设备的安装与导线连接、程序的输入与调试等。这里以一个工件取放机械手为例来说明具体的设计过程。

一、机械手的工作过程

该机械手的工作过程如图 7-51 所示。

在机械结构上，机械手由液压系统驱动，机械手的升降运动由三位液压阀的两个电磁铁 YV1 和 YV2 控制，当 YV1 和 YV2 都没有通电时机械手不动作，仅 YV1 通电时机械手下降，仅 YV2 通电时机械手上升。另一个三位液压阀的两个电磁铁 YV3 和 YV4 分别控制机械手向右运动和向左运动。使用一个二位液压阀控制机械手夹紧工件和释放工件，该液压阀的电磁铁 YV5 通电时释放工件，断电时夹紧工件，以免工作中突然停电，工件落下造成事故。

二、机械手的工作原理

起初机械手停止在原位。当需要搬运工件时，按下启动按钮 SB1，电磁铁 YV1 通电，机械手向下运动（下降），到达左工作台时压下下限行程开关 SQ1，YV1 断电，机械手停止下降，同时夹紧电磁铁 YV5 断电，机械手夹紧工件，延时 3s，确保牢靠夹紧工件，延时时

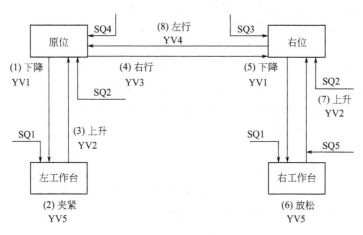

图 7-51 机械手工作过程

间到，上升电磁铁 YV2 通电，机械手上升，升到原位时压下上限行程开关 SQ2，YV2 断电，机械手停止上升，同时右行电磁铁 YV3 通电，机械手向右运动，运动到右位，压下右限行程开关 SQ3，YV3 断电，机械手停止右行，下降电磁铁 YV1 通电，机械手下降，下降到右工作台时，压下下限行程开关 SQ1，夹紧电磁铁 YV5 通电，机械手释放工件，延时 2s，保证确实释放，延时时间到，上升电磁铁 YV2 通电，机械手上升，上升到右位压下上限行程开关 SQ2，机械手停止上升，左行电磁铁 YV4 通电，机械手向左运动，到达原位压下左限行程开关 SQ4，YV4 断电，机械手停止运动。一次取放工件过程结束，等待按下按钮 SB2 复位后再一次按下按钮 SB1，才能进行下一次取放工件的过程。

三、方案选择

1. 确定输入、输出接点的总数

输入接点：启动按钮 SB，行程开关 SQ1～SQ4，光电开关 SQ5，一共 6 个。

输出接点：YV1～YV5 总共 5 个。

2. 估算 PC 内存总数，选取 PC 类型

PC 内存总数取决于程序指令总条数。PC 内存总数又是选取 PC 类型的重要依据，为此，依据下面的经验公式对指令总条数进行估算。

指令总条数＝(10～20)×（输入点数＋输出点数）

本例中指令总条数为 (10～20)×(6+5)=110～220 条。使用立石公司的 C20P 型可编程控制器（输入点数 11 点，输出点数 8 点，程序存储器容量 1194 字节）就可以了。

3. 输入、输出点分配

图 7-52 所示为机械手输入和输出信号与 PC 输入、输出端子的分配，其中根据需要增加了机械手回到原位时的指示

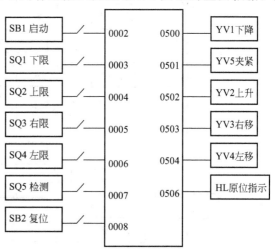

图 7-52 机械手 PC 输入、输出端子的分配

灯,为了防止误按启动按钮引起机械手的误动作,增加了复位按钮,启动时需要先按复位按钮再按启动按钮,否则机械手不会动作。

4．方案选择

考虑到机械手在工作时可能发生误动行程开关而引起的不安全动作,各个输入开关信号只能在规定的状态发生作用。例如,SQ1 的闭合信号只在机械手位于原位而且按下 SB2 后或从原位右移到右位后才能起作用,其他状态时 SQ1 不起作用。为了达到这一目的,选择使用移位寄存器来完成顺序控制。

四、控制流程图设计

该设备有 9 步顺序动作,因而可以使用 16 位保持继电器 HR000～HR015 组成 16 位移位寄存器,来保证可靠工作。另外,使用进位位继电器 1904 的置位指令 STC 和复位指令 CLC 来保证可靠夹紧。控制流程图如图 7-53 所示。

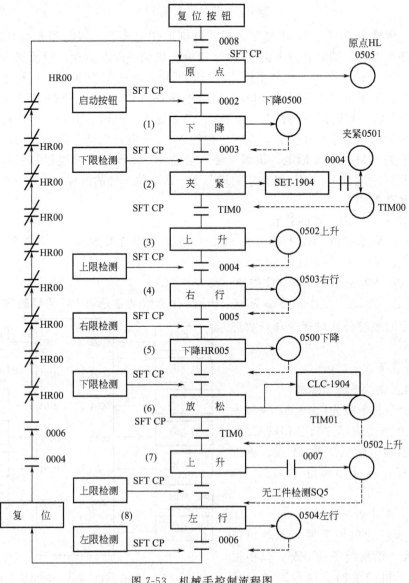

图 7-53　机械手控制流程图

五、控制梯形图和程序设计

机械手控制梯形图如图 7-54 所示。依据梯形图组织的指令程序见表 7-5。

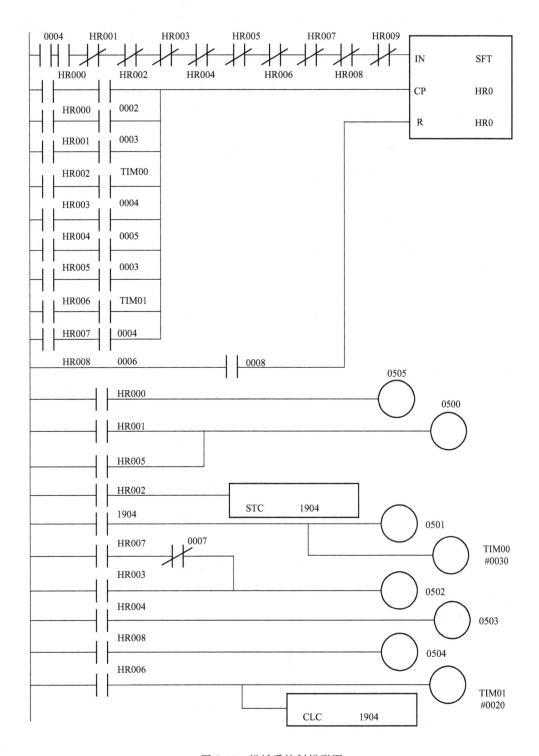

图 7-54　机械手控制梯形图

机床电气自动控制

表 7-5 机械手控制程序

地址	指令	数据	地址	指令	数据	地址	指令	数据
0000	LD	0004	0022	LD	HR004	0043	OUT	0500
0001	AND	HR000	0023	AND	0005	0044	LD	HR002
0002	AND NOT	HR001	0024	OR LD		0045	STC(40)	
0003	AND NOT	HR002	0025	LD	HR005	0046	LD	1904
0004	AND NOT	HR003	0026	AND	0003	0047	OUT	0501
0005	AND NOT	HR004	0027	OR LD		0048	TIM	00
0006	AND NOT	HR005	0028	LD	HR006			♯0030
0007	AND NOT	HR006	0029	AND	TIM01	0049	LD	HR007
0008	AND NOT	HR007	0030	OR LD		0050	AND NOT	0007
0009	AND NOT	HR008	0031	LD	HR007	0051	OR	HR003
0010	AND NOT	HR009	0032	AND	0004	0052	OUT	0502
0011	LD	HR000	0033	OR LD		0053	LD	HR004
0012	AND	0002	0034	LD	HR008	0054	OUT	0503
0013	LD	HR001	0035	AND	0006	0055	LD	HR008
0014	AND	0003	0036	OR LD		0056	OUT	0504
0015	OR LD		0037	LD	0008	0057	LD	HR006
0016	LD	HR002	0038	SFT(10)	HR0	0058	TIM	01
0017	AND	TIM00			HR0			♯0020
0018	OR LD		0039	LD	HR000	0059	CLC(41)	
0019	LD	HR003	0040	OUT	0505	0060	END(01)	
0020	AND	0004	0041	LD	HR001			
0021	OR LD		0042	OR	HR005			

可编程控制器基本实训

实训一 程序的输入与编辑

一、实训目的

1. 认识编程器的面板结构。
2. 学会通过键盘输入和编辑程序。
3. 进一步掌握可编程控制器基本指令的用法。

二、编程器简介

C 系列 P 型 PLC 配置的编程器如图 7-55 所示。它的面板分为三个部分。

（一）液晶显示屏

液晶显示屏可以显示英文字符和数字表示的指令、数据、地址、出错信息、工作状态等。

第七章 可编程控制器及其应用

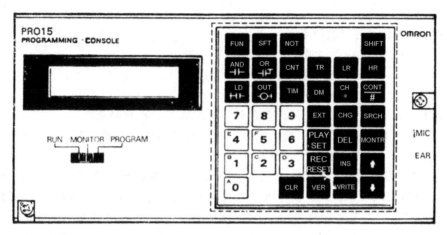

图 7-55 C 系列 P 型 PLC 简易型编程器面板

（二）工作状态选择开关

工作状态选择开关有三个位置。

1. RUN（运行状态）。

PLC 通电后立即开始执行用户程序存储器中的程序。

2. MONITOR（监控状态）。

PLC 通电后立即开始执行用户程序存储器中的程序，同时用户可以监视 PLC 执行程序的情况和 PLC 内部各器件的工作状态。

3. PROGRAM（编程状态）

PLC 通电后等待用户输入、查看、编辑、修改程序，而不执行用户程序。

注意，在用户不知道 PLC 用户程序存储器中的内容时，应选择 PROGRAM 状态，以免造成事故。

（三）键盘

编程器的键盘上共有 39 个轻触按键，如图 7-56 所示，分为四组，用四种颜色区分。

1. 数字键。

10 个白色数字键（0～9），用于输入地址、数据等数值型内容。

2. 指令键。

16 个灰色指令键，用于输入指令、地址等。

FUN 功能指令键，与数字键组合输入功能指令。

除了可用于输入基本编程指令的基本指令键外，还有如下指令键。

SFT 键：移位键，输入移位指令。

SHIFT 键：上挡键，对于具有两个功能的按键，在使用上位功能时要按下此键。

TR 键：暂存继电器指令。

LR 键：C 系列 P 型 PLC 中未用。

HR 键：输入保持继电器或保持继电器接点

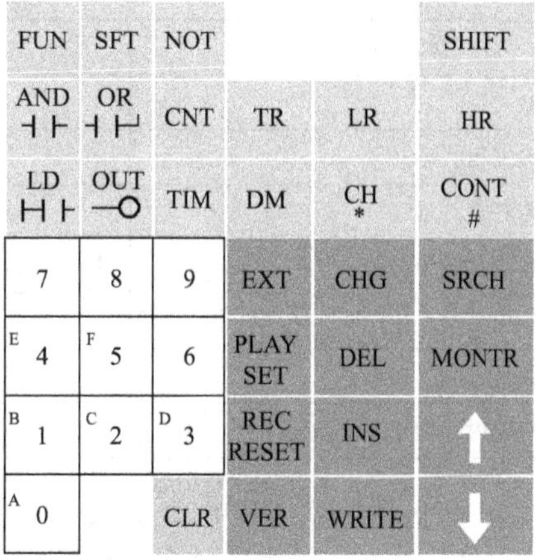

图 7-56 编程器键盘

171

指令。

DM 键：输入数据存储器指令。

CH（*）键：指定一个通道。

CONT（#）键：检索一个接点。

3. 编辑键。

键盘右下方的 12 个黄色键，用于程序的写入和编辑，操作功能如下。

↑键和↓键：向上和向下指针键，按一次该键程序地址分别减 1 和加 1，液晶显示器上显示出地址及指令，用于检查和修改程序。

WRITE 键：写入键，编程时，每输入一条指令及其数据后按此键，编程器将该指令写到 PLC 内存的指定地址中。有些指令需要两次写入才能输入完整，例如 CNT/TIM 指令。

PLAY(SET) 键：程序加载/运行调定、置位键，当要将程序转存到磁带保存或监控调试程序，使继电器状态置位（即由 OFF 变为 ON）时，以及清除内存等要用此键。

REC(RESET) 键：程序存储/再调、复位键，将磁带上程序调入 PLC 内存，或使继电器状态复位（即由 ON 变为 OFF），或清除内存时要用此键。

MONTR 键：监控键，用于监控，准备或清除内存。

INS 键：插入键，在修改程序时，插入指令用。

DEL 键：删除键，在删除指令时用。

CHG 键：变换键，在修改定时器或计数器的设定值时用。

SRCH 键：检索键，在检索程序、指令以及继电器时用。

VER 键：检验接收键，从磁带上读入程序时，校验用。

EXT 键：外引键，起用磁带等外引程序时用。

4. CLR 红色键。

用来清除显示，回内存首地址以及与其他键组合形成别的功能。

三、程序输入和编辑的基本操作

（一）输入程序的步骤

将编程器上工作开关拨至 PROGRAM 位置，给 PLC 通电，PLC 机上 POWER 灯亮。将下面操作的结果填入表 7-6 中。

表 7-6 操作记录

操作项目	按键顺序	LCD 上的显示
通电	无	
进入编程状态	CLR、MONTR	
回内存首地址	按一次或多次 CLR 键	
清除内存内容选择	CLR、PLAY(SET)、NOT、REC(RESET)	
清除内存及 CNT 的内容	MONTR	
清除 LCD 的内容	CLR	
到指定内存地址输程序	按相应的数字键	

在清除内存时，如果需要保留 HR、CNT、DM 中某一项的内容如 CNT，则按 CNT、MONTR，内存、HR 及 DM 中内容被清除。如果操作过程中按错键，只要还没有按 MONTR 键，则可以重新依顺序按上述四键即可。

第七章 可编程控制器及其应用

（二）输入程序

自主选择程序或自编程序，根据程序编码表输入程序，每输入一行都要按一次 WRITE 键。大多数指令只占表中一行，所以一次写入。对占两行的指令需两次写入，才能完成一条指令的输入。

（三）程序编辑

按如下操作要求完成程序编辑。

1. 对程序进行检查与修改。

（1）从首地址开始逐条检查。

（2）直接进入一个指定地址逐条检查。

（3）利用↑和↓键可读出全部程序，读出中若发现有错误，可键入正确的指令或数字后，按 WRITE 键进行修改。

2. 检索。

用 SRCH 键，可以较快地检索程序指令、继电器接点，CNT 及 TIM 数据，从而快速查找和修改程序。可按以下步骤练习。

（1）检索程序。①回内存首地址。②按 SRCH 键，显示分两种情况，如果程序无错误，显示内容为结束地址，PROG CHK 和结束指令 END（01）。若程序有错误，则显示出错误地址和错误信息，根据该信息修改程序直到检索通过为止。

（2）检索指令。①回内存首地址。②键入要检索的指令，例如 LD 0002。③按 SRCH 键，显示该条指令所在地址及内容。再按 SRCH 键，继续扫描程序其余部分，如果还有相同指令，显示地址和数据，如果找不到相同指令就显示程序结束地址及内容。

采用这个方法可以把程序中所有的相同指令逐条查出，这对于查找编程中有无重复使用同一线圈、同一定时器或计数器号的情况是非常方便的。

（3）检索继电器接点。方法同（2），只是在键入指令这一步改为键入接点号。步骤是回内存首地址后，依次按 SHIFT、CONT（♯）、接点号、SRCH，显示地址、CONT SRCH 指令和接点号。再按 SRCH 继续检索相同号的接点，直至程序结束。

（4）检索 TIM/CNT 设定值。检索方法与检索指令相同，由于设定值在指令的第二行，需要多一步↓操作。

3. 删除。

使用 DEL 键删除指令。

（1）检索到需删除的指令。

（2）按 DEL 并按↑确认。

4. 插入。

利用 INS 键在程序中插入一条指令。请自找一条指令进行插入并检查插入结果。

（1）检索插入指令后面那条指令。

（2）键入需要插入的指令。

（3）按 INS，按↓确认。

（4）用↑键检查插入结果。

5. 检查程序。

依次按 CLR、CKR、FUN、MONTR，如果程序没有错误，显示如图 7-57 所示；若程序有错,则显示相应的错误信息;如果程序不止一个错误,继续按 MONTR,每次都显示出一个错误信息,可以立即进行修改,改错方法同前述。

```
0000    ERR  CHK
OK
```

图 7-57 显示一

将实验中各项操作填入表 7-7 中,要求填写准确,以便于后续实验查用。

表 7-7 程序编辑记录

操作项目	操作步骤
从首地址开始逐条检查程序	
从指定地址开始检查程序	
检索继电器接点	
检索指令	
检索 TIM/CNT 的设定值	
检索程序	
删除指令	
插入指令	
程序检查	

四、回答问题

1. 输入新程序到 PLC 中去,一定要先清除内存吗?为什么?
2. 进行指令的删除或插入时,要先找到进行操作的指令地址,有几种方法可以实现?
3. 比较几种检索操作过程的异同点。

实训二 程序的监控操作

一、实训目的

1. 熟悉编程器的键盘。
2. 熟悉程序的输入、检查与编辑。
3. 掌握程序的运行和状态的监控。

二、实训设备

C20P-CDR-A 或 C40P-CDR-A   一台
输入实验板   一块
编程器   一个
连接线   若干

三、实训连接

1. I/O 分配:输入 0002、0003,输出 0500,用 PLC 上发光二极管显示。
2. 画出接线图。

四、实训内容

梯形图如图 7-58 所示,编码表见表 7-8。

表 7-8 图 7-58 编码表

地 址	指 令	数 据
0000	LD	0002
0001	TIM	00
		♯0200
0002	LD	TIM00
0003	OR	0500
0004	AND NOT	0003
0005	OUT	0500
0006	END(01)	

（一）将表 7-8 所列程序送入 PLC，经语法检查无误后进行监控操作，执行和调试程序。

将 PLC 工作方式开关拨至 MONITOR 位置，PLC 机上 RUN 灯亮，表示 PLC 已在运行用户程序。

1. 监控运行状态。

（1）从内存首地址开始，按程序顺序进行监控。按 CLR 键，再按↓键，LCD 显示屏上显示出指令的地址、继电器或接点的状态，将显示结果填入表 7-9 中。表中左面一列是输入开关断开时的状态。

备注栏填写定时器设定值的变化情况。

这种方法是以指令顺序监控 I/O 继电器、内部辅助继电器（MR）、保持继电器（SMR）的状态以及 TIM/CNT 的状态和数据。

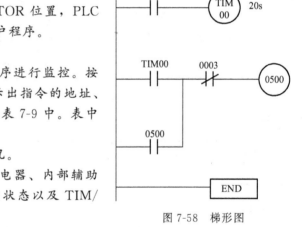

图 7-58 梯形图

（2）以点为单位利用 MONTR 键进行监控。回内存首地址后，键入点所在指令按 MONTR 键，LCD 上显示点的状态和数据。

表 7-9 顺序监控记录

0002	OFF	0002	ON	备注
0000 READ LD	OFF 0002			
0001 READ TIM	OFF 00			

此外，还能以通道为单位进行监控，操作顺序是按 CLR、SHIFT、CH（H♯）、通道号、MONTR 后，用 4 位十六进制数据给出通道内容。若要确定各点状态，可将数据变换成 16 位二进制数即可。

对 TIM/CNT 的监控，依次按 CLR、TIM、MONTR，显示如图 7-59 所示，其中 T00 表示 TIM00，下面左边的 0 表示接通，右边 4 个数表示定时器的当前值已回零，即定时时间到。

机床电气自动控制

T00		0002	T00		C05	0002	T00
00000		ON	00000		0001	ON	00000

图 7-59 显示二　　　　　图 7-60 显示三　　　　　图 7-61 显示四

(3) 多点监控。在单点监控的基础上还可以实现多点状态显示，最多可以同时监控 6 个点或通道。

首先进行单点或单个通道的监控，如图 7-59 所示；然后输入监视点号（例如输入继电器 0002）、MONTR 显示如图 7-60 所示；以通道为单位监控，则按 SHIFT、CH（♯）、通道号（例如 05 通道）、MONTR，显示如图 7-61 所示；若监控 DM 通道，按 DM、通道号、MONTR。

新的监视点出现在屏的左边，原来的向右移。当被监视点多于 3 个时，第一点在屏上消失，再按 MONTR 键还可以调出来看到。由于编程器显示屏可以显示 3 个状态，PLC 机内还有 3 个寄存器可保持监视点状态，因此最多可同时监控 6 个状态。若需要清除某个监视点，用 MONTR 键将该点移至 LCD 左端后，按 CLR 键即可。

按表 7-10 所示点进行多点监控练习，并将显示结果填入表中

表 7-10 多点监控记录

输入开关状态	LCD 上显示点		
	C00（左）	TIM00	0500（右）
0002OFF 0003ON			
0002ON 0003OFF			
0003ON			

2. 强制 ON/OFF。

使用 PLAY(SET) 或 REC(RESET) 键可以将 I/O 点、内部辅助继电器、保持继电器的状态置成 ON 或 OFF，但在 RUN 工作方式下不能执行强制操作。

在点监视的基础上，把强制点移至 LCD 的左端，按 PLAY(SET) 键强制接通，在接通状态下按 REC(RESET) 键强制断开。强制状态只保持一个扫描周期，强制操作是在断开输入开关和输出端的情况下进行的。

对于输入点只能强制接点的接通，而不能强制输入继电器线圈的接通，所以在 LCD 上观察不出来，但是可以通过该接点的控制功能观察到强制结果。对于输出线圈的强制可以在 LCD 上观察到强制结果，只是因为维持时间很短，需要仔细观察。

对于 TIM/CNT 的强制操作，当 OFF 时强制 ON，是把 TIM/CNT 的当前值置为 0000，在练习中只能看到闪动一下。若 TIM 已处于 ON，强制 OFF 是使定时器从设定值开始重新计时，可以观察到当前值每隔 0.1s 减 1，直至恢复接通。

这项监控功能在控制系统试车时用得较多，可以在正式试车之前，PLC 不接入系统时测试各接点的工作情况是否符合设计要求。

将强制操作所观察到的状态填入表 7-11 中。

表 7-11 强制操作记录

操　作		0002	TIM00	0500
0002 强制 ON				
0500 强制 ON				
TIM00	强制 ON			
	后强制 ON			
0003 强制 ON				

3. 修改数据。

这是一项以通道为单位进行的操作，除了 TIM/CNT 是 4 位十进制数外，其余的 I/O 通道、MR 通道、HR 通道及 DM 通道均为 4 位十六进制数据操作，主要键是 CHG 键。

(1) 改变通道当前值。先对通道进行监视，然后改变数据，例如对 05 通道进行操作，依次按 CLR、SHIFT、CH(*)、5、MONTR 后显示如图 7-62 所示；按 CHG 显示如图 7-63 所示；按 2、WRITE 显示如图 7-64 所示，表示已将 05CH 的内容改为 0002 了。

```
C05              0000    PRES    VAL       C05
0000             C05     0000    ????      0002
```

图 7-62　显示五　　　图 7-63　显示六　　　图 7-64　显示七

(2) 改变 TIM/CNT 当前值。当监视到 TIM/CNT 变化的当前值时，按 CHG 键，显示屏提示输入修改值，在输入修改值并按 WRITE 键写入后，TIM/CNT 按新的当前值变化。这种修改只保持一个扫描周期，对于定时时间较长，又要调试定时器动作后系统的情况时，可以用这种方法输入较短的调试值进行调试，调试通过后，自动恢复原来的设定值，以提高工作效率。请自定一个修改值进行观察，并记录。

(3) 改变 TIM/CNT 设定值。首先找到设定值，按 CLR、TIM、SRCH、↓，显示如图 7-65 所示；按 CHG 键，显示如图 7-66 所示，提示键入修改数据；键入新的设定值例如 3、0、0、WRITE 后，显示如图 7-67 所示。观察 TIM00 的状态及变化情况，再改回原设定值。

```
0001   TIM   DATA        0001        DATA      0001   TIM   DATA
             #0200       T00  #0200  #????                   #3000
```

图 7-65　显示八　　　图 7-66　显示九　　　图 7-67　显示十

4. 读扫描时间。

按 CLR、MONTR，显示如图 7-68 所示，表示当前扫描时间的平均值为 2.1ms。由于按 MONTR 键时间的不同，显示值可能稍有差别。扫描时间对控制系统来说是一个重要的

```
0001    SCAN    TIME
                2.1ms
```

图 7-68　显示十一

参数，要熟练掌握查看方法。

(二) 将图 7-69 所示的编码表写入 PLC 内存，检查程序无语法错误后，将 PLC 工作方式开关置于 MONITOR 位置，分别监控 0002 开关断合、0003 开关闭合时有关接点的状态，并将观察结果填入表 7-12。

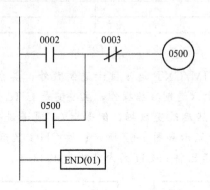

图 7-69 梯形图及编码表一

表 7-12 监控记录一

输入开关	监视点		
	0002	0003	0500
0002OFF,0003OFF			
0002ON,0003OFF			
0002OFF,0003OFF			
0002ON,0003ON			
扫描时间			

分析梯形图和实验结果，说明该电路的功能和输入开关的作用。

五、回答下列问题

1. PLC 的监控操作包括哪几项内容？
2. 试述状态监控和强制的功用。

实训三 几个基本电路的编程

一、实训目的

1. 熟悉编程器的使用。
2. 掌握 LD、AND、OR、NOT、TIM、OUT 指令的用法。

二、实训设备

同实训一。

三、实训连线

I/O 分配

输入 0002　　输出 0500

连线

同实训一，输出用 PLC 面板上的 OUTPUT 指示灯显示。

四、实训内容

(一) 瞬时输入延时断开电路

将图 7-70 中的程序送入 PLC 用户存储器，并检查确认没有错误。

第七章 可编程控制器及其应用

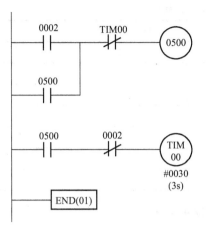

图 7-70 梯形图及编码表二

断开输入开关，PLC 处于 MONITOR 工作方式，利用多点监控方法观察各点状态及现象，并将结果填入表 7-13 中。

表 7-13 监控记录二

操作步骤		监 视 点	
		0002	0500	TIM00
1	0002 OFF			
2	0002 OFF，强制 ON			
3	0500 强制 ON			
4	0002 ON			
扫描时间				

叙述本电路的工作过程和功能。

（二）延时接通/断开电路

将图 7-71 中的编码表送入 PLC 并进行检查。

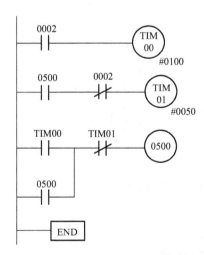

图 7-71 梯形图及编码表三

断开输入开关，使 PLC 工作于监控工作方式。利用多点监控功能检查各点状态，并完成表 7-14 所规定的内容。

179

表 7-14 监控记录三

输入开关 0002		LCD 上监视点		
		TIM00	TIM01	0500
断开				
闭合				
再断开				
设定值改为 5s 及 2s	合			
	断			
扫描时间				

根据图 7-72 所示的输入波形，画出 0500 输出波形。

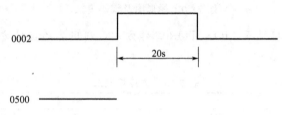

图 7-72 波形图一

说明该电路的功能。

(三) 闪烁电路

将图 7-73 中的程序送入 PLC 内存。

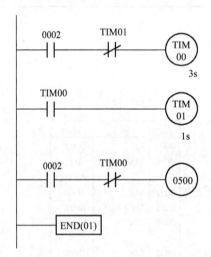

地址	指令	数据
0000	LD	0002
0001	AND NOT	TIM01
0002	TIM	00 #0030
0003	LD	TIM00
0004	TIM	01 #0010
0005	LD	0002
0006	AND NOT	TIM00
0007	OUT	0500
0008	END(01)	

图 7-73 梯形图及编码表四

1. 将工作方式置于 MONITOR 位置，检查输入开关断开时各接点及定时器状态。
2. 合上输入开关，观察输出状态的变化。
3. 修改 TIM00 和 TIM01 的设定值，观察并记录输出状态的变化。
4. 记录扫描时间。

将记录结果填入表 7-15 中，完成图 7-74 中的波形图。

第七章 可编程控制器及其应用

表 7-15 监控记录四

输入开关操作	LCD监视点		
	TIM00	TIM01	0500
OFF			
ON			
再 OFF			
扫描时间			

图 7-74 波形图二

5. 修改定时器的设定值，监视上述各点并记录变化情况。

本电路的功能是单脉冲电路。在 PLC 的用户程序设计时，常常需要操作一个开关产生单脉冲信号，图 7-75 所示为一个上升沿触发的单脉冲信号的梯形图和编码表。

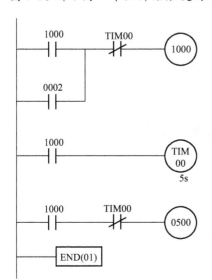

编码表

地址	指令	数据
0000	LD	1000
0001	OR	0002
0002	AND NOT	TIM00
0003	OUT	1000
0004	LD	1000
0005	TIM	00
		#0050
0006	LD	1000
0007	AND NOT	TIM00
0008	OUT	0500
0009	END(01)	

图 7-75 梯形图及编码表五

6. 将图 7-75 中的程序送入 PLC 内存中，然后完成下列操作。

（1）运行程序，并利用多点监控方法监控 TIM00、1000、0500 三点状态，将结果填入表 7-16 中。

表 7-16 监控记录五

输入开关操作	TIM00	1000	0500
断开			
合上			
断开			
扫描时间			

181

（2）根据观察结果完成图7-76的波形图。

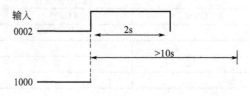

图7-76 波形图三

（3）该电路的作用是在输入开关_____时，在辅助继电器_____上产生一个_____。除了在LCD上可以监视到这一功能外，通过1000控制的输出点_____所对应的发光二极管的显示状态观察到。

（4）如果要改变单脉冲的宽度，只需要修改_____。

（5）如果要在输入开关断开时，在1001产生一个1s的单脉冲（即下降沿触发的单脉冲），应该如何修改？设计出梯形图并写出编码表。利用编辑功能修改PLC内存中的程序，运行程序并完成图7-77中的波形图。

图7-77 波形图四

实训四 移位寄存器的应用

一、实训目的
1. 熟悉移位指令的功能并掌握编程方法。
2. 熟悉编程器的操作。

二、实训设备
1. C20P-CDR-A 或 C40P-CDR-A　　　　一台
2. 简易编程器 3G2A6-PR015-E　　　　一台
3. 输入板　　　　　　　　　　　　　一块
4. 导线　　　　　　　　　　　　　　若干

三、实训连线
将输入0002、0003、0004、0005分别与输入板上的A1、A2、A3、A4相连，并将各开关置于断开位置。
输出0500状态由PC上OUTPUT显示指示。

四、实训内容
（一）单组分选移位电路
将图7-78中的程序写入PLC内存，并检查确认无误。
1. 将工作方式开关拨至MONITOR位置，利用多点监控方法在LCD上显示出1000、1004、0500三点。
（1）闭合输入开关0002。

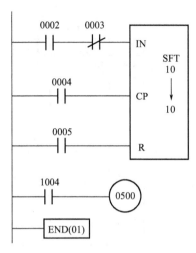

图 7-78 梯形图及编码表六

(2) 闭合一次 0004 开关后，断开 0002 开关。观察并记录 0004 开关闭合几次后，监视点 ON。

(3) 闭合 0003 开关，观察其结果并记录。

(4) 闭合 0005 开关，观察其结果并记录。

将记录结果填入表 7-17 中。

表 7-17　监控记录六

输入操作	监视点			0500ON 时 0004ON/OFF 次数
	1000	1004	0500	
全 OFF				
0002ON, 0004ON				
0002OFF, 0004ON				
0004ON/OFF 多次				
0003ON, 0004ON/OFF 多次				
0005ON, 0004ON/OFF 多次				
扫描时间				

2. 修改电路，使输入开关闭合一次只产生一次输入，并上机调试通过。

(二) 环形移位电路

将移位寄存器的末步信号接到移位输入端可以构成环形移位电路，图 7-79 给出部分电路梯形图，将内容 1. 中的输入开关闭合后只产生一次输入的电路加在该电路之前，构成一个完整电路，并把指令填入编码表中。

在监控方式下运行程序，利用多点显示在 LCD 上监视 1000、1004、1015 的状态，通过 PLC 面板上 0500 显示灯观察 0500 的状态。闭合 0002 开关记录 1004、1015 所需闭合 0004 的次数，并填入表 7-18 中，表中闭合次数的左边列记录接通指定点所需的最初次数，右边列总结出规律来。

表 7-18　监控记录七

0004 开关闭合次数		1004	0500	1015
		ON		OFF
				ON

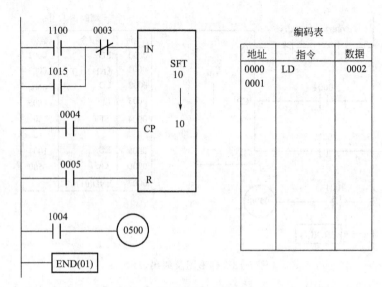

图 7-79 梯形图及编码表七

(三) 时间控制移位电路

图 7-80 为定时控制移位时钟电路，利用插入和删除法将 PLC 内存中的用户程序修改为图中程序的内容，然后使 PLC 工作于监控或运行工作方式。

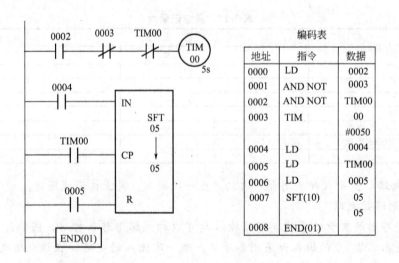

图 7-80 波形图及编码表八

1. 闭合 0002 开关，观察并记录 OUTPUT 灯状态。

2. 闭合 0004 开关 5s 后，观察并记录 OUTPUT 灯状态；1min 后断开 0004 开关，再观察并记录。

3. 当输出灯全灭后再合 0004 开关 1min，接着合 0005 开关观察并记录。

4. 在 0002 闭合的情况下，合 0004 开关 5s 后断开，观察输出通道变化状况；再次合 0004 开关 5s，合 0005 开关观察并记录。

将观察记录结果填入表 7-19 中，表中右列画出波形示意图。

表 7-19 监控记录八

输入操作	LCD	
	TIM00	0500~0515
0002 ON		
再合 0004 开关 5s 后现象		
1min 后断 0004 观察现象		
上述操作 3		
0002 OFF		
上述操作 4		
扫描时间		

5. 如果使开关 0004 闭合一次只产生一次输入应如何修改？上机调试通过，写出修改部分程序。

五、讨论

1. 如果要求 PLC 机上电（即开机）复位移位寄存器，应如何修改梯形图和程序？画出改动部分并上机调试通过。

2. 如果将定时控制的移位电路改成定时控制的环形移位控制电路，应如何修改程序？上机调试通过。

3. 如果环形移位步序小于 16，或大于 16，应如何处理？

4. 能作移位寄存器使用的器件有哪些？

可编程控制器编程与调试实训

实训五　可编程控制器在动作顺序控制器中的应用

一、实训目的
1. 练习根据控制任务的要求设计 PLC 控制电路和程序。
2. 练习模拟控制的组建和程序调试。

二、实训内容

（一）控制任务

一冷加工自动线上有一个钻孔动力头，该动力头的工作循环过程如图 7-81 所示，图 7-82 所示为钻孔动力头的工作时序图，图 7-83 所示为控制流程图。动力头在原位时，加启动命令后接通电磁 YV1，动力头快进；碰到限位开关 SQ1 时接通电磁阀 YV1 和 YV2，转为工进；碰到限位开关 SQ2，停止进给；延时 10s 后接通电磁阀 YV3，动力头快退至原位停止。

（二）实训要求

用 PLC 实现对动力头的控制。
1. 分配好输入、输出地址，画出 PLC 外接线图。
2. 根据图 7-81 设计出梯形图，编制出程序编码表。
3. 选定实训设备，画出用输入板进行模拟调试的接线图。

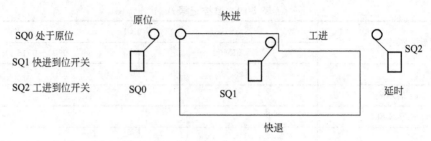

图 7-81 工作循环过程

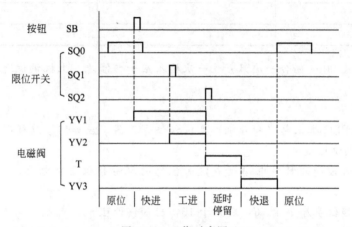

图 7-82 工作时序图

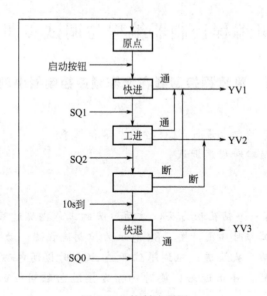

图 7-83 控制流程图

4. 接好实训线路，将程序输入 PLC 并完成调试工作。

三、报告要求

按时完成实训报告，报告格式参照实训二，要求画出接线图、梯形图、编码表、试验记录表格，填好记录并写出心得体会。

实训六 可编程控制器在时间顺序控制中的应用

一、实训目的
1. 练习根据控制任务设计 PLC 控制电路和程序。
2. 练习组建模拟控制线路并进行程序调试。

二、控制任务
设计一个霓虹灯闪烁控制电路控制三个霓虹灯,工作过程如下。
1. HL1 灯亮,HL2 灯灭,HL3 灯灭。
2. 1s 后,HL1 灯灭,HL2 灯亮,HL3 灯灭。
3. 再隔 1s,HL1 灯灭,HL2 灯灭,HL3 灯亮。
4. 再隔 1s,三个灯全灭。
5. 再经过 1s,三个灯全亮。
6. 再经过 1s,三个灯全灭。
7. 再经过 1s,三个灯全亮。
8. 1s 后,三个灯全灭。
9. 1s 后,返回到 1 循环进行。

三、实训内容
(一) 画出工作流程图。
(二) 完成 PLC 控制电路、梯形图和程序设计。
1. 画出 PLC 连接电路图,分配 I/O。
2. 设计出梯形图,写出程序编码表。
3. 设计控制接线图,选定控制设备。
4. 上机调试。

四、实训报告
根据实训五的要求内容写出报告。

实训七 可编程控制器对交通信号灯的控制

一、实训目的
1. 练习用 PLC 根据控制任务设计控制电路和程序。
2. 熟悉控制线路的组建和程序调试。

二、控制任务
设计一个十字路口交通指挥信号灯控制系统。
(一) 设置一个控制开关,当它闭合时,信号灯系统开始工作,先南北红灯亮、东西绿灯亮;当它断开时,黄色信号灯按亮 2s 灭 1s 的周期闪亮。
(二) 控制开关闭合时交通指挥灯的工作过程。
1. 南北红灯亮 25s,同时东西绿灯先亮 20s 后按灭 0.5s 亮 0.5s 闪亮 3 次,东西绿灯灭,黄灯亮,持续 2s 后东西黄灯灭,红灯亮,同时南北红灯灭、绿灯亮。
2. 东西红灯亮 30s,同时南北绿灯先亮 25s 后按灭 0.5s 亮 0.5s 闪亮 3 次,南北绿灯熄灭,黄灯亮,持续 2s 后南北黄灯灭,红灯亮,东西红灯灭,绿灯亮。
3. 返回到 1. 循环进行。

（三）南北绿灯与东西绿灯不得同时亮，否则关闭信号灯系统并报警。

三、实训内容

1. 画出工作时序图。
2. 画出工作流程图。
3. 画出输入、输出分配表。
4. 画出输入、输出与 PLC 的接线图。
5. 设计出梯形图。
6. 写出编码表，并上机调试通过。

四、实训报告

按要求写出实训报告。

思考题与习题

1. 试比较可编程控制器与继电器控制系统的优缺点。
2. PLC 由哪些部分构成？各部分的作用是什么？
3. 怎样选择 PLC 的输入、输出接口类型？应注意哪些技术参数？
4. PLC 的输入、输出继电器各有何作用？
5. PLC 的开关量输出有几种形式？各有什么特点？
6. 简述 PLC 的工作过程。
7. 简化图 7-84 的梯形图。

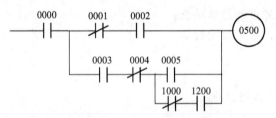

图 7-84　思考题与习题 7 图

8. 将图 7-85 梯形图转化为指令程序。

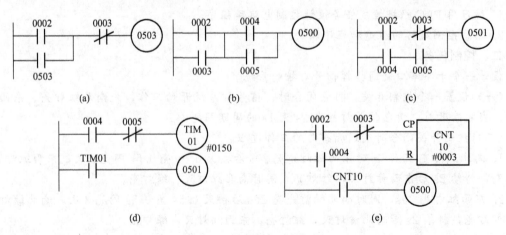

图 7-85　思考题与习题 8 图

9. 设计一个用 PLC 实现的三相异步电动机正反转控制的梯形图，要求有过载保护，并写出指令程序。
10. 有一台电动机，要求每当按下启动按钮后，电动机运转 10s，停止 5s，重复执行 8 次后，电动机自行停止。试画出梯形图，并写出指令程序。
11. 试编制一个 24h 制时钟程序，要求如下。
（1）每秒钟指示灯亮灭各半。
（2）半点声音报时，响一声。
（3）整点声音报时，几点钟响几声。

第八章 自动控制基础

本章将简要介绍有关自动控制的一般概念、自动控制系统的性能评价、数学模型的建立方法以及控制系统的时域分析。

第一节 概 述

一、自动控制的基本概念

自动控制是指在无人直接参与的情况下，利用控制装置操纵被控对象，使被控量等于给定值或按输入信号的变化规律去变化，如图 8-1 所示。

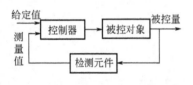

图 8-1 自动控制示意图

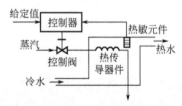

图 8-2 水温控制系统

【例 8-1】 水温控制系统如图 8-2 所示。控制装置包括热敏元件（用于测量水温）、控制器（它的输入为给定值与测量值之差，输出为阀门开度的控制量）和控制阀（接受并执行控制器发出的控制命令）。

工作原理为：水箱中流入冷水，热蒸汽经控制阀流经热传导器件，通过热传导将冷水加热，加热后的水流出水箱。若由于某种原因，水箱中的水温低于给定值所要求的水温，则热敏元件将检测到的水温值转换成与给定值相同的物理量，馈送给控制器，控制器将给定值和检测值比较计算之后，发出控制信号，将阀门的开度增加，使更多的热蒸汽流入，直至实际水温与给定值相符为止。反之，当水温偏高时，同样可进行相应的控制。这样，就实现了没有人直接参与的自动水温控制。

二、自动控制系统的基本构成及控制方式

自动控制系统一般有两种基本结构，对应着两种基本控制方式。

1. 开环控制

控制装置与被控对象之间只有顺向作用而无反向联系时，称为开环控制，如图 8-3 所示。

【例 8-2】 简单的电动机转速控制系统如图 8-4 所示。

本例中，被控对象为电动机，控制装置为电位器、放大器。当改变给定电压 U_n 时，经放大器放大后的电压 U_d 随之变化，作为被控量的电动机转速 n 也随之发生变化。就是说，系统正常工作时，应由 U_n 来确定 n。

若由于电网电压的波动，或负载的改变等扰动量的影响使得转速 n 发生变化，而这种变

化未能被反馈至控制装置并影响控制过程,则系统无法克服由此产生的偏差。

图 8-3 开环控制系统

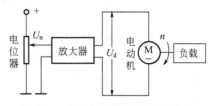
图 8-4 直流电动机开环调速系统

开环控制的特点是,系统结构和控制过程均很简单,但由于这类系统无抗扰能力,因而其控制精度较低,大大限制了它的应用范围。开环控制一般只能用于对控制性能要求不高的场合。

2. 闭环控制

控制装置与被控对象之间,不但有顺向作用,而且还有反向联系,即有被控量对控制过程的影响,这种控制称为闭环控制,相应的控制系统称为闭环控制系统,如图 8-5 所示。闭环控制又常称为反馈控制或偏差控制。

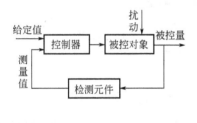
图 8-5 闭环控制系统

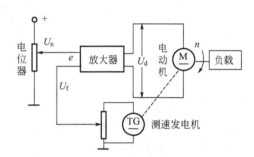
图 8-6 转速闭环控制调速系统

【例 8-3】 采用转速负反馈的直流电动机调速系统如图 8-6 所示。

此系统与上述开环控制系统不同的是,增加了作为测量装置的测速发电机以及分压电位器。电动机的转速 n 被其转换成反馈电压 U_f,并反馈至输入端,形成闭合环路。加在放大器输入端的电压 e 为给定电压 U_n 与反馈电压 U_f 的差值,即

$$e = U_n - U_f \tag{8-1}$$

此闭环系统中,输出转速 n 取决于给定电压 U_n。而对于由电网电压波动,负载变化以及除测量装置之外的其他部分的参数变化所引起的转速变化,都可以通过自动调速加以抑制。例如,如果由于以上原因使得转速下降 ($n\downarrow$),将通过以下的调节过程使 n 基本维持恒定。

$$n\downarrow \rightarrow U_f\downarrow \rightarrow e\uparrow \rightarrow U_d\uparrow \rightarrow n\uparrow$$

由以上分析可知,闭环系统具有如下特点。

① 这类系统具有两种传输信号的通道,由给定值至被控量的通道称为顺向通道;由被控量至系统输入端的通道称为反馈通道。

② 该系统能减小或消除作用于反馈环内顺向通道上的扰动所引起的被控量的偏差值,因而具有较高的控制精度和较强的抗扰能力。

③ 若设计调试不当,易产生振荡甚至不能正常工作。

第二节　自动控制系统性能及评价

一、自动控制系统的基本要求

一个理想的控制系统，在其控制过程中始终应使被控量等于给定值。但由于机械惯性及储能元件等影响，当给定值变化时，其速度和位置难以瞬时变化，即被控变量不可能立即等于给定值，而需要经过动态过程。

动态过程可以反映出系统内在性能的好坏，归结起来对系统的基本要求体现在"稳"、"快"、"准"三个字上，即稳定性、快速性和准确性三个方面。

（一）稳定性

如果系统受到外力作用后，经过一段时间，其被控量可以达到某一稳定状态，则称系统是稳定的，如图8-7所示。否则称为不稳定，如图8-8所示。

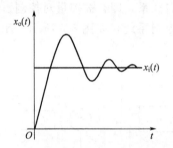
图8-7　稳定系统的动态过程

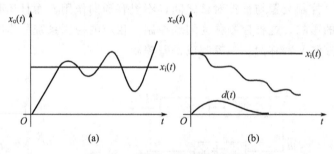
图8-8　不稳定系统的动态过程

图8-8(a)为在给定信号作用下，被控量振荡发散的情况；图8-8(b)为受扰动作用后，被控量不能恢复平衡的情况。如果系统出现等幅振荡，即处于临界稳定的状态，这种情况也视为不稳定。

（二）快速性

快速性是通过动态过程时间长短来表征的，如图8-9所示。过渡过程时间越短，表明快速性越好，反之亦然。快速性表明了系统输出对输入响应的快慢程度。系统响应越快，则动态精度越高，复现快变信号的能力越强。

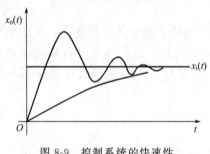
图8-9　控制系统的快速性

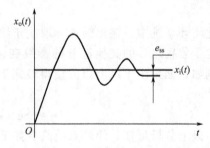
图8-10　控制系统的稳态精度

（三）准确性

准确性是由输入给定值与输出响应的终值之间的差值大小来表征的，如图8-10所示。它反映了系统的稳态精度。若系统的最终误差为零，则称为无差系统，否则为有差系统。

稳定性、快速性和准确性往往是互相制约的。在设计与调试过程中，若过分强调系统的稳定性，则可能会造成系统响应迟缓和控制精度较低的后果；反之，若过分强调系统响应的快速性，则又会使系统的振荡加剧，甚至引起不稳定。所以三方面的性能都要兼顾，不能偏废。

二、自动控制系统的性能指标

自动控制系统的性能指标分为静态和动态性能指标。静态指标要求系统在最低与最高转速范围内调速，且速度稳定。动态指标则要求系统启动、制动快而稳；并具有良好的抗扰动性能，即系统稳定在某一转速上运行时，应尽量不受负载变化及电源电压波动等因素的影响。

（一）静态技术指标

1. 静差度

它是生产机械对调速系统相对稳定性的要求，即负载波动时，转速的变化程度。静差度是指额定负载时的转速降落和对应机械特性的理想空载转速之比，即

$$S=\frac{n_0-n_N}{n_0}=\frac{\Delta n_N}{n_0}\bigg|_{T=T_N} \quad (8-2)$$

从静差度的定义可看出，它是一个与机械特性硬度有关的量。机械特性越硬，静差度则越小，系统相对稳定性越好，负载变化对转速变化的影响越小。除此之外，静差度还与机械特性的理想空载转速有关，几条相互平等的机械特性，静差度的值将随理想空载转速的降低而增大，其相对稳定性变差。静差度一定时，电动机运行的最低转速将受到限制。对于一个调速系统，若能满足最低转速运行的静差度，则其他转速的静差度也都能满足。为满足静差度的要求，除了增加机械特性硬度，一般尽可能使电动机运行在高速状态。实际应用中，普通机床要求 $S<0.3$ 即可，而数控机床则要求 $S<0.001$。

2. 调速范围

它是指生产机械要求电动机在额定负载时提供的最高转速与最低转速之比，即

$$D=\frac{n_{\max}}{n_{\min}}\bigg|_{T=T_N} \quad (8-3)$$

不同生产机械要求的调速范围不同。一般，机床主传动系统的 D 取 $2\sim4$，机床进给系统的 D 取 $5\sim200$，轧钢机 D 为 10 左右，造纸机的 D 取 $3\sim20$，某些重型和精密机床的调速范围要求更宽。其中最高转速受系统机械强度的限制，最低转速受生产机械对静差度要求的限制。

在满足生产机械对静差度要求的前提下，电动机的调速范围是

$$D=\frac{n_{\max}}{n_{\min}}=\frac{n_{\max}}{n_{0\min}-\Delta n_N}=\frac{n_{\max}}{n_{0\min}\left(1-\frac{\Delta n_N}{n_{0\min}}\right)}=\frac{n_{\max}}{\frac{\Delta n_N}{S_L}(1-S_L)}$$

$$D=\frac{n_{\max}}{\Delta n_N}\times\frac{S_L}{1-S_L} \quad (8-4)$$

通常 $n_{\max}$ 由电动机铭牌而确定，S_L 等于或小于生产机械要求的静差度，D 由生产机械要求决定。

3. 调速的平滑性

调速的平滑性用两个相邻的转速 n_i 与 n_{i-1} 之比来衡量，其比值越接近 1，平滑性越好，

在一定的调速范围内可得到的调节转速的级数就越多。相邻的转速之比趋近1的调速，称为无级调速。不同的生产机械对调速的平滑性的要求是不同的，一般分为有级调速和无级调速。

（二）动态技术指标

稳定系统的单位阶跃响应具有衰减振荡和单调变化两种类型，如图8-11所示。系统的性能指标如下。

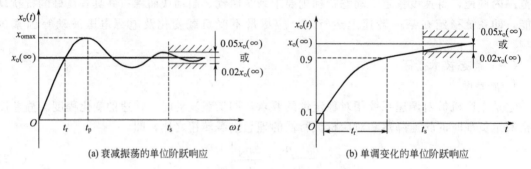

图 8-11 稳定系统的单位阶跃响应曲线

1. 上升时间 t_r

对具有振荡的系统，指响应从零值第一次上升到稳态值所需要的时间。对于单调上升的系统，指响应由稳态值的10%上升到稳态值的90%所需要的时间。t_r小，表明系统动态响应快。

2. 峰值时间 t_p

系统输出响应由零开始，第一次到达峰值所需要的时间。

3. 调整时间（或称过渡过程时间）t_s

响应 $x_o(t)$ 与稳态值 $x_o(\infty)$ 之间的误差达到规定的允许范围（±2%或±5%），且以后不再超出此范围的最短时间。t_s小，表示系统动态响应过程短，快速性好。

4. 超调量 σ

系统输出响应超出稳态值的最大偏离量占稳态值的百分比。σ小，说明系统动态响应比较平稳，相对稳定性好。

$$\sigma = \frac{x_o(t_p) - x_o(\infty)}{x_o(\infty)} \times 100\% \tag{8-5}$$

5. 稳态误差 e_{ss}

当时间 t 趋于无穷大时，系统响应的期望值与实际值 $x_o(\infty)$ 之差定义为稳态误差。对于单位反馈系统

$$e_{ss} = x_i(t) - x_o(\infty)$$

以上性能指标中，上升时间、峰值时间表征系统响应初始阶段的快速性；调整时间表示系统过渡过程的持续时间，从总体上反映了系统的快速性；超调量反映了系统动态过程的平稳性；稳态误差反映了系统稳态工作时的控制精度或抗干扰能力，是衡量系统稳态质量的指标。

一般以超调量 σ、调整时间 t_s 和稳态误差 e_{ss} 这三项指标来评价系统响应的平稳性、快速性和稳态精度。

第三节　控制系统的数学模型

对自动控制系统性能的分析，就是通过对动态过程的分析来实现的。为了掌握其规律，就必须将系统的动态过程用一个反映其运动状态的数学表达式表示出来。这种描述系统动态过程中各变量之间相互关系的数学表达式称为系统的数学模型。

建立系统数学模型的方法主要有分析法和实验法两种。分析法是根据系统所遵循的一些基本规律，经过数学推导，求出数学模型。实验法是在系统的输入端加上测试信号，测试出系统输出信号，并形成输出响应曲线，然后用数学模型去逼近该曲线。本节只介绍用分析法建立数学模型的方法。

作为线性定常系统，其数学模型可用微分方程、传递函数、动态结构图和频率特性等几种形式描述。本节只简单介绍微分方程、传递函数和动态结构图模型。

一、建立系统微分方程的一般步骤

微分方程是描述自动控制系统动态特性的最基本的方法。一个完整的控制系统通常是由若干个元器件或环节以一定方式连接而成的，系统可以是由一个环节组成的小系统，也可以是由多个环节组成的大系统。将系统中的每个环节的微分方程求出来，然后将这些微分方程联立起来，消去中间变量后，便可求出整个系统的微分方程。

下面以一个具体实例说明建立微分方程的一般步骤。

【**例 8-4**】　建立如图 8-12 所示 RC 电路的微分方程。

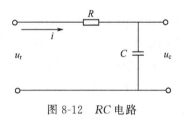

图 8-12　RC 电路

（1）确定输入、输出变量

输入量为电压 u_r，输出量为电压 u_c。

（2）建立初始微分方程组

根据基尔霍夫电压定律，任一时刻网络的输入电压等于各支路电压降之和，由此可得

$$u_r = Ri + u_c \tag{8-6}$$

$$i = C\frac{du_c}{dt} \tag{8-7}$$

式中 i 为回路电流，它是一个除输入、输出量之外的中间变量。

（3）消去中间变量，并写成标准形式。

将式（8-7）代入式（8-6）中，消除中间变量 i，微分方程中只留下输入、输出量。将与输出量有关的各项放在方程式等号的左边，与输入量有关的各项放在等号的右边。于是得

$$RC\frac{du_c}{dt} + u_c = u_r \tag{8-8}$$

RC 电路的数学模型是一个一阶常系数线性微分方程。

二、传递函数

1. 传递函数概念

用拉氏变换求解线性常微分方程，可以得到复数域中的数学模型，称为传递函数。传递函数不仅可以表征系统的动态特性，简化运算，还可研究系统的结构或参数变化对系统性能的影响。线性定常系统的传递函数是初始条件为零时，系统输出量的拉氏变换与输入量的拉氏变换之比。

【**例 8-5**】 试用拉氏变换求解例 8-4 中 RC 网络的传递函数。

设初始值 $u_c(0)=0$，对微分方程进行拉氏变换，得

$$RCsU_c(s)+U_c(s)=U_r(s) \tag{8-9}$$

$$(RCs+1)U_c(s)=U_r(s) \tag{8-10}$$

可求传递函数

$$G(s)=\frac{U_c(s)}{U_r(s)}=\frac{1}{RCs+1}=\frac{1}{Ts+1}$$

其中

$$T=RC$$

由此看来，当初始电压为零时，无论输入电压是什么形式，系统的传递函数只与电路结构及参数有关。

2. 关于传递函数的几点说明

① 传递函数是经拉氏变换导出的，拉氏变换是一种线性积分运算，因此传递函数的概念只适用于线性定常系统。

② 传递函数只取决于系统内部的结构、参数。

③ 传递函数只表明一个特定的输入、输出关系。同一系统，取不同变量作输出，以给定值或不同位置的干扰为输入，传递函数将各不相同。

④ 传递函数是在零初始条件下建立的，因此它只是系统的零状态模型，而不能完全反映零输入响应的动态特征，故有一定的局限性。

三、动态结构图

（一）动态结构图概念

在求微分方程和传递函数时，都需要用消元的方法消去中间变量，这不仅是一项乏味费时的工作，而且消元之后只剩下系统的输入和输出两个变量，不能直接地显示出系统中其他变量间的关系以及信号在系统中的传递过程。而动态结构图是系统数学模型的另一种形式，它不仅能简明地表示出系统中各变量之间的数学关系及信号的传递过程，也能根据下述的等效变换原则，方便地求出系统的传递函数。

（二）动态结构图基本符号

动态结构图是由局部传递函数 $G(s)$ 和一些基本符号组成的，如图 8-13 所示。

1. 信号线

表示信号输入、输出通道，箭头代表信号传递方向，如图 8-13(a) 所示。

2. 传递方框

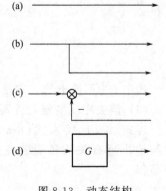

图 8-13 动态结构图的基本符号

方框两侧应为输入信号线和输出信号线,方框内写入该输入、输出之间的传递函数 G(s),如图 8-13(d) 所示。

3. 综合点

综合点也称加减点,表示几个信号相加减,叉圈符号的输出量即为诸信号的代数和,负信号需要在相应信号线的箭头附近标以负号,如图 8-13(c) 所示。

4. 引出点

表示同一信号传输到几个地方,如图 8-13(b) 所示。

(三) 动态结构图画法

根据由微分方程组得到的零初始条件下的象方程组,对每个子方程都用上述符号表示,并将各方块图依次连接起来,即为动态结构图。

【例 8-6】 试建立如图 8-12 所示 RC 电路的动态结构图。

用方框图表示各变量之间的关系,如图 8-14 所示。再根据信号的流向,将各方框图依次连接起来,即得系统的动态结构图,如图 8-15 所示。

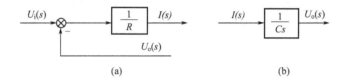

图 8-14 各变量关系

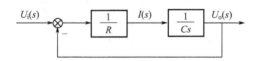

图 8-15 RC 电路动态结构图

由此可见,绘制动态结构图的一般步骤如下。

① 确定各元件或环节的传递函数。

② 绘制各环节的动态方框图,方框中标出其传递函数,并以箭头和字母标明其输入量和输出量。

③ 根据信号在系统中的流向,依次将各方框图连接起来。

第四节 控制系统的时域分析

时域分析就是通过求解控制系统的时间响应,来分析系统的稳定性、快速性和准确性。它是一种直接在时间域中对系统进行分析的方法,具有直观、准确、物理概念清楚的特点,尤其适用于二阶以下系统。

一、典型输入信号

系统的动态响应不仅取决于系统本身的结构参数,还与系统的初始状态以及输入信号有关。经常采用的典型的输入信号有阶跃函数、斜坡函数、加速度函数、脉冲函数和正弦函数,它们的波形如图 8-16、图 8-17 所示,定义及拉氏变换见表 8-1。

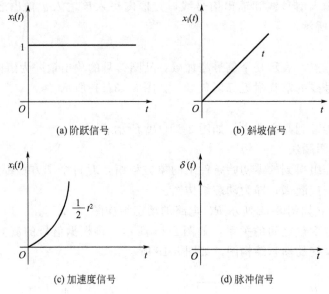

图 8-16 典型输入信号波形

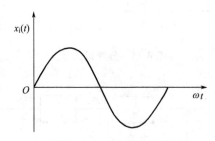

图 8-17 正弦信号波形

表 8-1 典型输入信号定义及拉氏变换

信号名称	信号定义	拉氏变换式	说　明
阶跃函数	$x_i(t)=\begin{cases}0 & t<0 \\ A & t\geqslant 0\end{cases}$ $A=1$ 时为单位阶跃函数,记作 $1(t)$	$X_i(s)=\dfrac{A}{s}$	表示输入量的瞬间突变过程。开关的转换、电源的突然接通、负载的突变等均可近似看作阶跃信号
斜坡函数	$x_i(t)=\begin{cases}0 & t<0 \\ At & t\geqslant 0\end{cases}$ 当 $A=1$ 时,称为单位斜坡函数	$X_i(s)=\dfrac{A}{s^2}$	表示由零值开始随时间 t 线性增长的信号,一个以恒速变化的位置信号,其恒定速率为 A
加速度函数	$x_i(t)=\begin{cases}0 & t<0 \\ At^2 & t\geqslant 0\end{cases}$ $A=1/2$, $X_i(s)=1/s^3$,称为单位等加速度函数	$X_i(s)=\dfrac{2A}{s^3}$	也称等加速度信号,它表示随时间以等加速度增长的信号。随动系统中位置作等加速度移动的指令信号就是抛物线信号的实例之一
脉冲函数	$x_i(t)=A\delta(t)$ $A=1$ 时,称为单位脉冲函数,记为 $\delta(t)$。	$X_i(s)=A$	数学概念上的一个持续时间极短的信号脉冲函数。脉宽很窄的脉冲电压信号、瞬间作用的冲击力等都可近似看作脉冲信号
正弦函数	$x_i(t)=A\sin\omega t$	$X_i(s)=\dfrac{A\omega}{s^2+\omega^2}$	电源的波动、机械的振动、海浪对舰艇的扰动力都可近似为正弦信号的作用

二、一阶系统分析

1. 一阶系统的数学模型

一阶系统的数学模型为一阶微分方程式,其动态结构图如图8-18所示,其闭环传递函数为

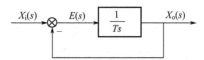

图8-18 一阶系统动态结构图

$$\Phi(s)=\frac{X_o(s)}{X_i(s)}=\frac{1}{Ts+1} \tag{8-11}$$

式中 T 为时间常数。式(8-11) 称为一阶系统的标准式。

2. 单位阶跃响应

输入单位阶跃函数时,$X_i(s)=1/s$,系统输出量的拉氏变换式为

$$X_o(s)=\Phi(s)X_i(s)=\frac{1}{Ts+1}\times\frac{1}{s}=\frac{1}{s}-\frac{1}{s+1/T} \tag{8-12}$$

求拉氏反变换,可得系统的单位阶跃响应为

$$x_o(t)=L^{-1}[X_o(s)]=[1-e^{-\frac{t}{T}}]1(t) \tag{8-13}$$

式中,"1"是稳态分量;"$-e^{-\frac{t}{T}}$"是随时间按指数曲线变化的暂态分量,其中$-t/T$是系统传递函数的极点。显然,一阶系统的单位阶跃响应是从零开始按指数规律单调上升,最后趋于1的,如图8-19所示。当$t=T$时,$x_o(T)=0.632$,这表明输出响应达到稳态值的63.2%所需要的时间,就是一阶系统的时间常数。另外,输出响应没有振荡,也就没有超调,减小时间常数可提高响应的速度。

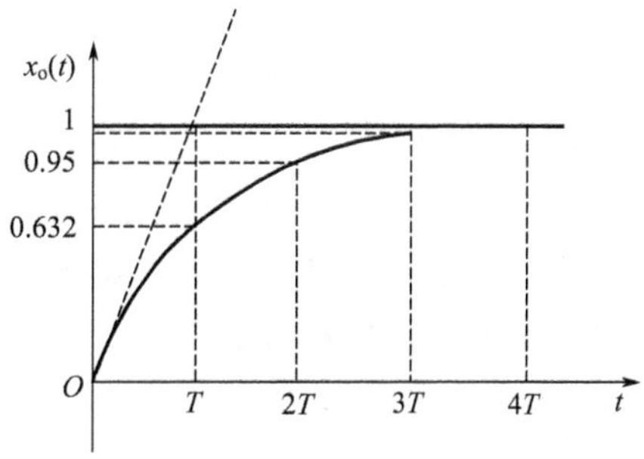

3. 性能指标

由于没有超调,系统的动态性能指标主要是调整时间 t_s,从响应曲线可知:$t=3T$时,$x_o(t)=0.95$,故 $t_s=3T$(按±5%误差带);$t=4T$时,$x_o(t)=0.98$,故 $t_s=4T$(按±2%误差带)。

图8-19 一阶系统的单位阶跃响应曲线

可见,一阶系统的性能主要由时间常数 T 确定。另外,系统的输出最终稳态值 $x_o(\infty)=1$,而期望值也为1,故稳态误差 $e_{ss}=0$。

三、二阶系统分析

(一) 二阶系统的数学模型

凡是以二阶微分方程描述的系统都称为二阶系统。在控制工程中,二阶系统比较常见。此外,许多高阶系统,常在一定条件下忽略一些次要因素,降为二阶系统来研究。因此,分析二阶系统具有广泛的实际意义。常见二阶系统的微分方程一般式为

$$\frac{d^2x_o(t)}{dt^2}+2\xi\omega_n\frac{dx_o(t)}{dt}+\omega_n^2x_o(t)=\omega_n^2x_i(t) \tag{8-14}$$

典型结构如图8-20所示。

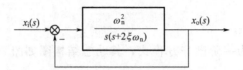

图 8-20 典型二阶系统结构图

根据图 8-20，可求出二阶系统闭环传递函数的标准形式为

$$\Phi(s)=\frac{X_o(s)}{X_i(s)}=\frac{\omega_n^2}{s^2+2\xi\omega_n s+\omega_n^2} \qquad (8-15)$$

式中，ξ 为阻尼比，或称相对阻尼系数；ω_n 为无阻尼振荡频率。

（二）二阶系统的单位阶跃响应

二阶系统在单位阶跃输入信号作用下的拉氏变换式为

$$X_o(s)=\Phi(s)\frac{1}{s}=\frac{\omega_n^2}{s^2+2\xi\omega_n s+\omega_n^2}\times\frac{1}{s}$$

其中，由 $s^2+2\xi\omega_n s+\omega_n^2=0$ 可求得两个特征根：

$$s_{1,2}=-\xi\omega_n\pm\omega_n\sqrt{\xi^2-1} \qquad (8-16)$$

对不同的 ξ 值，s_1、s_2 的性质是不同的，其相应的单位阶跃响应的形式也不相同。

1. $\xi>1$ 过阻尼状态

此时，$s_{1,2}=-\xi\omega_n\pm\omega_n\sqrt{\xi^2-1}$，为两个不相等的负实数根，即有

$$X_o(s)=\frac{\omega_n^2}{s(s-s_1)(s-s_2)}=\frac{A_1}{s}+\frac{A_2}{s-s_1}+\frac{A_3}{s-s_2}$$

式中 A_1、A_2、A_3 为待定系数。据此，可求得输出响应的拉氏反变换为

$$X_o(s)=A_1+A_2 e^{s_1 t}+A_3 e^{s_2 t} \qquad (t\geqslant 0) \qquad (8-17)$$

可见，系统输出随时间 t 单调上升，无振荡和超调。由于输出响应含负指数项，因而随着时间的推移，对应的分量逐渐趋于零，输出响应最终趋于稳态值 1。

2. $\xi=1$ 临界阻尼状态

此时，$s_{1,2}=-\omega_n$，为一对重负实根。输出的拉氏变换为

$$X_o(s)=\frac{\omega_n^2}{(s+\omega_n)^2 s}=\frac{1}{s}-\frac{1}{s+\omega_n}-\frac{\omega_n}{(s+\omega_n)^2}$$

经拉氏反变换得

$$x_o(t)=1-e^{-\omega_n t}(1+\omega_n t) \qquad (t\geqslant 0) \qquad (8-18)$$

上式表明，临界阻尼系统的单位阶跃响应为单调上升、无振荡及超调的曲线。系统的响应速度在 $\xi=1$ 时比 $\xi>1$ 时快。

3. $0<\xi<1$ 欠阻尼状态

$$s_{1,2}=-\xi\omega_n\pm\omega_n\sqrt{\xi^2-1}=-\xi\omega_n\pm j\omega_n\sqrt{1-\xi^2}$$

令阻尼振荡频率 $\omega_d=\omega_n\sqrt{1-\xi^2}$，则 $s_{1,2}=-\xi\omega_n\pm j\omega_d$，为一对复数根。

输出的拉氏变换为

$$X_o(s)=\frac{\omega_n^2}{s^2+2\xi\omega_n s+\omega_n^2}\times\frac{1}{s}=\frac{\omega_n^2}{(s+\xi\omega_n)^2+\omega_d^2}\times\frac{1}{s}$$

$$=\frac{1}{s}+\frac{-(s+2\xi\omega_n)}{(s+\xi\omega_n)^2+\omega_d^2}$$

$$= \frac{1}{s} - \frac{s+\xi\omega_n}{(s+\xi\omega_n)^2+\omega_d^2} - \frac{\xi\omega_n}{(s+\xi\omega_n)^2+\omega_d^2}$$

取拉氏反变换得

$$x_o(t) = L^{-1}[X_o(s)]$$

$$= 1 - e^{-\xi\omega_n t}\cos\omega_d t - \frac{\xi}{\sqrt{1-\xi^2}}e^{-\xi\omega_n t}\sin\omega_d t$$

$$= 1 - \frac{1}{\sqrt{1-\xi^2}}e^{-\xi\omega_n t}(\sin\theta\cos\omega_d t + \cos\theta\sin\omega_d t)$$

$$= 1 - \frac{1}{\sqrt{1-\xi^2}}e^{-\xi\omega_n t}\sin(\omega_d t + \theta) \quad (t \geq 0)$$

(8-19)

其中 $\sin\theta = \sqrt{1-\xi^2}, \cos\theta = \xi$

由式(8-19)可知，欠阻尼系统的响应为衰减振荡波形，系统有超调。

4. $\xi = 0$ 无阻尼状态

$s_{1,2} = \pm j\omega_n$ 为一对共轭虚根，输出的拉氏变换为

$$X_o(s) = \frac{\omega_n^2}{s^2+\omega_n^2} \times \frac{1}{s} = \frac{1}{s} - \frac{s}{s^2+\omega_n^2}$$

拉氏反变换为

$$x_o(t) = 1 - \cos\omega_n t \quad (t \geq 0) \tag{8-20}$$

无阻尼二阶系统单位阶跃响应为等幅振荡曲线，其振荡频率为 ω_n，系统不能稳定工作。

图 8-21 为取不同 ξ 值时对应的单位阶跃响应曲线。可见，ξ 值越大，系统的平稳性越好，超调越小；ξ 值越小，输出响应振荡频率越高。当 $\xi = 0$ 时，系统输出为等幅振荡，不能正常工作，不稳定。

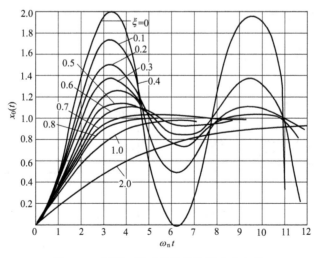

图 8-21 不同 ξ 值时的单位阶跃响应曲线

(三) 典型二阶系统的性能特点

1. 平稳性

二阶系统的平稳性主要由阻尼比 ξ 决定，$\xi\uparrow \to \sigma\%\downarrow \to$ 平稳性越好。$\xi = 0$ 时，系统等幅

振荡,不能稳定工作。ξ 一定时,$\omega_n \uparrow \to \omega_d \uparrow$,系统平稳性变差。

2. 快速性

ω_n 一定时,若 ξ 较小,则 $\xi \downarrow \to t_s \uparrow$,而当 $\xi > 0.7$ 之后又有 $\xi \uparrow \to t_s \uparrow$。即 ξ 太小或太大,快速性均变差。

在控制工程中,ξ 是由对超调量的要求来确定的。ξ 一定时,$\omega_n \uparrow \to t_s \downarrow$。所以,要获得较好的快速性,阻尼比 ξ 不能太大,而 ω_n 可尽量选大。

综合考虑系统的平稳性和快速性,一般将 $\xi = 0.707$ 称为最佳阻尼比,此时,系统不仅响应速度快,而且其超调量较小($\sigma\% = 4.3\%$)。对应的二阶系统称为最佳二阶系统。

3. 准确性

根据稳态误差的定义和终值定理有

$$e_{ss} = \lim_{t \to \infty} e(t) = \lim_{s \to 0} sE(s) \tag{8-21}$$

$$X_i(s) = \frac{1}{s}, e_{ss} = 0$$

二阶系统稳定工作时,系统单位阶跃响应的稳态值为

$$x_o(\infty) = 1, e_{ss} = 0$$

关于改善二阶系统性能的措施以及高阶系统等可参阅有关文献,这里就不一一叙述了。

思考题与习题

1. 试阐述下列术语的意义并举例说明:自动控制;控制装置与被控对象;给定值与被控量;稳定性、快速性和准确性。
2. 开环系统和闭环系统有何区别?试举例说明。
3. 如何评价控制系统性能?评价控制系统性能的指标有哪些?
4. 什么是调速范围?调速范围和静差度之间有什么关系?如何扩大调速范围?
5. 典型二阶系统的单位阶跃响应有何特点?与一阶系统单位阶跃响应有何区别?
6. 数学模型有哪些形式?各形式的特点和作用是什么?
7. 试建立图 8-22 各系统的动态微分方程。

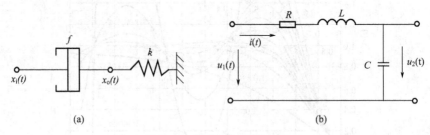

图 8-22 思考题与习题 7 图

第九章 步进电动机控制系统

因为步进电动机具有快速启停,精度高和能够直接接受数字信号的特点,因而在需要精确定位的场合得到广泛的应用,如软盘驱动系统、绘图机、打印机等。在位置控制系统中,由于步进电动机的精度高,并且不需要位移传感器就可达到较精确定位,在经济型数控系统中应用广泛。

第一节 步进电动机控制系统组成

典型的步进电动机控制系统框图如图9-1所示。

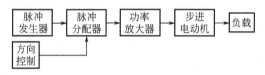

图9-1 典型步进电动机控制系统框图

脉冲发生器是一个信号发生器,用于产生频率可变的脉冲信号;脉冲分配器则根据方向控制信号将脉冲信号转换成具有一定逻辑关系的环形脉冲;功率放大器的作用是将脉冲分配器输出的环形脉冲放大,用于控制步进电动机的运转。在这种控制方案中,控制电动机的脉冲序列完全由硬件产生,如果控制方案发生变化或换用不同相数的步进电动机,则需要重新设计硬件电路,并且由于硬件线路复杂,出现故障的概率也比较大。

如果用软件脉冲发生器和脉冲分配器,就可以根据系统需要,通过编程的方法在一定范围内任意设定步进电动机的转速、旋转角度、转动次数和控制步进电动机的运行状态。利用微机控制步进电动机可以大大简化控制电路,降低成本,提高系统的可靠性和灵活性。典型的微机控制步进电动机系统原理框图如图9-2所示。在微机控制系统中,微机不但能控制步进电动机的环形脉冲序列,而且能控制步进电动机的方向和速度。

图9-2 微机控制步进电动机系统原理框图

第二节 环形分配器

环行分配器的作用是把来自脉冲发生器的脉冲信号转换成控制步进电动机定子绕组通断的电平信号,电平信号的改变次数及顺序与进给脉冲的个数及方向对应。如对于三相三拍步进电动机,若"1"表示通电、"0"表示断电,A、B、C是其三相定子绕组,则经环形分配器后,每来一个进给脉冲指令,A、B、C应按(100)→(010)→(001)→(100)的顺序改变一次。环形分配器可由硬件逻辑线路构成，也可以用软件来实现。

一、硬件组成的环形分配器

（一）D 触发器构成的三相六拍环形脉冲分配器

图 9-3 所示为由 D 触发器控制门构成的三相六拍环形脉冲分配器。利用上电置、复位电路使初始状态为"100"对应步进电动机的三相绕组 A、B、C，用 M 控制步进电动机实现正转（M=1）和反转（M=0）。M=1 时触发器输出状态根据 CP 脉冲的加入依次为 100 → 110 → 010 → 011 → 001 → 101 → 100……M=0 时触发器输出状态根据 CP 脉冲的加入依次为 100 → 101 → 001 → 011 → 010 → 110 → 100……

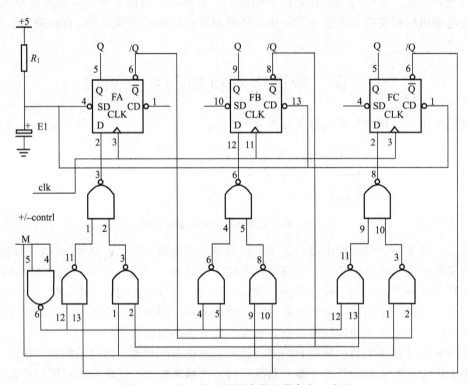

图 9-3 三相六拍环形脉冲分配器参考电路图

调节 CP 脉冲的变化频率可改变触发器状态及变化速度，从而改变步进电动机的速度。

（二）双向移位寄存器构成的四相四拍环形脉冲分配器

图 9-4 所示为由双向移位寄存器 74LS194 构成的四相四拍环形脉冲分配器（双相绕组通电）。由双向移位寄存器 74LS194 功能可知，S1、S0 是功能选择端，如表 9-1 所示。

表 9-1 双向移位寄存器 74LS194 构成的环形脉冲分配器

S1	S0	状态	Φ1→Φ2→Φ3→Φ4→Φ1…
L	H	CW 正转	1100 → 0110 → 0011 → 1001 → 1100…
H	L	CCW 反转	1100 → 1001 → 0011 → 0110 → 1100…
H	H	初始化	1100
L	L	保持	原态不变

（三）专用集成电路芯片或通用可编程逻辑器件组成的环形分配器

现在经常使用的是专用集成电路芯片或通用可编程逻辑器件组成的环形分配器。

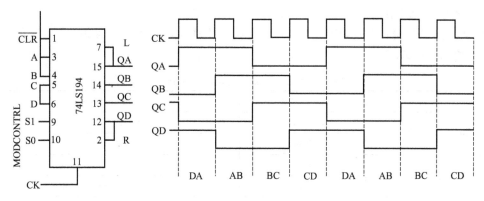

图 9-4 两相励磁的脉冲分配器

CH250 就是三相反应式步进电动机环形分配器的专用集成电路芯片，它采用 CMOS 工艺，集成度高，可靠性好。它的引脚图和三相六拍工作时的接线图如图 9-5 所示。

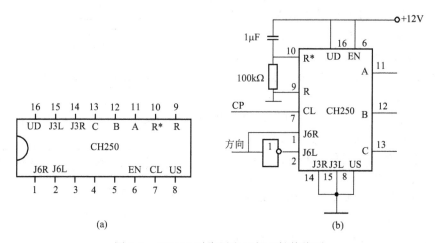

图 9-5 CH250 引脚图和三相六拍接线图

CH250 主要引脚的作用：A、B、C 为三相励磁信号输出端。R、R* 确定初始励磁相，R=1、R* =0，A、B、C 的初始励磁相为 100，R=1、R* =0，A、B、C 的初始励磁相为 110，环形分配器工作时 R=0、R* =0。

CL、EN 为进给脉冲输入端，若 EN=1，进给脉冲接 CL，脉冲上升沿使环形脉冲分配器工作；若 CL=0，进给脉冲接 EN，脉冲下降沿使环形脉冲分配器工作。不符合上述规定则环形分配器状态锁定（保持）。J3R、J3L、J6R、J6L 分别为控制三拍和六拍及正转、反转的控制端，UD、US 为电源端。

图 9-5 的接线是三相六拍工作方式；步进电动机的初始励磁相 A、B、C 为 110，方向控制端为 "1" 为正转，方向控制端为 "0" 为反转。

二、软件组成的环形分配器

不同种类、不同相数、不同分配方式的步进电动机都必须有不同的环形分配器，可见所需环形分配器的品种将很多。用软件环形分配器只需编制不同的软件环形分配程序，将其存入程序存储器中，调用不同的程序段就可控制步进电动机按不同的方式工作。

（一）步进电动机旋转方向控制

1. 步进电动机工作方式

步进电动机的旋转方向和内部绕组的通电顺序及通电方式有关,表 9-2 为常见的几种三相步进电动机工作方式。

表 9-2 常见的三相步进电动机工作方式

工作方式	旋转方向	通电顺序
三相单三拍方式	正转	A→B→C→A…
	反转	A→C→B→A…
三相双三拍方式	正转	AB→BC→CA→AB…
	反转	AB→CA→BC→AB…
三相六拍方式	正转	A→AB→B→BC→C→CA→A…
	反转	A→CA→C→BC→B→AB→A…

2. 步进电动机的旋转方向控制方法

① 单片机的一位输出口控制步进电动机的某相绕组,例如,可以用 P1.0、P1.1、P1.2 分别控制 A 相、B 相和 C 相绕组。

② 根据步进电动机的类型和控制方式找出相应的控制模型。

③ 根据控制方式规定的顺序向步进电动机发送脉冲序列,即可控制步进电动机的旋转方向。

(二) 步进电动机控制程序的设计

控制程序的主要任务是判断电动机的旋转方向;输出响应的控制脉冲序列;判断要求的脉冲信号是否输出完毕。即控制程序首先要判断电动机的旋转方向,再根据旋转方向选择响应的控制模型,然后按要求输出控制脉冲序列。根据前面分析的步进电动机的工作原理和控制方式,可以很容易地设计出步进电动机的控制程序。

下面以三相单三拍为例说明步进电动机控制程序的设计。假设要求的步数为 N,电动机旋转的方向标志存储单元 FLAG=1 时,表示正转,FKAG=0 时,表示反转。正转模型 01H、02H、04H 存放在以 RM 为起始地址的内存单元中;反转模型 04H、02H、01H 存放在以 LM 为起始地址的内存单元中。

三相单三拍控制程序流程图如图 9-6 所示。

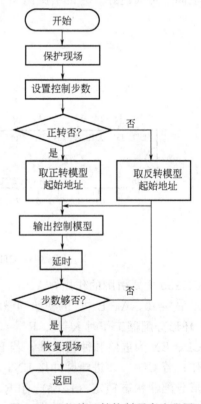

图 9-6 三相单三拍控制程序流程图

第三节 步进电动机驱动功率放大器原理和应用

功率驱动器也称为功率放大器。从环形分配器来的脉冲电流只有几毫安,而步进电动机的定子绕组需要 1~10A 的电流,才足以驱动步进电动机旋转,另由于功率放大器中的负载为步进电动机的绕组，是感性负载，故步进电动机使用的功率放大器与一般功率放大器比较有其特殊性，如较大电感影响快速性，及感性负载带来的功率管保护等问题。

功率放大器最早采用单电压驱动电路，后来出现了高低压驱动电路、斩波电路和细分电路等。

一、单电压供电的功率放大器

图 9-7 所示为三相步进电动机单电压供电的功率放大器的一种线路，步进电动机的每一相绕组都有一套这样的电路。

单电压供电功率放大器电路由两级射极跟随器和一级功率反相器组成。第一级射极跟随器起隔离作用，使功率放大器对环形分配器的影响较小，第二级射极跟随器 VT2 管处于放大区，用以改善功率放大器的动态特性。

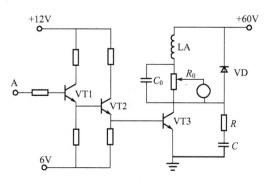

图 9-7 单电压供电功率放大器

当环形分配器的 A 输出端为高电平时，VT3 饱和导通，步进电动机 A 相绕组 LA 中的电流从零开始按指数规律上升到稳态值。当环形分配器的 A 输出端为低电平时，VT1、VT2 处于小电流放大状态，VT2 的射极电位，也就是 VT3 的基极电位不可能使 VT3 导通，绕组 LA 断电。此时由于绕组的电感存在，将在绕组两端产生很大的感应电势，它和电源电压一起加到 VT3 管上，将造成过压击穿。因此，绕组 LA 两端并联有续流二极管 VD，VT3 的集电极与发射极之间并联 RC 吸收回路以保护 VT3 管不被损坏。在绕组 LA 回路中串联电阻 R_0，用以限流和减小供电回路的时间常数，并联加速电容 C_0 以提高绕组的瞬时电压，这样可使 LA 中的电流上升速度提高，从而提高启动频率。但是串入电阻 R_0 后，无功功耗增大，为保持稳定电流，相应的驱动电压要求较无串接电阻时提高许多，对晶体管的耐压要求更高。这种电路高频时带负载能力低。为了克服上述缺点出现了双电压供电电路。

二、双电压供电功率放大器

如图 9-8 所示，在环形分配器送来的脉冲使 VT1 管导通的同时，触发了单稳态触发器 D，在 D 输出的窄脉冲宽度的时间内使 VT2 管导通，60V 的高压电流经限流电阻 R_0 给绕组 LA 供电。由于 VD1 承受反压，因而切断了 12V 的低压电源。在高压供电下，绕组 LA 中的电流迅速上升，前沿很陡。当超过 D 输出的窄脉冲宽度时，VT2 管截止。这时 VD1 导通，电流继续流过绕组。续流回路中串接电阻可以减小时间常数和加快续流过程。采用以上措施大大提高了步进电动机的工作频率。

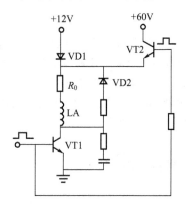

图 9-8 双电压供电功率放大器

这种电路的特点是开始由高压供电，使绕组的冲击电流波形上升，前沿很陡，利于提高启动频率和最高连续工作频率，其后切断高压，由低压供电以维持额定稳定电流值，只需很小的限流电阻值，因而功耗很低。当工作频率很高时，其周期小于单稳态触发器 D 的延迟时间，变成纯高压供电，可获得较大的高频电流，具有较好的矩频特性。其缺点是电流波形有凹陷，电路较复杂。

三、斩波驱动电路

高低压驱动电路的电流波形的波顶会出现凹形,造成高频输出转矩的下降,为了使励磁绕组中的电流维持在额定值附近,需采用斩波驱动电路。三种驱动电路的电流波形如图 9-9 所示。

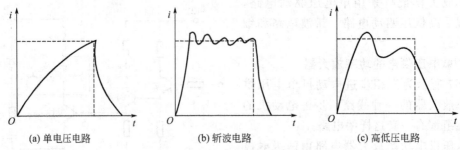

图 9-9　三种驱动电路的电流波形

斩波驱动电路的原理如图 9-10 所示。它的工作原理是环形分配器输出的脉冲作为输入信号,若为正脉冲,则 VT1、VT2 导通,由于 U_1 电压较高,绕组回路又没有电阻,所以绕组中的电流迅速上升,当绕组中的电流上升到额定值以上某个数值时,由于采样电阻 R_e 的反馈作用,经整形、放大后送至 VT1 的基极,使 VT1 截止。接着绕组由 U_2 低压供电,绕组中的电流立即下降,但刚降至额定值以下时,由于采样电阻 R_e 的反馈作用,使整形电路无信号输出,此时高压前置放大电路又使 VT1 导通,电流又上升。如此反复进行,形成一个在额定电流值上下波动呈现锯齿状的绕组电流波形,近似恒流,所以斩波电路也称斩波恒流驱动电路。锯齿波的频率可通过调整采样电阻 R_e 和整形电路的电位器来调整。

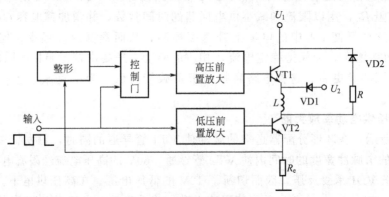

图 9-10　斩波驱动电路原理

斩波驱动电路虽然复杂,但它使数控系统与步进电动机的运行具有矩频特性,且启动矩频特性和惯性特性都有明显提高;使绕组中的脉冲电流边沿陡,快速响应好;该电路无外接电阻,而采样电阻 R_e 又很小(一般为 0.2Ω 左右),所以整个系统的功耗下降很多,相应地提高了效率。由于采样电阻 R_e 的反馈作用,使绕组中的电流可以恒定在额定的数值上,而且不随步进电动机的转速而变化,从而保证在很大的频率范围内,步进电动机都能输出恒定的转矩。

第四节　常用步进电动机驱动模块简介

一、脉冲分配器 TD62803P 应用简介

(一) 脉冲分配器 TD62803P 引脚定义及控制真值表

脉冲分配器 TD62803P 可适用于三相或四相步进电动机的各种激励方式，其引脚如图 9-11 所示。

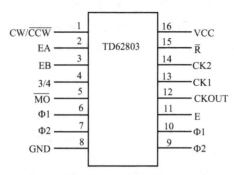

图 9-11 脉冲分配器 TD62803P 引脚定义

从 TD62803P 引脚定义可以看出，它是一个功能很强的可控多功能脉冲分配器。在相应引脚上加上不同的控制电平可得到不同的控制功能。各引脚功能见表 9-3，有关控制功能的真值表见表 9-4。用 TD62803P 和有关芯片相连就很容易构成一个用微型计算机控制的步进电动机接口电路。

表 9-3 TD62803P 引脚功能

CW/$\overline{CCW}$ 1/0	正转/反转控制端
EA,EB	励磁方式控制端
3/4	三相或四相切换控制
$\overline{MO}$	初始状态检出，低电平有效
Φ1,Φ2,Φ3,Φ4	四相驱动脉冲输出
E	输出允许，当该端为高电平时，允许 Φ1～Φ4 输出
CKOUT	时钟输出，可以用来对步进脉冲个数计数
CK1,CK2	时钟输入
$\overline{R}$	复位输入，低电平有效
GND,VCC	地，电源正

表 9-4 TD62803P 控制真值表

CK1	CK2	CW/CCW	功能	EA	EB	3/4	功能
上升沿	H	L	CW	L	L	L	四相 1 相励磁
脉冲	L	L	禁止	H	L	L	四相 2 相励磁
H	上升沿	L	CCW	L	H	L	四相 1-2 励磁
L	脉冲	L	禁止	H	H	L	测试模式，输出全部有效
上升沿	H	H	CCW	L	L	H	三相 1 相励磁
脉冲	L	H	禁止	H	L	H	三相 2 相励磁
H	上升沿	H	CW	L	H	H	三相 1-2 励磁
L	脉冲	H	禁止	H	H	H	测试模式，输出全部有效

（二）脉冲分配器 TD62803P 应用电路

一般脉冲分配器输出驱动能力是有限的，它不可能直接驱动步进电动机，而需要经过一级功率放大后，再驱动步进电动机。最简单的方法是再经一级晶体管功率放大电路去推动步进电动机。如果步进电动机功率不太大，目前市场上已有集成功率放大芯片电路出售，如 TD62308，它可以与 TD62803P 配合，驱动电压小于 50V、电流小于 1.25A 的步进电动机。在使用大功率步进电动机时，也用它来进行预置功率驱动。其电路连接如图 9-12 所示。

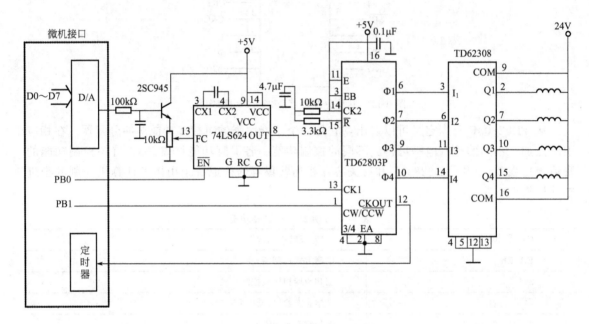

图 9-12　步进电动机接口实例

可以看到微机通过 D/A 接口将一个模拟电压加到压控振荡器（74LS624）的电压控制输入端，一定频率的步进脉冲从 CK1 输入，利用 D/A 转换输出电压的高低，可以控制压控振荡器的频率，也就可以控制步进电动机的转动速度。并行接口的两个输出端分别控制压控振荡器的启停和脉冲分配器的正反转。脉冲的 CKOUT 输出接到微机的某个定时/计数通道，该定时/计数器用来计数步进电动机的步数。

步进电动机的工作过程如下。假设步进电动机要前进（正转）100 步。那么，先向定时/计数器置一个 100 步的数，并且允许计数器到 "0" 时产生中断。由并行接口给 CW/$\overline{\text{CCW}}$ 端送一个高电平，使步进电动机处于正转状态。在初始状态下，压控振荡器启停控制端应为高电平，禁止压控振荡器工作。接着给 D/A 接口送一个让步进电动机按某一转速转动的数。压控振荡器可按某一频率送出步进脉冲。一切准备就绪后，向 $\overline{\text{EN}}$ 端送一个低电平，压控振荡器开始工作，以某一频率输出步进脉冲，步进电动机以某一速度正向转动。每转动一步 CKOUT 输出一个步进脉冲，使定时器的计数值减 1，当 100 步走完时，定时器产生中断，CPU 向 $\overline{\text{EN}}$ 端送一个高电压，压控振荡器停止工作，步进电动机停止转动。

二、国产 **PM03**（三相）集成电路环形脉冲分配器简介

PM03（三相）、PM04（四相）、PM05（五相）是常见的国产集成电路环形脉冲分配器。图 9-13 所示为 PM03 三相输出的引脚图，其功能见表 9-5。

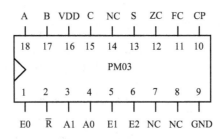

图 9-13 国产 PM03 脉冲分配器引脚图

表 9-5 引脚功能

引脚	功能	符号	说明
1	选通输出控制端	E0	高电平有效
2	清零端	$\overline{R}$	低电平有效
3、4	励磁方式控制	A1、A0	(00)单三拍 (01)双三拍 (11)单双相六拍
5、6	选通控制	E1、E2	
7、8、14	空引脚	NC	
16、9	电源、地	VDD、GND	+5V,接地
10	时钟脉冲	CP	
11、12	正反转控制	FC、ZC	
13	诊断失步输出	S	
18、17、15	三相输出	A 相、B 相、C 相	

三、PPMC101B 可编程脉冲分配器应用简介

PPMC101B 引脚排列如图 9-14 所示。

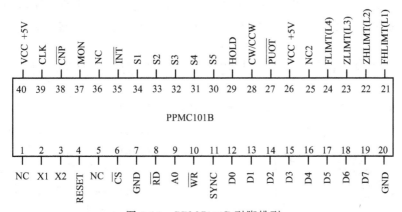

图 9-14 PPMC101B 引脚排列

PPMC101B 可编程脉冲分配器具有软启动、软停止功能，通过编程可用于 3～5 相的步进电动机。基本运行模式有单步、加减速和恒速三种，停止模式有即刻停止和减速停止两种。图 9-15 是 PPMC101B 与微机连接的实例。

微机通过 A0～A7 地址线和地址译码器对 PPMC101B 进行各种数据的读写操作，步进电动机的相数、励磁方式、启动时的脉冲频率、最高连续运行频率、加减速时的脉冲个数等均可用程序经过微机写入芯片，对 PPMC101B 进行初始化设定。动作命令有八种，可控制各种运转与停止模式。另外，PPMC101B 芯片还能从被控制的机械系统的限位开关上，经 L1～L4 和 $\overline{CNP}$ 五个输入端输入信息，限制步进电动机的正反转位移的位置、加减速步数的临界点和设置基准点。从 S1～S4 输出的脉冲信号，经 SL4061 功率放大后，驱动步进电动

机床电气自动控制

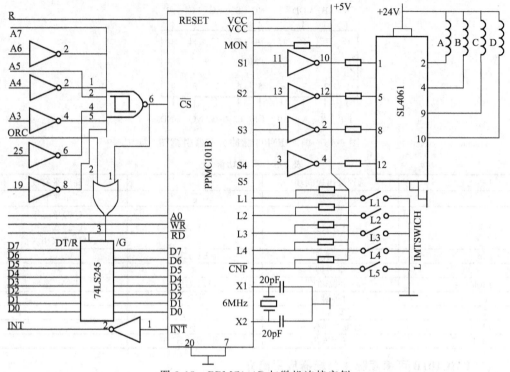

图 9-15　PPMC101B 与微机连接实例

机工作。由此可见，PPMC101B 兼有变频信号源、自动升降速、脉冲分配器功能，使步进电动机驱动电源的设计和计算机控制的连接大为简化，而且提高了系统运行的可靠性。

第五节　步进电动机驱动系统及其应用

随着步进电动机的广泛应用，步进电动机的驱动装置也从分立元件电路发展到了集成元件电路，目前已发展成系列化、模块化的步进电动机驱动器，为步进电动机控制系统的设计，提供了模块化的选择，简化了设计过程，提高了可靠性。

各生产厂家的步进电动机驱动器虽然标准不统一，但其接口定义基本相同，只要了解接口中接线端子、标准接口及拨动开关的定义和使用，即可利用驱动器构成步进电动机控制系统。下面具体介绍上海开通数控有限公司 KT350 系列混合式步进电动机驱动器及其应用。

图 9-16 所示为步进电动机驱动

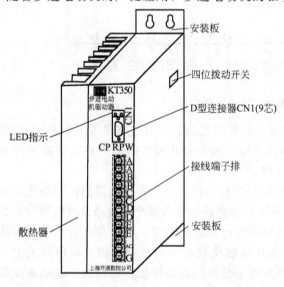

图 9-16　步进电动机驱动器的外形及接口

第九章 步进电动机控制系统

器的外形及接口。其接线端子的定义见表9-6。

表9-6 步进电动机驱动器接线端子定义

端子记号	名 称	意 义	线 径
A、$\overline{A}$、B、$\overline{B}$、C、$\overline{C}$、D、$\overline{D}$、E、$\overline{E}$	电动机的端子	接至电动机 A、$\overline{A}$、B、$\overline{B}$、C、$\overline{C}$、D、$\overline{D}$、E、$\overline{E}$ 各相	≥1mm²
AC	电源进线	单相交流电源80V(±15%) 50Hz	≥1mm²
G	接地	接地	≥0.75mm²

其中，连接器 CN1 为一个 9 芯连接器，各脚号定义见表9-7。

表9-7 9 芯连接器 CN1 脚号定义

脚 号	记 号	名 称	意 义	线 径
CN1-1 CN1-2	F/H $\overline{F/H}$	整步/半步控制端（输入信号）	F/H 与 $\overline{F/H}$ 间电压为 4～5V 时：整步，步距角 0.72°/脉冲 F/H 与 $\overline{F/H}$ 间电压为 0～0.5V 时：半步，步距角 0.36°/脉冲	
CN1-3 CN1-4	CP(CW) $\overline{CP}$($\overline{CW}$)	正、反转运行脉冲信号 （或正转脉冲信号）（输入信号）	单脉冲方式时，正、反转运行脉冲(CP、$\overline{CP}$)信号；双脉冲方式时，正转脉冲(CW、$\overline{CW}$)信号	0.15mm² 以上
CN1-5 CN1-6	DIR(CCW) $\overline{DIR}$($\overline{CCW}$)	正、反转运行方向信号 （或反转脉冲信号）（输入信号）	单脉冲方式时，正、反转运行方向(DIR、$\overline{DIR}$)信号；双脉冲方式时，反转脉冲(CCW、$\overline{CCW}$)信号	
CN1-7	RDY	控制回路正常 （输出信号）	当控制电源、回路正常时，输出低电平信号	
CN1-8	COM	输出信号公共点	RDY、ZERO 输出信号的公共点	
CN1-9	ZERO	电气循环原点（输出信号）	半步运行时，第二十拍送出一电气循环原点。整步运行时，第十拍送出一电气循环原点，原点信号为低电平信号	

拨动开关 SW 是一个四位开关，如图9-17所示。

通过拨动开关可设置步进电动机的控制方式，四位的定义如下。

第一位，脉冲控制模式的选择。OFF 位置为单脉冲控制方式，ON 位置为双脉冲控制方式。在单脉冲控制方式下，CP、$\overline{CP}$端子输入正、反转运行脉冲信号，而 DIR、$\overline{DIR}$端子输入正、反转运行方向信号。在双脉冲控制方式下，CW、$\overline{CW}$端子输入正转运行脉冲信号，而 CCW、$\overline{CCW}$端子输入反转运行脉冲信号。

第二位，运行方向的选择（仅在单脉冲控制方式时有效）。OFF 位置为标准设定，ON 位置为单方向运转，与 OFF 位置转向相反，不受正、反转方向信号的影响。

第三位，整步/半步运行模式选择。OFF 位置时，电动机以半步方式运行；ON 位置时，电动机以整步方式运行。

第四位，自动试机运行。OFF 位置时，驱动器接受外部脉冲控制运行；ON 位置时，自动试机运行，此时电动机以 50r/min 速度（半步控制）自动运行，或以 100r/min 速度（整

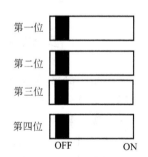

图 9-17 四位拨动开关 SW

步控制）自动运行，而不需要外部脉冲输入。

由此可知，该步进电动机驱动装置主要是通过拨动开关控制，来设置步进电动机的控制方式，而控制步进电动机的信号主要是通过 D 型连接器 CN1 输入，其典型的接线如图 9-18 所示。

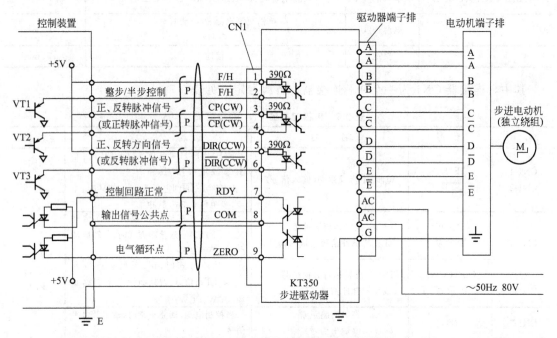

图 9-18　步进电动机驱动装置典型接线

此外，在驱动器面板上还有两个 LED 指示灯，PWR 和 CP。

PWR：驱动器电源指示灯，驱动器通电时亮。

CP：电动机运行时闪烁，其闪烁频率等于电气循环原点信号的频率。

步进电动机驱动系统的调试及使用实训

要掌握步进电动机驱动系统的应用和维修，必须掌握其连接、调试，特别是掌握步进电动机驱动系统的性能测试，这对保证机床精度有着重要的意义。

一、实训目的

1. 熟悉步进电动机的运行原理，并掌握步进电动机驱动系统的连接。
2. 掌握步进电动机驱动器的参数调整。
3. 掌握步进电动机的性能测试。

二、实训设备

图 9-19 所示为本实训采用的步进电动机驱动系统调试装置图，各教学单位可根据实际情况进行调整。

三、实训内容与步骤

1. 步进电动机驱动系统的连接。

把步进电动机安装于负载测试台上，松开与制动器连接的联轴器；连接光电编码器与步进电动机;按图 9-19 所示,将 57HS13 步进电动机、M535 步进电动机驱动器与 HNC-21 数控系统连接起来。

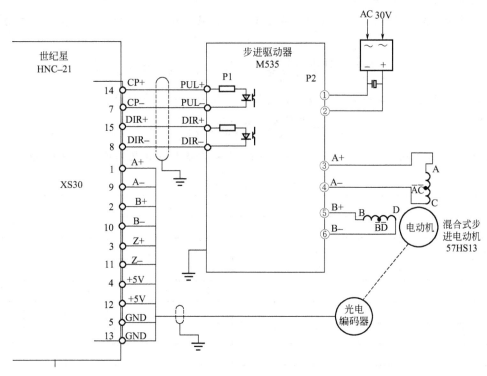

图 9-19 步进电动机驱动系统的连接

2. HNC-21 数控系统参数设置。

按表 9-8 对步进电动机有关坐标轴参数进行设置。按表 9-9 设置硬件配置参数。

表 9-8 坐标轴参数

参 数 名	参数值	参 数 名	参数值	参 数 名	参数值
伺服驱动型号	46	伺服内部参数[0]	8	快移加、减速时间常数	0
伺服驱动器部件号	0	伺服内部参数[1]	0	快移加速度时间常数	0
最大跟踪误差	0	伺服内部参数[2]	0	加工加、减速时间常数	0
电动机每转脉冲数	400	伺服内部参数[3]、[4]、[5]	0		

表 9-9 硬件配置参数

参数名	型号	标识	地址	配置 0	配置 1
部件 0	5301	46	0	0	0

3. M535 步进电动机驱动参数设置。

按驱动器前面板表格,将细分数设置为 2,将电动机电流设置为 57HS13 步进电动机的额定电流。

4. 通电试运行。

在线路和电源检查无误后,进行通电试运行。

以手动或手摇脉冲发生器方式发送脉冲，控制电动机慢速转动和正反转，在没有堵转等异常情况下，逐渐提高电动机转速。

5. 测定步进电动机的步距角。

以手动方式发送单脉冲，从数控系统显示屏上记录工件实际坐标值，计算步进电动机的步距角 β。

$$\beta = \frac{实际坐标值 \times 360°}{脉冲数(n) \times 4 \times 光电编码器线数}(n > 20) \quad (取最接近数值\frac{360°}{\beta}的整数)$$

计算每一步脉冲的实际坐标增量值，再按下式换算成实际步距角 β_n。

$$\beta_n = \frac{单脉冲实际坐标增量值 \times 360°}{4 \times 光电编码器线数}$$

由 β 和 β_n 可算出步距精度 $\Delta\beta = (\beta_n - \beta)/\beta$，再将记录和计算数据填入表 9-10 中。

表 9-10 步距精度

脉 冲 列	1	2	3	4	5	6	7	8	9	10
坐标值/mm										
实际步距角/(°)										
步距精度/%										
脉 冲 列	11	12	13	14	15	16	17	18	19	20
坐标值/mm										
实际步距角/(°)										
步距精度/%										

6. 测定步进电动机的静转矩特性。

步进电动机处于锁定状态（即不发送脉冲给驱动器）时，用测力扳手或悬挂砝码给步进电动机施加转矩 $T(N \cdot m)$，并读取对应的转子轴偏转角 $\theta[(°)]$（根据记录的工件实际坐标值换算），记录一组转矩 T 与偏转角 θ 的数据，直至最大转矩点。根据下面公式计算步进电动机的静态刚度 K。

$$K = \frac{dT}{d\theta} = \frac{\Delta T}{\Delta \theta}$$

注意，由于在锁定状态时，驱动器电流自动减半，实际静态刚度还可能增大一倍。将记录和计算的数据填入表 9-11 中。

表 9-11 步进电动机静态刚度

坐标值/mm										
角位移/(°)										
转矩值/N·m										
静态刚度/N·m·(°)$^{-1}$										

7. 测定步进电动机的空载启动频率。

拆去光电编码器，让步进电动机空载。在步进电动机轴身处做一标记，由数控系统设置步进电动机整数转的移位和速度，且将加、减速时间常数也设置为零。步进电动机在锁定状态下，执行上述命令。当步进电动机突然启动和突然停止后，根据轴伸处标记判断步进电动机是否失步。若启动成功，则提高速度参数再测试，直至某一临界速度，并由此速度换算步进电动机的空载启动频率。

8. 测定步进电动机的启动惯频特性。

在步进电动机轴伸上安装惯量圆盘，用上述方法测试其启动频率。随着惯量增加，启动频率下降。将记录和计算的数据填入表 9-12 中。

表 9-12　步进电动机启动惯频特性

负载转动惯量/kg·cm²					
启动频率/Hz					

9. 测定步进电动机的运行矩频特性。

（1）将步进电动机与磁粉制动器用联轴器连接。由数控系统设置步进电动机的速度（即步进电动机的运行频率），且将加、减速时间常数设置为 1s 以上。

（2）步进电动机在锁定状态下，执行启动命令，电动机将加速至给定转速。待速度稳定后，调节磁粉制动器的激励电流，逐渐加大负载，直至步进电动机失步停转，记录该激励电流值。

（3）增加步进电动机的速度给定值，重复上述步骤，记录新转速下使步进电动机失步的激励电流值。

（4）由磁粉制动器特性曲线，获取对应激励电流的制动转矩值（N·m），并由速度指令值换算为频率值，即可绘出步进电动机的运行矩频特性。将记录数据填入表 9-13 中。

表 9-13　步进电动机运行矩频特性

运行频率/Hz					
负载转矩/N·m					

（5）将步进电动机定子绕组改为并联接法，如图 9-20 所示，再按上述步骤测定步进电动机的运行矩频特性（绕组并联后，应将步进电动机的电流设置增大一倍，避免降低步进电动机在低频段的输出转矩）。

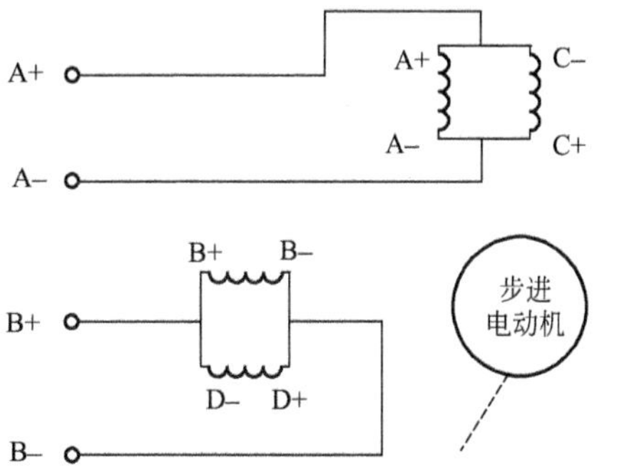

图 9-20　步进电动机定子绕组并联接法

四、实训报告要求

1. 绘制实训所用步进电动机控制系统电气连接图。
2. 绘制实训所用步进电动机的启动频率特性。
3. 绘制实训所用步进电动机的运行矩频特性。
4. 简要回答：

（1）步进电动机控制系统强、弱电如何区分？

（2）简要说明步进电动机控制系统投入运转的操作步骤。

（3）说明步进电动机绕组串联与绕组并联时矩频特性的异同。

思考题与习题

1. 步进伺服系统由哪些部分组成？各部分作用如何？
2. 步进电动机驱动功率放大器哪几种供电方式？分析各种供电方式的原理，并比较其优缺点。
3. 比较软件和硬件环形分配器的优缺点。
4. 用软件设计一个三相六拍环形分配器（流程图）。
5. 试选用 TD62803P 设计一个三相六拍环形脉冲分配器并画出功率驱动放大电路。
6. 步进电动机驱动器接口定义如何？说明各信号端子的作用和用法。

第十章 直流调速控制系统

电动机调速是电动机驱动的最基本问题。其中心内容是电动机转速的自动调节和稳定。直流电动机不仅具有良好的启动、调速、制动性能,而且直流调速系统的分析是理解交流调速系统的重要基础。

第一节 概 述

一、调速的定义

调速是指在某一具体负载情况下,通过改变电动机或电源参数的方法,使机械特性曲线得以改变,从而使电动机转速变化或保持不变。

调速具有两方面的含义:一是能在一定范围内"变速",即电动机的负载不变,转速变化;二是"恒速",当生产机械在某一速度下运行,总要受外界干扰,例如负载增加,电动机转速降低,为维持转速恒定,就要调整转速,使之等于或接近原来的转速。

二、直流电动机的调速方案

直流电动机的调速方法有电枢回路串电阻、降低电枢电压和减弱励磁磁通三种。对于数控机床、工业机器人等要求能连续改变转速的工作机械,希望电动机转速调节的平滑性好,即无级调速。改变电阻只能有级调速,减弱磁通虽然能够平滑调速,但只能在基速以上进行小范围的升速,因此,直流电动机调速都是以降低电枢电压调速为主。

三、直流调速控制系统的分类

在调压调速方案中,常用的可控直流电源主要有直流发电机、静止可控整流装置、脉宽调制变换器三种。与之相对应,直流调速控制系统可分为旋转变流机组调速控制系统、静止可控整流调速控制系统、脉宽调制调速控制系统三类。

1. 旋转变流机组调速控制系统

某龙门刨床的旋转变流机组调速控制系统如图 10-1 所示。

图 10-1 中,交流电动机 M5 拖动电机扩大机,调节直流发电机的励磁电流,交流电动机 M1 拖动直流发电机 G 和励磁发电机 MG,从而可以调节直流发电机输出电压,即调节直流电动机电枢电压,达到调节直流电动机转速的目的。

旋转变流机组调速控制系统,简称 A-G-M 系统或 G-M 系统。

2. 静止可控整流调速控制系统

静止可控整流调速控制系统原理如图 10-2 所示。

通过调节触发装置的控制电压,来移动晶闸管触发脉冲的相位,以改变晶闸管整流装置的输出电压,进而调节直流电动机的转速。

静止可控整流调速控制系统,简称 V-M 系统。

3. 脉宽调制调速控制系统

脉宽调制调速控制系统原理如图 10-3 所示。

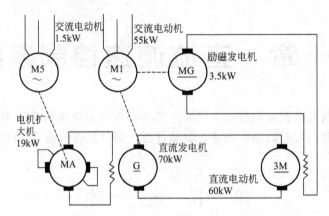

图 10-1　旋转变流机组调速控制系统

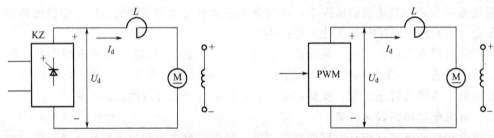

图 10-2　静止可控整流调速控制系统原理　　图 10-3　脉宽调制调速控制系统原理

改变晶体管的导通/关断时间，以调节 PWM 装置输出的直流平均电压，从而调节直流电动机的转速。

脉宽调制调速控制系统，简称 PWM 系统。

随着电力电子器件性能的不断完善，由可关断晶闸管（GTO）、电力晶体管（GTR）、功率场效应管（P-MOSFET）等器件构成的 PWM 装置，工作频率高、体积小、效率高，PWM 系统在现代机床中得到了广泛应用。

第二节　单闭环直流调速系统

一、系统的组成

单闭环直流调速系统是指只有一个转速负反馈构成的闭环控制系统。图 10-4 所示为由晶闸管整流装置供电的直流调速系统。

其工作原理是电动机轴上安装测速发电机 G，得到与转速成正比的电压 U_f，与给定电压 U_{gd} 比较后，得到偏差电压 ΔU，再经放大器 FD，调节触发装置 CF 的控制电压 U_k，移动触发脉冲的相位，以改变晶闸管整流装置 KZ 的输出电压，调节直流电动机的转速。当平波电抗器 L 足够大时，直流电动机电枢电流保持连续。

二、系统的稳态特性

（一）系统的静特性

图 10-4 中，单闭环直流调速系统可视为由一些典型环节所组成，各环节的输入/输出稳

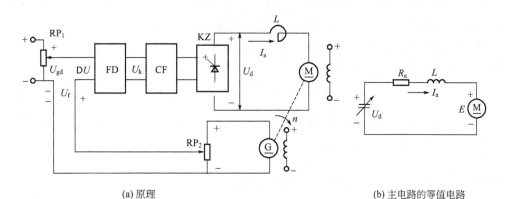

(a) 原理　　　　　　　　　　(b) 主电路的等值电路

图 10-4　单闭环直流调速系统

态关系如下。

电压比较环节　　　　　　　$\Delta U = U_{gd} - U_f$

放大器　　　　　　　　　　$U_k = K_p \Delta U$

晶闸管整流装置　　　　　　$U_d = K_s U_k$

测速发电机　　　　　　　　$U_f = \alpha n$

主回路电压平衡方程式　　　$U_d = E + I_a R_a$

　　　　　　　　　　　　　$E = C_{EG} \Phi n = K_e n$

式中　K_p——放大器电压放大系数；

　　　K_s——晶闸管整流装置的电压放大系数；

　　　α——测速反馈系数，$\alpha = R_2 C_{EG}/(R_1 + R_2)$；

　　　C_{EG}——测速发电机的电势常数；

　　　R_1，R_2——与测速发电机并联的分压电阻。

根据以上各环节的稳态输入/输出关系，可画出系统的稳态结构图，如图 10-5 所示。

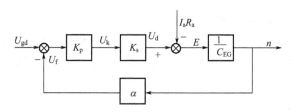

图 10-5　单闭环直流调速系统稳态结构图

简化求得系统的稳态方程：

$$n = \frac{K_p K_s U_{gd} - K_p K_s \alpha n - I_a R_a}{K_e} = \frac{K_p K_s U_{gd}}{(1+K) K_e} - \frac{I_a R_a}{(1+K) K_e} = n_{0b} - \Delta n_b \quad (10\text{-}1)$$

式中，K 称为闭环系统的开环放大系数，$K = \dfrac{K_p K_s \alpha}{K_e}$，其物理意义为，从测速发电机输出端将反馈回路断开，从放大器输入 ΔU 计起，直到测速发电机输出 U_f 为止的总电压放大倍数，它是系统的各环节单独放大系数的乘积；n_{0b} 是闭环系统的理想空载转速；Δn_b 是闭环系统的静态转速降落。

式(10-1) 表示在闭环条件下，电动机转速与负载电流（或转矩）之间的稳态关系，称为静特性。它在形式上和电动机开环机械特性相似，但本质却有很大的不同，是由不同机械特性的运行点所组成，所以名为静特性而不用机械特性，以示区别。

（二）开环系统机械特性与闭环系统静特性的比较

在图 10-5 中，断开反馈回路，可导出开环机械特性，其方程式为

$$n=\frac{K_pK_sU_{gd}-I_aR_a}{K_e}=n_{0k}-\Delta n_k \quad (10\text{-}2)$$

式中，n_{0k} 为开环系统的理想空载转速；Δn_k 为开环系统的静态转速降落。通过比较式(10-1)与式(10-2)可得出如下结论。

① 闭环系统静特性比开环系统机械特性硬得多。

在相同的负载扰动下，两者的转速降落分别为

$$\Delta n_b=\frac{I_aR_a}{(1+K)K_e}, \Delta n_k=\frac{I_aR_a}{K_e} \quad (10\text{-}3)$$

显然，当 K 值较大时，Δn_b 要比 Δn_k 小得多，即闭环系统静特性硬度大大提高。

② 空载转速相同时，闭环系统静差度小得多。

闭环系统和开环系统的静差度分别为

$$s_b=\frac{\Delta n_b}{n_{0b}}, s_k=\frac{\Delta n_k}{n_{0k}} \quad (10\text{-}4)$$

显然，当 $n_{0b}=n_{0k}$ 时，有 $s_b=s_k/(1+K)$。

③ 当要求静差度一定时，闭环系统可大大提高调速范围。

假设闭环系统和开环系统的电动机的最高转速都为额定转速，易推出

$$D_b=(1+K)D_k \quad (10\text{-}5)$$

综上所述，K 值足够大时，闭环系统能得到比开环系统硬得多的稳态特性，从而在保证一定静差度的条件下，获得较宽的调速范围，因此系统必须设置放大器。

（三）系统的基本性质

单闭环直流调速系统是一种最基本的反馈控制系统，具有反馈控制的基本规律，体现出如下的基本特征。

1. 应用比例调节器的闭环系统有静差

由静特性方程可知，开环放大系数 K 值对闭环系统稳态性能影响很大，K 值越大，稳态性能越好。但只要所设置的调节器是比例放大器（K_p＝常数），稳态速度差只能减小，而不能消除。因为

$$\Delta n_b=\frac{I_aR_a}{(1+K)K_e}$$

只有当 $K=\infty$ 时，才能使 $\Delta n_b=0$，但这是不可能的。只有实际转速与理想空载转速存在偏差，才能检测偏差，从而控制系统减少偏差，故也称偏差调节系统。

2. 系统绝对服从给定输入

给定输入 U_{gd} 是和反馈作用相比较的量，也称参考输入量。给定输入的微弱变化，会直接引起输出量（转速）的变化，改变给定输入就是在调节转速。若给定电源出现不应有的波动，系统也当作正常的调节处理。

3. 抵抗扰动

闭环系统中，给定输入 U_{gd} 不变时，所有能引起输出量（转速）变化的因素称为扰动。

在单闭环直流调速系统中，负载的变化、交流电源电压波动、放大器放大系数的漂移、

电动机励磁变化等这些前向通道上的扰动,系统都能检测出来,通过反馈控制,减少其对稳态转速的影响。

但是在反馈通道中的扰动,系统无法抑制。如测速发电机的励磁变化或其输出电压中的换向波纹,以及定子和转子间的偏心距,都会给系统带来周期性的干扰。所以,高精度的调速系统必须具有高精度的检测装置。

第三节 单闭环无静差直流调速系统

单闭环调速系统若采用比例调节器,则稳定运行时,转速不可能完全等于给定值,即使提高开环增益或引入电流正反馈也只能减少而不能消除静差。

为实现转速无静差调节,可用比例积分调节器代替比例调节器。

一、比例积分调节器

在集成运算放大器的反馈回路中串入一个电阻及电容,即可构成比例积分调节器,简称PI调节器,如图10-6所示。

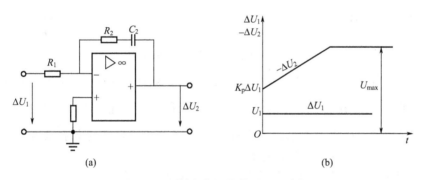

图 10-6 比例积分调节器原理和特性

比例积分调节器输出由输入信号的比例和积分两部分叠加而成,其传递函数为

$$H(s) = \frac{K_p(\tau s + 1)}{\tau s} \quad (10\text{-}6)$$

式中 τ——调节器积分部分的时间常数;

K_p——调节器比例部分的放大系数。

二、单闭环无静差调速系统工作原理

单闭环无静差调速系统组成及动态过程如图10-7所示。

比例积分调节器的输入信号为 $\Delta U = U_{gd} - U_f$,输出信号 $U_k = K_p \Delta U + \frac{1}{\tau}\int \Delta U dt$。在启动过程中,PI调节器输出的动态响应波形与 ΔU 相关,当 U_{gd} 给定时,ΔU 的变化则取决于 U_f。

例如,突加阶跃转速 U_{gd} 启动,由于系统机械惯性等作用,电动机转速不能立刻实现,则 $\Delta U = U_{gd}$,比例积分调节器的比例输出 $U_{kp} = U_k = K_p \Delta U$ 达最大值,积分输出 U_{ki} 很小;随着 U_k 的增大,U_f 随之增大,使 ΔU 逐渐减小直至为零,U_k 此时稳定在某一值使电动机恒速转动,输入输出的动态特性如图10-7(b)所示。可知,在启动过程中,PI调节器输出的比例控制作用由强渐弱,对启动过程有强激励作用,促使系统响应加速;而积分控制作用

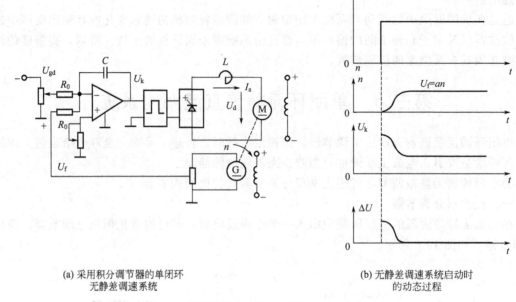

(a) 采用积分调节器的单闭环　　　　(b) 无静差调速系统启动时
　　　无静差调速系统　　　　　　　　　　　的动态过程

图 10-7　单闭环无静差调速系统组成及动态过程

由弱渐强，起消除静差的作用。U_k 是两部分之和，U_k 既有快速性，又足以消除静差。

因此，只要有偏差 ΔU，其积分 $\int \Delta U dt$ 必须使控制电压增加，从而提高直流电动机两端电压，直至直流电动机转速偏差消除，此时，PI 调节器输出电压可保持直流电动机两端电压不变，维持系统在没有偏差下稳定运行。

所以，采用比例积分调节器的闭环调速系统是无静差调速系统。

第四节　带电流截止环节的单闭环直流调速系统

单闭环直流调速系统虽然解决了转速调节问题，但当系统突然输入给定电压 U_{gd} 时，由于系统的惯性，电动机转速为零，则启动时转速反馈电压 $U_f = 0$，$\Delta U = U_{gd}$，偏差电压几乎是其稳态工作时的 $(1+K)$ 倍。由于晶闸管整流装置和触发电路以及放大器的惯性都较小，使整流电压 U_d 迅速达到最大值，直流电动机全压启动，若没有限流措施，启动电流 I_{st} 过高，不仅对电动机换向不利，而且会损坏晶闸管。

此外，工作机械有时会遇到堵转的情况，例如机械轴被卡住，或挖土机运行时碰到坚硬的石块，由于闭环系统的特性很硬，若没有限流措施，电动机电流将大大超过允许值，如果只依靠自动开关或熔断器保护，一过载就跳闸或断电，会给正常工作带来不便。

为解决上述问题，系统中必须有自动限制电枢电流过大的装置。为此，在启动和堵转时，引入电流负反馈，以保证电枢电流不超出允许值；而正常运行时让电流负反馈不起作用，可保持较好的静特性硬度。这种当电流大到一定程度才出现的电流负反馈，称为电流截止负反馈，简称截流反馈。

一、截流反馈装置

两种截流反馈装置如图 10-8 所示，电流负反馈信号来自小阻值电阻 R_c，该电阻串入电枢回路，$I_a R_c$ 正比于电枢电流。设 I_{aj} 为临界的截止电流，当电流大于 I_{aj} 时，将电流负反馈信号加到放大器的输入端，而当电流小于 I_{aj} 时，将电流负反馈切断。为实现此作用，需引入比较电压 U_{bj}。图 10-8(a) 利用独立直流电源作比较电压，用电位器调压；图 10-8(b) 则利用稳压管的击穿电压 U_w 作为比较电压。

二、带载流反馈装置的单闭环直流调速系统的静特性

电流截止装置的输入输出特性如图 10-9 所示，当输入信号 $I_a R_c - U_{bj}$ 为负值时，输出即电流负反馈电压为零；而 $I_a R_c - U_{bj}$ 为正值时，输出等于输入。

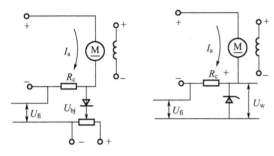

图 10-8 截流反馈装置

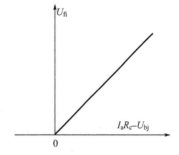

图 10-9 截流反馈输入输出特性

电流负反馈的作用相当于在电路中串联一个大阻值电阻，随着负载电流的增大，电动机转速急剧下降，直到堵转点；同时由于比较电压与给定电压同极性，使理想空载转速升高。这种静特性常被称为挖土机特性。在实际应用过程中，采用电流截止环节解决限流启动并不十分精确，只适用于小容量且对动态特性要求不太高的系统。

第五节　双闭环直流调速系统

单闭环（转速负反馈）直流调速系统，能实现一定的静态和动态性能要求。如果希望充分利用电动机过载能力，得到最快的动态响应，例如快速启动和制动，突加负载而又要求动态转速降小，单闭环调速系统就难以满足要求。因为单闭环调速系统不能完全按照要求来控制动态过程中的电流或转矩，即便设置电流截止环节来限制启动和升速时的冲击电流，仍不能按要求来控制电流的动态波形。

解决此问题的唯一途径是采用转速、电流双闭环直流调速系统。

一、双闭环直流调速系统的组成

图 10-10 所示为设置两个比例积分调节器的双闭环直流调速系统。其中转速和电流调节器串级连接，转速调节器的输出作为电流调节器的输入，而电流调节器的输出则控制晶闸管的触发装置。

图 10-10 中，ST 为转速调节器，LT 为电流调节器；从闭环反馈的结构来看，电流调节环为内环，转速调节环为外环。

ST 的输出限幅电压为 U_{gim}，取决于电动机的过载能力及系统对最大加速度的要求，它决定了 LT 给定电压，即给定电流的最大值；LT 输出电压的正限幅（$+U_{km}$）限制了晶闸管的输出电压 U_k 的最大值，即限制了晶闸管的触发装置的最小移相角 α_{min}。所以，在组成双闭环调速系统时，必须按需要调整调节器的限幅值。

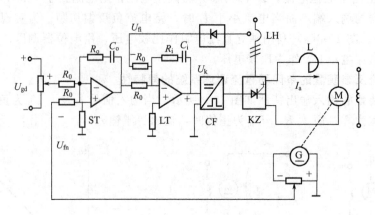

图 10-10　双闭环直流调速系统

二、双闭环直流调速系统的静特性

双闭环直流调速系统稳态结构图如图 10-11 所示。其静特性如图 10-12 所示。

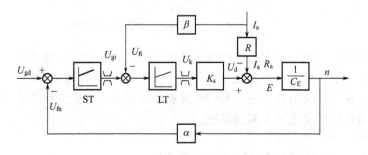

图 10-11　双闭环直流调速系统稳态结构图

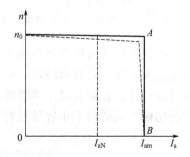

图 10-12　双闭环直流调速系统静特性

限幅输出的 PI 调节器在稳态时有饱和与不饱和两种状况。饱和时，输出为恒定值，输入量的变化不影响输出，调节器隔离了输出与输入之间的线性关系；不饱和时，比例积分作用使输入偏差电压 ΔU 在稳态时总为零，实现无静差。

在系统正常运行时，电流调节器 LT 不会达到预先设计的饱和状态，所以在分析静特性时，只需讨论 ST 的饱和与不饱和两种状况。

当 ST 不饱和，则稳态时两个调节器的输入偏差电压 ΔU 都为零。系统工作在静特性的 n_0-A 运行段，即从理想空载状态（$I_a=0$）一直延续到 $I_a=I_{am}$，而最大电流 I_{am} 一般大于额定电流 I_{aN}。

当 ST 饱和时，转速外环呈开环状态，转速的变化对系统不再产生影响，双闭环系统变成电流无静差的单闭环系统，稳态时 $I_a=I_{am}$，系统在最大电流下运行，处于静特性的 AB 段。

双闭环调速系统的静特性在电枢电流小于 I_{am} 时表现为转速无静差；当电枢电流达到 I_{am} 以后表现为电流无静差，这正是应用两个 PI 调节器分别形成两个串级闭环的效果。

三、双闭环直流调速系统的动态特性

（一）系统的动态数学模型

系统的动态结构图如图 10-13 所示。其中 $W_{ST}(s)$ 和 $W_{LT}(s)$ 分别为转速和电流调节器的传递函数。

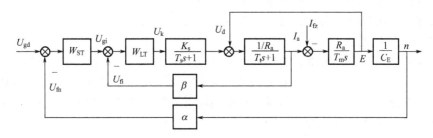

图 10-13 双闭环直流调速系统动态结构图

（二）启动过程

双闭环调速系统突加给定电压 U_{gd} 时，由静止状态启动时转速与电流的波形如图 10-14 所示。因为在启动过程中 ST 经历了不饱和、饱和与退出饱和三个阶段，所以整个过渡过程也分三段，以 Ⅰ、Ⅱ、Ⅲ 标注。

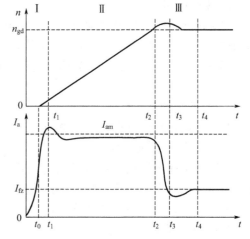

图 10-14 双闭环直流调速系统启动过程转速与电流波形

Ⅰ阶段为电流上升阶段（$0 \sim t_1$）。突加给定电压 U_{gd} 后，经 ST 和 LT 的作用，使 U_k、U_d、I_a 都上升。当 I_a 大于负载电流 I_{fz} 后，电动机开始转动，但由于电动机的机电惯性较大，转速和转速反馈的增长都很慢，使 ST 的输入偏差电压 $\Delta U_n = U_{gd} - U_{fn}$ 较大，ST 的输出很快达到限幅值 U_{gim}，并输入到 LT，使 LT 的输出 U_k 迅速增大，强迫触发脉冲从 90°初始位置快速向前移动，使 U_d 迅速增大，进而使 I_a 迅速增大。当 $I_a \approx I_{am}$ 时，$U_{fi} \approx U_{gim}$，LT 的控制作用限制 I_a 不再猛增而保持动态平衡。在这一段，ST 由不饱和很快达到饱和，而 LT 不饱和，以确保电流内环的调节作用。

Ⅱ阶段为恒流升速阶段（$t_1 \sim t_2$）。从电流上升到最大值 I_{am} 时开始，到转速上升到给定值 n_{gd}（即静特性上的理想空载转速 n_0）为止。这个阶段，ST 始终饱和，转速外环相当于开环，系统表现为在恒值电流给定 U_{gim} 作用下的 LT 调节的内环控制系统，基本保持 I_a 为恒定，从而拖动系统匀加速度运行，转速线性增长。

Ⅲ阶段为转速调节阶段（t_2 以后）。从 t_2 开始，转速已经达到给定值 n_{gd}，ST 的给定电压 U_{gd} 与反馈电压 U_{fn} 相平衡，则 $\Delta U_n = 0$。但 ST 的输出却由于其积分作用还维持为限幅值 U_{gim}，所以电动机仍在最大电流下加速而使转速超调，即 $n > n_{gd}$。结果造成 ST 的输入端出现负的偏差电压（即 $U_{fn} > U_{gd}$，则 $\Delta U_n < 0$。），使 ST 退出饱和状态。ST 的输出电压，亦即 LT 的给定电压 U_{gi}，立即从限幅值下降，主电路电流 I_a 也随之减少。但是，I_a 仍大于 I_{fz}，在一段时间内，转速仍继续上升，直到 I_a 减少到等于 I_{fz} 时，电磁转矩 T 与负载转矩 T_L 相等，则转速的升速率 $dn/dt = 0$，转速达峰值（$t = t_3$）。此后，电机在负载转矩 T_L 的作用下开始减速，I_a 也相应出现一段反超调（即 I_a 小于 I_{fz}）过程，直到稳定运行于 I_{fz}。在这一段，ST 和 LT 都不饱和，同时起调节作用。由于转速调节在外环，ST 处于主导地位，使转

速迅速趋于给定值并使系统稳定。LT 则使 I_a 尽快跟随 ST 的输出 U_{gi} 的变化,所以电流内环的调节过程由转速外环支配,形成电流随动系统。

综上所述,双闭环直流调速系统的启动过程具有如下特点。

1. 饱和非线性控制

随着转速调节器 ST 从饱和到不饱和,系统工作在完全不同的状态,即当 ST 饱和时,转速环开环,构成由 ST 实现恒值电流调节的单闭环系统;当 ST 不饱和时,转速环闭环,整个系统为无静差调速系统,电流内环形成电流随动系统。在不同情况下呈现为不同结构的系统,这是饱和非线性控制的特征。

2. 准时间最优控制

启动过程的主要阶段为Ⅱ阶段恒流升速阶段,其特征是 I_a 恒定,并设计为允许的最大值,以便充分发挥电动机的过载能力,以最大电流加速启动,使启动过程尽可能最快。因为整个启动过程以此阶段占用的时间最长,即"时间最优控制";但同理想快速启动过程还有差别,主要表现在第Ⅰ、Ⅲ阶段的电流不是突变,故称为"准时间最优控制"。

3. 转速超调

转速环开环后,转速的动态响应必然有超调,因为在Ⅲ阶段也即转速调节阶段,必须使 ST 退出饱和,才能真正发挥线性调节作用。按照 PI 的特性,只有转速超调,才能使 $\Delta U_n < 0$,而只有 $\Delta U_n < 0$,才能使 ST 退出饱和。在一般的实际调速系统内,转速略有超调对运行影响不大。

(三)系统的动态性能

双闭环调速系统具有较为满意的动态性能,主要表现在如下几方面。

1. 良好的动态跟随性能

双闭环调速系统在启动和升速过程中,能够在电动机允许的过载能力下,电流为恒定值,加速启动和升速过程,表现出很快的动态跟随性能。当然在减速过程中,由于主电路电流的不可逆性,使动态跟随性能变差。

2. 良好的动态抗扰性能

由两方面的措施来实现:一是靠 ST 的设计来产生抗负载扰动作用,以解决突加(减)负载而引起的动态转速降(升)的问题;二是通过电流反馈抗电网电压扰动。

3. 转速超调的抑制

双闭环调速系统的动态性能的不足之处为转速必然有超调。若在 ST 上引入转速微分负反馈,可使电动机比转速提前动作,从而改善系统的过渡过程质量,抑制转速超调直到消灭转速超调,同时大大降低动态转速降,也提高了动态抗扰性能。

带转速微分负反馈的双闭环系统与普通的双闭环系统的区别仅在转速调节器 ST 上,其原理如图 10-15 所示。所增加的微分电容 C_{0n} 的作用主要是对转速信号进行微分;滤波电阻 R_0 的

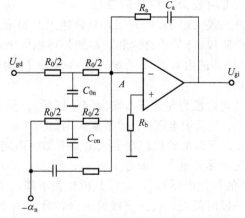

图 10-15 带转速微分负反馈的转速调节器

作用主要是滤除微分后带来的高频噪声。在转速变化的过程中,转速负反馈信号与转速微分

负反馈信号相叠加,一起与给定信号U_{gd}相抵消,比普通的双闭环系统更早一些达到平衡,开始退饱和。

第六节 可逆直流调速系统

在生产实践中,要求直流电动机不仅能够调速,还要求能正、反向转动和快速制动,例如龙门刨床工作台的往返运动、数控机床进给系统中的进刀与退刀、电力机车的前进与后退等,都必须采用可逆的调速系统。

一、可逆直流调速系统的原理

在可逆直流调速系统中,要改变电动机的转动方向,就必须改变电动机的电磁转矩方向。

根据直流电动机的电磁转矩基本公式$T=C_T I_a \Phi$,电磁转矩方向由I_a和Φ决定,实际上是由电枢电压的供电极性和磁场方向(即励磁磁通的方向)决定。电枢电压的供电极性不变,通过改变励磁磁通的方向实现可逆运行的系统,称为磁场可逆调速系统;磁场方向不变,通过改变电枢电压极性的系统称为电枢可逆调速系统。对应的晶闸管-直流电动机系统的可逆运行的线路也有两种方式,励磁反接与电枢反接。

(一)电枢反接可逆线路

电枢反接可逆线路的形式多种多样,用晶闸管整流装置给直流电动机的电枢供电时,通常有以下几种方式。

1. 采用接触器切换的可逆线路

如图10-16所示,晶闸管整流装置KZ的输出电压U_d极性不变,当正向接触器ZC吸合时,电动机电枢得到$A(+)$、$B(-)$的电压,电动机正转;当反向接触器FC吸合时,电动机电枢得到$A(-)$、$B(+)$的电压,电动机反转。

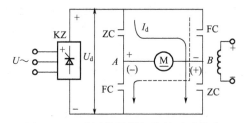

图10-16 采用接触器切换的可逆线路

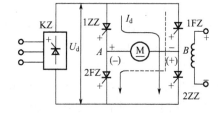

图10-17 采用晶闸管切换的可逆线路

此方案简单、经济,缺点是接触器切换频繁,动作噪声大,寿命低,且需要0.2~0.5s的切换时间,使电动机正、反转中出现切换死区。故仅适用于不经常反转的生产机械。

2. 采用晶闸管切换的可逆线路

如图10-17所示,用晶闸管开关代替接触器,组成晶闸管开关可逆线路。当ZZ导通时,电动机正转;而FZ导通时,电动机反转。此方案线路简单,工作可靠,调整维护方便,但对晶闸管的耐压及容量要求较高,经济性不高,适用于几十千瓦以下的中小容量的系统。

3. 两组晶闸管反并联的可逆线路

如图10-18所示,两组晶闸管整流装置反极性并联,当正组整流装置ZKZ供电时,电动机正转;当反组整流装置FKZ供电时,电动机反转。两组晶闸管整流装置分别由两套触发装置控制，能灵活地控制电动机启、制动，升、降速和正、反转，电动机运行在Ⅰ、Ⅲ象限。但对于控制电路要求严格，不允许两组晶闸管同时处于整流状态，以防电源短路。此方案只需一个电源，变压器利用率高，接线简单，适用于要求频繁正、反转的生产机械，例如龙门刨床及可逆轧机等。

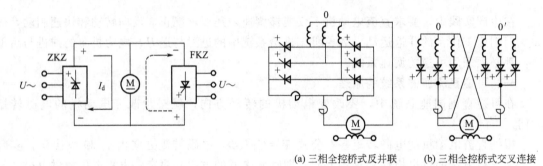

(a) 三相全控桥式反并联　　(b) 三相全控桥式交叉连接

图 10-18　反并联的可逆线路　　　　图 10-19　可逆线路比较

4. 两组晶闸管交叉连接的可逆线路

两台独立的三相变压器或一台具有两套二次绕组的整流变压器，组成交叉连接的可逆线路，其适用场合同于反并联线路。图 10-19 给出了三相全控桥式反并联〔图（a）〕和三相全控桥式交叉连接〔图（b）〕的可逆线路，以作比较。

（二）励磁反接可逆线路

励磁反接可逆线路形式与电枢反接可逆线路相似，有采用接触器切换励磁电流的可逆线路、采用晶闸管开关切换磁场的可逆线路以及两组晶闸管整流装置的磁场可逆线路。

直流电动机的励磁回路的功率一般约为电动机额定输出功率的 3％～5％，所以其容量要比电枢反接可逆线路小得多，经济性高；但励磁绕组电感量大，使励磁回路的时间常数较大（几秒甚至几十秒），响应时间慢；另外在励磁反向切换过程中，使励磁电流由 I_f 变为零时，若不切断电枢电压，则电动机会出现弱磁"飞车"，或产生与原来方向相同的转矩而阻碍反向，为避免以上现象，势必增加控制系统的复杂性。

因此，磁场可逆调速系统只适用于对快速性要求不高，正、反转切换不太频繁的大容量可逆直流调速系统，例如电力机车、卷扬机等。

从考虑控制回路简单及响应快速性的角度出发，大多数生产设备采用电枢可逆调速系统，其中又以采用两组晶闸管反并联或交叉连接的可逆线路为比较典型的主电路形式。

二、可逆直流调速系统的工作状态

（一）V-M 系统的回馈制动

对于需要快速减速或停车的工作机械，将制动期间的释放能量送回电网，称为回馈制动。回馈制动时，电动机的电势极性不变，而要使电流反向。

晶闸管有整流和逆变两种工作状态，若通过晶闸管装置回馈能量，必须使其工作在逆变状态；虽然电动机的电流反向，但 V-M 系统中晶闸管装置的电流不能反向。解决的办法是采用两组晶闸管反并联或交叉连接的可逆线路。

（二）逆变及其产生的条件

如图 10-20 所示，V-M 系统的晶闸管整流装置为全控整流电路，当控制角 $\alpha<90°$ 时，平均整流电压 U_d 为正，理想空载值 $U_d>E$，输出整流电流 I_d，使电动机产生转矩 T，提升负载。此时晶闸管整流装置处于整流状态，如图 10-20(a) 所示。

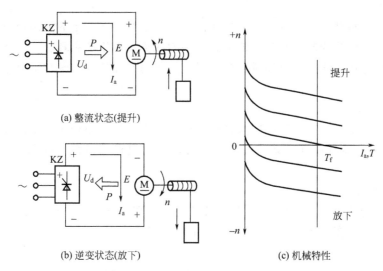

(a) 整流状态(提升)

(b) 逆变状态(放下)

(c) 机械特性

图 10-20　V-M 系统的整流和逆变

当控制角 $\alpha>90°$ 时，平均整流电压 U_d 为负，$|U_d|<|E|$，使转矩 M 的方向与提升负载时相同，可阻碍负载下降过快。此时电能由整流装置回馈给电网，处于逆变状态，如图 10-20(b) 所示。

同一组晶闸管整流装置既可处于整流状态，也可工作在逆变状态，两种状态的电流方向不变，电压极性相反。若控制角 $\alpha>90°$，晶闸管整流装置直流一侧出现 $-U_d$，且外电路有直流电源，其极性与 $-U_d$ 相同，数值稍大于 $|-U_d|$，以维持回馈电流，则这样的逆变状态称为有源逆变。在电流连续的前提下，U_d 与 α 的关系为

$$U_d = U_{dmax}\cos\alpha \tag{10-7}$$

逆变状态的 $90°<\alpha<180°$。定义逆变角 β，且令 $\alpha+\beta=180°$。β 如果太小，原来导通的晶闸管还未完全关断，而电源电压已越过零点，到达正半波而造成逆变失败；根据实践，对 β 的最小值必须留有余量，通常取 $\beta_{min}=30°$ 为逆变条件。

三、可逆直流调速系统的环流

上述两组晶闸管反并联或交叉连接的可逆线路，解决了电动机频繁正、反转运行和回馈制动中电能回馈通道的问题，但环流问题是影响系统安全运行及决定系统性质的一个重要问题。

环流是指不流经电动机或其他负载，而直接在两组晶闸管之间流通的短路电流，图 10-21 标出了环流的流向。

环流一方面会显著加重晶闸管和变压器的负担，消耗无用的功率，太大时可能导致晶闸管的损坏；而另一方面又可以利用环流作为晶闸管的基本负载电流，即便电动机空载或轻载运行，也可使晶闸管工作在电流连续区，减少了因电流断续引起的非线性

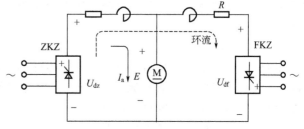

图 10-21　反并联可逆线路中的环流

现象对系统静、动态性能的影响，同时可以保证电流的无间断反向，以加快反向时的过渡过程。

环流分为静态与动态环流两类。静态环流是当可逆线路在一定的控制角下稳定工作时所出现的环流，它又可分为瞬时脉动环流和直流平均环流；至于动态环流，一般系统在稳态运行时不存在，只是在系统处于过渡过程中出现，关于动态环流，本教材不讨论，读者可参考相关文献。

（一）直流平均环流

直流平均环流是正、反两组晶闸管都处于整流状态，正组整流电压 U_{dz} 和反组整流电压 U_{df} 正负相连，不流经电动机或其他负载，直接造成两组整流电源短路的电流，如图 10-21 所示。

1. 消除环流的条件

消除直流平均环流的方法是当正组 ZKZ 整流，其整流电压 U_{dz} 为正时，使反组 FKZ 处于逆变状态，输出逆变电压 U_{df} 为负，且幅值相等，即

$$U_{df} = -U_{dz} \tag{10-8}$$

$$U_{df} = U_{dmax}\cos\alpha_f, \quad U_{dz} = U_{dmax}\cos\alpha_z \tag{10-9}$$

式中，α_f 和 α_z 分别为反组与正组晶闸管的控制角。因为两组整流装置完全相同，则 $U_{df} = U_{dz}$，所以 $\cos\alpha_f = \cos\alpha_z$，或 $\alpha_f + \alpha_z = 180°$。

再由逆变角与控制角的关系得出

$$\alpha_z = \beta_f \tag{10-10}$$

按照这样的条件来控制两组晶闸管，就可消除直流平均环流。一般称 $\alpha_z = \beta_f$ 为 $\alpha = \beta$ 工作制的配合控制。

如果使 $\alpha_z > \beta_f$，则 $\cos\alpha_z < \cos\beta_f$，就能确保消除环流。因此，消除直流平均环流的条件为

$$\alpha_z \geq \beta_f \tag{10-11}$$

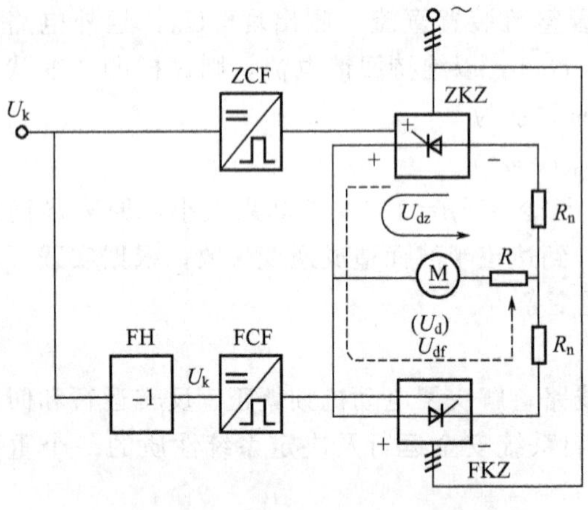

2. $\alpha = \beta$ 工作制的实现

实现 $\alpha = \beta$ 工作制配合控制的方法是将两组晶闸管整流装置触发脉冲的零位都设定在控制角为 90°，即当控制电压 $U_k = 0$ 时，使 $\alpha_z = \alpha_f = \beta_f = 90°$，则有 $U_{df} = U_{dz} = 0$，电动机处于停止状态。而当增大控制电压 U_k

图 10-22 $\alpha = \beta$ 配合工作可逆线路

移相时，只要使两组触发装置的控制电压大小相等，符号相反即可。实现的线路如图 10-22 所示。

（二）瞬时脉动环流

瞬时脉动环流是由于晶闸管整流装置输出脉动电压而产生的。虽然在 $\alpha = \beta$ 工作制配合控制下，有 $U_{df} = U_{dz}$ 而没有直流平均环流，但 U_{df} 和 U_{dz} 的瞬时脉动值并不相同，两者之间存在瞬时电压差，从而产生瞬时电流。

瞬时脉动环流虽然始终存在，但必须加以抑制，不能使其过大。办法是在环流回路中串入均衡电抗器，或称环流电抗器。系统中，均衡电抗器的电感量及其接法因整流电路而异。

一般设计电抗器的电感量,要求把脉动电流平均值限制在额定负载电流的 5%～10% 之间。在三相全控桥式反并联可逆线路中,共设置四个均衡电抗器,因为每组桥有两条并联的环流通道;而对于三相全控桥式交叉连接及三相零式的可逆线路,只需在正、反两个回路中各设一个均衡电抗器,因为它们在环流回路中是串联的。

四、有环流可逆调速系统

有环流可逆调速系统可分为三种。

（一）自然环流系统

1. $\alpha=\beta$ 配合控制的系统

在 $\alpha=\beta$ 配合下,电枢可逆线路中虽然没有直流平均环流,但有瞬时脉动环流,则系统为有环流可逆调速系统。又因为瞬时脉动环流自然存在,故称为自然环流系统。

自然环流系统采用三相全控桥式反并联可逆线路的主电路形式,设置四个均衡电抗器,另设置一个平波电抗器避免均衡电抗器流过较大的负载电流而饱和。$\alpha=\beta$ 配合控制的可逆调速系统如图 10-23 所示。

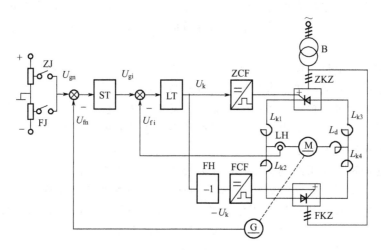

图 10-23 $\alpha=\beta$ 配合控制的可逆调速系统

控制线路采用转速、电流双闭环系统,转速调节器 ST 与电流调节器 LT 都设置了双向输出限幅,来限制最大动态电流、最小控制角 $\alpha_{\min}$ 和最小逆变角 $\beta_{\min}$；继电器 ZJ 和 FJ 用来切换给定电压以满足正、反转的需要；因为反馈信号要反映不同的极性,故电流反馈环节采用霍尔电流变换器 LH 直接检测直流电流。

转速给定电压 U_{gn} 有正、负两种极性,由 ZJ 和 FJ 来切换。当电动机正转时,正向继电器 ZJ 接通,U_{gn} 为正极性,经转速调节器 ST 与电流调节器 LT 输出移相控制信号 U_k 为正,正组触发器 ZCF 输出的触发脉冲 $\alpha_z < 90°$,正组晶闸管整流装置 ZKZ 处于整流状态,同时 $+U_k$ 信号经反向器 FH 使反组触发器 FCF 输出移相控制信号 $-U_k$,输出的触发脉冲 $\alpha_f > 90°(\beta_f < 90°)$,且 $\alpha_z = \beta_f$,使反组晶闸管整流装置 FKZ 处于待逆变状态。

当电动机反转时,反向继电器 FJ 接通,U_{gn} 为负极性,反组晶闸管整流装置 FKZ 处于整流状态,正组晶闸管整流装置 ZKZ 处于待逆变状态。

显然,在 $\alpha=\beta$ 配合控制下,一组晶闸管在工作,而另一组晶闸管处于等待工作的状态。

这种控制方式的优点是控制简单,容易实现,负载电流可以方便地按两个方向平滑过渡,正、反转换向无死区,快速性好。缺点为随着参数的变化、元件的老化或其他干扰作用，控制角可能偏离 $\alpha=\beta$ 的关系，一旦变成 $\alpha<\beta$，会引起直流环流，发生事故。适用于要求快速正、反转的中、小容量系统。

2. $\alpha>\beta$ 工作制控制的系统

可通过原始脉冲位置整定在大于 90°处，或通过控制正、反两组触发脉冲的移相速度的快慢不等，以保证 $\alpha>\beta$。这种控制方式的优点是瞬时脉动环流比在 $\alpha=\beta$ 配合控制下的小，发生 $\alpha<\beta$ 的可能性小，可靠性高。缺点为正、反转换向时有控制死区。适用场合同 $\alpha=\beta$ 工作制。

（二）给定环流系统

工作在 $\alpha<\beta$ 的状态，系统存在固定的直流环流，避开电流断续区，正、反转换向时无控制死区，平滑性与快速性好；因为存在环流负反馈，均衡电抗器体积比自然环流系统的小。但由于环流始终存在，故会出现换向冲击。这种系统实际使用较少。

（三）可控环流系统

依照负载电流的断续或连续，来控制环流的大小与有无的可逆调速系统，称为可控环流系统。即当主回路负载电流有可能断续时，采用 $\alpha<\beta$ 的控制方式，有意提供附加的直流平均环流，使电流连续。一旦主回路负载电流连续时，再设法实现 $\alpha>\beta$ 的控制方式，遏止环流使其为零。

这种系统的均衡电抗器体积比自然环流系统的小，正、反转换向时无控制死区，平滑性与快速性好。系统既充分利用了有环流可逆调速系统制动和反向过程平滑性与连续性好的一面，避开电流的断续区，提高了系统的快速性；又克服了环流不利之处，在大、中、小容量的调速系统内日益得到广泛应用，尤其是对快速性要求较高的随动系统。

五、无环流可逆调速系统

有环流可逆调速系统虽然具有反向快、无死区、过渡平滑等优点，但需要设置几个均衡电抗器，体积大、重量大，既麻烦又不经济。特别对一些大容量可逆调速系统，当某些生产工艺对系统过渡过程的快速性及平滑性要求不高，却对生产的可靠性要求较高时则不适用，同时，均衡电抗器的容量也很难满足大容量系统的要求。因此，常应用无环流可逆调速系统，既没有瞬时脉动环流，也没有直流平均环流。

按照实现无环流的原理，无环流可逆调速系统可分为逻辑控制和错位控制两类。

（一）逻辑控制的无环流可逆调速系统

当一组晶闸管整流装置工作时，用逻辑电路封锁另一组晶闸管整流装置的触发脉冲，使其完全处于阻断状态，从根本上切断环流的通路。这样的系统简称为逻辑无环流系统。

1. 系统的组成

主电路：两组晶闸管反并联的可逆线路；无均衡电抗器；有平波电抗器。

控制回路：转速、电流双闭环结构，电流环结构中有两个电流调节器，分别控制正、反两组晶闸管整流装置；采用交流互感器等电流检测器件，因为反馈电压极性不变；最为关键的是增设了逻辑切换装置，根据系统的工作状态，指挥系统自动进行切换，控制两组触发脉冲的开关与封锁，确保无环流。

2. 工作原理

触发脉冲的零位整定及工作时的移相方法与 $\alpha=\beta$ 工作制的相同，即零位都设定在控制角为 90°，当控制电压 $U_k=0$ 时，使 $\alpha_z=\alpha_f=\beta_f=90°$；系统其他部分的工作原理与自然环流可逆系统相同。

逻辑切换装置的工作原理是重点,为确保无环流,对无环流逻辑控制器提出了万无一失的控制要求。

① 无环流逻辑控制器的输入信号,取自电流给定信号和零电流检测信号,经逻辑判断后,使控制器发出逻辑切换指令,以封锁正组而开放反组或封锁反组而开放正组。

② 发出逻辑切换指令后,首先经过封锁延时封锁原导通组脉冲,再经过开放延时开放另一组脉冲。

③ 无论何种情况,两组晶闸管绝不允许同时施加触发脉冲。

为确保以上控制要求,无环流逻辑控制器由四个基本环节组成:电平检测电路、逻辑判断电路、延时电路和联锁保护电路。

电平检测电路的任务是将系统中的电流给定信号和零电流检测信号这两个模拟量分别转换为"0"和"1"状态的数字量,实现电路是通过运算放大器连接成滞回比较电路。

逻辑判断电路由四个与非门组成,它以电平检测电路输出的转矩极性鉴别和零电流检测信号的逻辑电平作为输入信号,按照电动机的各种运行状态和所要求的逻辑判断电路的输出关系,正确地输出切换信号 UZ 和 UF。封锁正组脉冲时,UZ=0;封锁反组脉冲时,UF=0;开放正组脉冲时,UZ=1;开放反组脉冲时,UF=1。

延时电路由二极管、电容和四个与非门组成。封锁延时是从发出切换指令到真正封锁掉原来工作的那组脉冲之间应该留出来的等待时间,其作用主要是防止因导通电流所包含的脉动分量使正处于逆变状态的本组造成逆变颠覆,通常对于三相桥式主电路的可逆系统,取封锁延时为 2~3ms。开放延时是从封锁原工作组脉冲到开放另一组脉冲之间的等待时间,其作用主要是防止两组晶闸管同时导通造成短路,对于三相桥式主电路,取开放延时为 5~7ms。

联锁保护电路是为了防止电路一旦发生故障时两组晶闸管同时导通造成短路,由四个二极管和一个与非门组成。若有故障,则同时封锁两组晶闸管的触发脉冲,避免它们同时处于整流状态。

3. 特点及应用

逻辑无环流系统的优点如下。

① 省去了均衡电抗器,无附加的环流损耗。

② 节省了变压器和晶闸管的附加设备容量。

③ 因换流失误而造成的事故率比有环流系统低。

缺点是因设置了开放与封锁延时,造成电流换向死区,影响了过渡过程的快速性。

适用于对系统过渡过程的平滑性与快速性要求不高的大容量可逆系统。

(二) 错位控制的无环流可逆调速系统

此系统中设置的两组晶闸管整流装置,当一组工作时,并不封锁另一组的触发脉冲,而是借助于错开触发脉冲相位来实现无环流。这样的系统简称为错位无环流系统。

错位无环流系统采用 $\alpha=\beta$ 工作制,两组触发脉冲的关系为 $\alpha_z=\alpha_f=300°$ 或 $\alpha_z=\alpha_f=360°$,即初始相位整定在 $\alpha_z=\alpha_f=150°$ 或 $\alpha_z=\alpha_f=180°$。这样,当待逆变组的触发脉冲到来时,其晶闸管阳极一直处于反向阻断状态,不能导通,也就不产生静态环流了。

在错位无环流系统中,不需要逻辑装置,而是较为普遍地采用电压内环,它由电压变换器和电压调节器组成。电压内环的主要作用如下。

① 压缩反向时的电压死区,加快系统切换过程。

② 防止动态环流,保证电流安全换向。
③ 改造控制对象,抑制电流断续等非线性因素的影响,提高系统的静、动态性能。

第七节 直流脉宽调速系统

脉宽调速系统的主电路采用脉宽调制式变换器(PWM 变换器),该变换器是采用脉冲宽度调制的一种直流斩波器。直流斩波调速以其节能效果显著而最初应用于直流电力机车,目前较广泛地用于中、小容量的直流调速系统。直流脉宽调速系统与晶闸管-电动机系统相比,具有如下优点。

① 采用绝缘栅双极性晶体管(IGBT)、功率场效应管(P-MOSFET)、门极可关断晶闸管(GTO)、全控电力晶体管(GTR)等电力电子器件,主电路简单,所需功率元件少,且主电路元件工作在开关状态,损耗少,效率高。

② 开关频率高,电流连续,谐波成分少,电动机损耗小。

③ 系统频带宽,快速性好,动态抗扰性强。

④ 系统低速性好,调速范围宽,稳态精度高。

随着相关器件的迅速发展,直流脉宽调速系统的用途将日益广泛,技术将日渐成熟。

直流脉宽调速系统的静、动态特性的分析方法,和前面讨论的晶闸管相位控制的直流调速系统的基本相同,区别仅在于主电路和脉宽调制的控制电路。

一、脉宽调制式变换器

脉宽调制式变换器有可逆与不可逆两类。可逆 PWM 变换器又有单极式、双极式和受限单极式等多种电路。这里只介绍可逆 PWM 变换器中的双极式 H 型 PWM 变换器。

(一) 主电路

桥式主电路如图 10-24 所示,直流电源 U_s 和电动机 M 接在桥对角线上。桥臂为大功率晶体管 VT1~VT4,起开关作用;其基极驱动电压分为两组,U_{b1}、U_{b4} 和 U_{b2}、U_{b3}。并联的续流二极管 VD1~VD4 起过压保护作用。

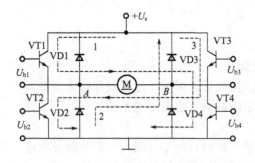

图 10-24 PWM 变换器主电路

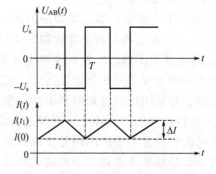

图 10-25 双极式输出电压、电流波形

(二) 工作原理

四个大功率晶体管分为两组,VT1、VT4 和 VT2、VT3 交替导通与截止。在 $0 \sim t_1$ 期间,VT1、VT4 导通,电动机电枢电压 $U_{AB} = +U_s$;在 $t_1 \sim T$ 期间,VT2、VT3 导通,$U_{AB} = -U_s$。两组晶体管不能同时导通,以免电源短路。这样,变换器的输出电压时正时负,称为双极式工作制;其波形如图 10-25 所示。

输出电压的平均值 U_{ave} 的大小和极性取决于正、反两组晶体管的导通时间的长短。若 $t_1 > (T-t_1)$，则 U_{ave} 为正，反之为负。

通过改变 PWM 变换器的输入控制信号 u_r 的大小与极性，控制 t_1 的长短，即可实现脉宽调制（改变脉冲宽度）。而 u_r 来自电压放大器或校正装置的输出。设 u_r 的正负限幅值为 $\pm u_{rm}$，则

$$\rho = \frac{u_r}{u_{rm}} (-1 \leqslant \rho \leqslant 1) \tag{10-12}$$

ρ 定义为 PWM 占空比，输出电压的平均值为

$$U_{ave} = \rho U_s \tag{10-13}$$

当 ρ 在 $-1 \leqslant \rho \leqslant 1$ 范围内变化时，可实现调速。当 ρ 为正值，电动机正转；当 ρ 为负值，电动机反转；当 ρ 为零时，电动机停转，但此时电枢电压和电流的瞬时值是交变的，不为零，只是平均值为零，所以电动机虽不产生转矩但增大了能量损耗，但同时产生了高频微振，以消除正、反向时的静摩擦死区。

（三）特点

双极式 H 型 PWM 变换器的主要优点如下。

① 电枢电流连续。

② $\rho = 0$，起"动力润滑"作用，消除静摩擦死区。

③ 低速平稳性好，调速范围宽。因为晶体管的驱动脉宽较宽，能可靠导通。电动机可在四个象限运行。

缺点主要是工作过程中，四个晶体管都处于开关状态，损耗大，且容易发生上下两管直通（即同时导通）的事故，降低了可靠性。

二、典型双闭环控制的直流脉宽调速系统

控制的基本方案仍采用转速、电流双闭环系统，属于脉宽调速系统特有的部分有脉宽调制器 MT、调制波发生器 TF、逻辑延时电路 LY、PWM 开关变换器、晶体管基极驱动器 QD、瞬时动作的限流保护 JLB 等，原理框图如图 10-26 所示。

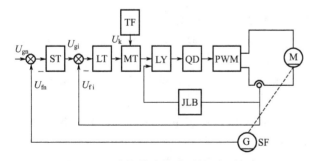

图 10-26 直流脉宽调速系统原理框图

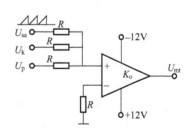

图 10-27 锯齿波脉宽调制器电路

（一）脉宽调制器

脉宽调制器是将控制信号（电压）变换为与之成比例的脉宽可调的脉冲电压的装置。其种类很多，常见的有锯齿波脉宽调制器，如图 10-27 所示，它是一个由运算放大器和几个输入信号组成的电压比较器。

在电压比较器的输入端，控制电压 U_k 与锯齿波信号 U_{sa} 相加，则可在比较器的输出端得到一个宽度与 U_k 成正比例的脉冲电压 U_{mt}。而偏移电压 U_p 的作用是当 $U_k = 0$ 时，使比

较器的输出端得到一个正、负半周脉宽相等的 U_{mt}，$U_p = U_{samax}/2$。当 $U_k > 0$ 时，$U_p +|U_k|$ 与 U_{sa} 比较后输入比较器，则输出端得到正半周比负半周宽的 U_{mt}；当 $U_k < 0$ 时，$U_p -|U_k|$ 与 U_{sa} 比较后输入比较器，则输出端得到负半周比正半周宽的 U_{mt}。波形如图 10-28 所示。

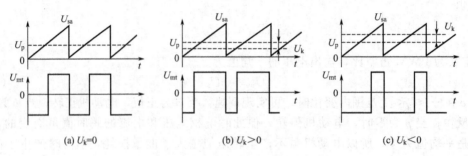

图 10-28 锯齿波脉宽调制器工作情况

改变 U_k 的大小，即可改变 U_{mt} 的占空比；改变 U_k 的极性，即改变 PWM 变换器平均电压的极性，也就改变了电动机的转向。

（二）逻辑延时电路

逻辑延时电路是为确保跨接于 PWM 变换器电源 U_s 两端的上下两只晶体管不同时导通，避免造成短路而设置的，可防止两管直通的事故。

（三）瞬时动作限流保护环节

瞬时动作限流保护环节可避免 PWM 变换器某桥臂电流超过最大允许值。

对直流脉宽调速系统更进一步的分析，请读者参考其他相关资料与书籍。

思考题与习题

1. 简述单闭环有静差直流调速系统的工作原理。
2. 为什么用积分控制的调速系统是无静差的？
3. 无静差调速系统的稳态精度是否受给定电源与测速发电机精度的影响？
4. 在带电流截止环节的转速负反馈调速系统中，如果截止比较电压发生变化，对系统的静特性有何影响？
5. 转速、电流双闭环系统中，出现负载扰动和电网电压波动时，哪个调节器起主要的调节作用？
6. 要改变双闭环有静差调速系统的转速，可否通过改变转速调节器的放大系数、触发整流装置的放大系数、转速反馈系数等参数来实现？
7. 两组晶闸管装置反并联的可逆线路中有几种环流？它们是怎样产生的？
8. 简述 PWM 系统的基本工作原理。与 V-M 系统比较有何特点？

第十一章　交流调速控制系统

在交流调速控制系统中，通过半导体功率变换器改变输出的电压、电流和频率，给交流电动机提供调速电源，从而进行转速的调节。异步电动机的变频调速在高速到低速都可以保持有限的转差率，具有高效率、宽范围和高精度的调速性能，已在工业中获得广泛的应用，是交流电动机调速的重要发展方向。

第一节　变频调速基础

一、变频器的基本构成

变频器分为交-交变频器和交-直-交变频器两种。交-交变频器可将工频交流电直接变换成频率、电压均可控制的交流电，又称直接式变频器。而交-直-交变频器则是先把工频交流电通过整流变成直流电，然后再把直流电变换成频率、电压均可控制的交流电，它又称为间接式变频器，这里主要研究的是交-直-交变频器（以下简称变频器）。

变频器的基本构成如图 11-1 所示，由主电路（包括整流器、中间直流环节、逆变器）和控制电路组成。

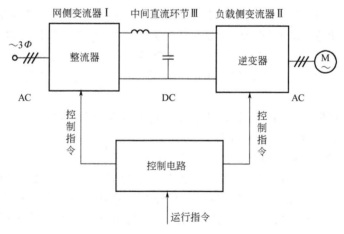

图 11-1　变频器的基本构成

1. 整流器

整流器的作用是把三相或单相交流电变成直流电。

2. 逆变器

逆变器最常见的结构是利用六个半导体主开关器件组成的三相桥式逆变电路。有规律地控制逆变器中主开关器件的通与断，可以得到任意频率的三相交流电输出。

3. 中间直流环节

由于逆变器的负载为异步电动机，属于感性负载。无论电动机处于电动或发电制动状态，其功率因数总不会为1。因此，在中间直流环节和电动机之间总会有无功功率的交换。这种无功能量要靠中间直流环节的储能元件（电容器或电抗器）来缓冲。所以又常称中间直流环节为中间直流储能环节。

4. 控制电路

控制电路通常由运算电路、检测电路、控制信号的输入和输出电路、驱动电路等构成。其主要任务是完成对逆变器的开关控制、对整流器的电压控制以及完成各种保护功能等。控制方法可以采用模拟控制或数字控制。高性能的变频器目前已经采用微型计算机进行全数字控制，采用尽可能简单的硬件电路，主要靠软件来完成各种功能。由于软件的灵活性，数字控制方式常可以完成模拟控制方式难以完成的功能。

5. 关于变流器名称的说明

对于交-直-交变频器，在不涉及能量传递方向的改变时，常简明地称变流器Ⅰ为整流器，变流器Ⅱ为逆变器。实际上，对于再生能量回馈型变频器，Ⅰ、Ⅱ两个变流器均可能有两种工作状态：整流状态和逆变状态。当讨论中涉及变流器工作状态转变时，不再简称为"整流器"和"逆变器"，而称为"网侧变流器"和"负载侧变流器"。

二、交-直-交变频器的工作原理

整流器为晶闸管三相桥式电路，它的作用是将定频交流电变换为可调直流电，然后作为逆变器的直流供电电源。逆变器也是晶闸管三相桥式电路，但它的作用与整流器相反，它是将直流电变换为可调频率的交流电，是变频器的主要组成部分。中间直流环节由电容器或电抗器组成，它的作用是对整流的电压或电流进行滤波。

在逆变器中，所用的晶闸管或者晶体管，都是作为开关元件使用的，因此要求它们有可靠的开通和关断能力。晶闸管的触发导通比较容易，只要对门极加入正的触发信号且阳阴极间有正向电压即可。可晶闸管的关断却不太容易，因为普通晶闸管一旦触发导通后，门极就失去控制作用。要使普通晶闸管元件由导通转为截止，必须在阳阴极间施以反向电压或使阳极电流小于维持电流，因而在交-直-交变频的逆变器中，需增设专门的换流电路以保证晶闸管按时关断。从这个意义上来说，用可关断晶闸管GTO及电力晶体管GTR作为开关元件就会有突出的优越性。

根据脉冲信号波形的不同，三相桥式逆变电路可以有如下两种不同的基本工作方式，一种是180°导电型，另一种是120°导电型。

（一）180°导电型交-直-交变频器的工作原理

在三相逆变器中，电动机正转时晶闸管的导通顺序是VT1、VT2、VT3、VT4、VT5、VT6，各触发信号间相隔60°电角度。每只晶闸管的导通时间为180°，在任意瞬间有三个晶闸管同时导通（每条桥臂上有一只晶闸管导通），它们的换流是在同一条桥臂内进行的，即VT1-VT4、VT3-VT6、VT5-VT2之间进行相互换流。

（二）120°导电型交-直-交变频器的工作原理

在这种120°导电型三相逆变器中，其晶闸管的导通顺序是VT1、VT2、VT3、VT4、VT5、VT6，各触发信号间相隔60°电角度。每只晶闸管的导通时间为120°，在任意瞬间有两个晶闸管同时导通，它们的换流是在相邻桥臂内进行的。

这种120°导电型逆变器从换流安全角度来看，比180°导电型有利。这是因为在180°导电型逆变器中，换流在同一条桥臂上进行，例如VT4导通则VT1立即关断，若VT1稍延迟一点关断，则将形成VT1、VT4同时导通，产生电源短路故障，而120°导电型逆变器同一条桥臂上的两只晶闸管导通之间因有 60°的间隔，所以换流比较安全。

三、变频器的分类

（一）按直流电源的性质分类

当逆变器输出侧的负载为交流电动机，在负载和直流电源之间将有无功功率的交换。用于缓冲无功功率的中间直流环节的储能元件可以是电容或是电感，据此，变频器可分成电压型变频器和电流型变频器两大类。

1. 电流型变频器

电流型变频器主电路的典型构成如图 11-2 所示。

其特点是中间直流环节采用大电感作为储能环节，无功功率将由该电感来缓冲。由于电感的作用，直流电流 I_d 趋于平稳，电动机的电流波形为方波或阶梯波，电压波形接近正弦波。直流电源的内阻较大，近似于电流源，故称为电流源型变频器或电流型变频器。这种电流型变频器，其逆变器中晶闸管每周期内工作 120°。电流型变频器的一个较突出的优点是当电动机处于再生发电状态时，回馈到直流侧的再生电能可以方便地回馈到交流电网，不需在主电路内附加任何设备，只要利用网侧的不可逆变流器改变其输出电压极性（控制角 $\alpha >$ 90°）即可。这种电流型变频器可用于频繁急加减速的大容量电动机的传动。在大容量风机、泵类节能调速中也有应用。

2. 电压型变频器

电压型变频器典型的一种主电路如图 11-3 所示，其中用于逆变器晶闸管的换相电路未画出。

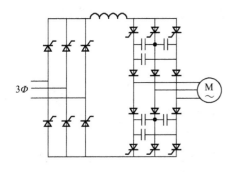

图 11-2　电流型变频器的主电路

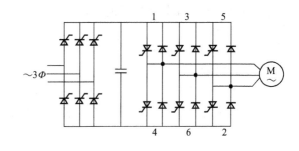

图 11-3　电压型变频器的主电路

逆变器的每个导电臂，均有一个可控开关器件和一个不可控器件（二极管）反并联组成。这种变频器大多数情况下采用六脉波运行方式，晶闸管在一个周期内导通 180°。中间直流环节的储能元件采用大电容，负载的无功功率将由它来缓冲。由于大电容的作用，主电路直流电压 E_d 比较平稳，电动机端的电压为方波或阶梯波。直流电源内阻比较小，相当于电压源，故称为电压源型变频器或电压型变频器。

对负载电动机而言，变频器是一个交流电压源，在不超过容量限度的情况下，可以驱动多台电动机并联运行，具有不选择负载的通用性。缺点是电动机处于再生发电状态，回馈到直流侧的无功能量难于回馈给交流电网。要实现这部分能量向电网的回馈，必须采用可逆变流器。

（二）按输出电压调节方式分类

变频调速时，需要同时调节逆变器的输出电压和频率，以保证电动机主磁通的恒定。对输出电压的调节主要有两种方式：PAM 方式和 PWM 方式。

1. PAM 方式

脉冲幅值调节方式（Pulse Amplitude Modulation），简称 PAM 方式，是通过改变直流电压的幅值进行调压的方式。在变频器中，逆变器只负责调节输出频率，而输出电压的调节由相控整流器或直流斩波器通过调节直流电压 E_d 去实现。采用相控整流器调压时，网侧的功率因数随调节深度的增加而变低。而采用直流斩波器调压时，网侧功率因数在不考虑谐波影响时，可以达到 $\cos\varphi \approx 1$。

2. PWM 方式

脉冲宽度调节方式（Pulse Width Modulation），简称 PWM 方式。变频器中的整流器采用不可控的二极管整流电路。变频器的输出频率和输出电压的调节均由逆变器按 PWM 方式来完成。利用参考电压波 u_R 与载频三角波 u_C 相互比较来决定主开关器件的导通时间而实现调压。利用脉冲宽度的改变来得到幅值不同的正弦基波电压。这种参考信号为正弦波、输出电压平均值近似为正弦波的 PWM 方式，称为正弦 PWM 调制，简称 SPWM（Sinusoidal Pulse Width Modulation）方式。

3. 高载波频率的 PWM 方式

这种方式与上述的 PWM 方式的区别仅在于调制频率有很大的提高。主开关器件的工作频率较高，普通的功率晶体管已经不能适应，常采用开关频率较高的 IGBT 或 MOSFET。因为开关频率达到 10～20kHz，可以使电动机的噪声大幅度降低（达到了人耳难于感知的频段）。

采用 IGBT 的高载波频率的 PWM 通用变频器已经投放市场，正在取代以 BJT 为开关器件的变频器。

（三）按控制方式分类

1. U/f 控制

按照图 11-4 所示的电压、频率关系对变频器的频率和电压进行控制，称为 U/f 控制方式。基频以下可以实现恒转矩调速，基频以上则可以实现恒功率调速。

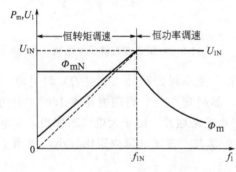

图 11-4　异步电动机变频调速时的控制特性

U/f 方式又称为 VVVF（Variable Voltage Variable Frequency）控制方式。主电路中逆变器采用 BJT，用 PWM 控制方式进行控制。逆变器的控制脉冲发生器同时受控于频率指令 f_1 和电压指令 U_1，f_1 和 U_1 的大小由 U/f 曲线发生器决定。这样经 PWM 控制之后，变频器的输出频率 f、输出电压 U 之间的关系，就是 U/f 曲线发生器所确定的关系。转速的改变是靠改变频率的设定值 f^* 来实现的。

电动机的实际转速要根据负载的大小，即转差率的大小来决定。负载变化时，在 f^* 不变条件下，转子转速将随负载转矩变化而变化，故它常用于速度精度要求不十分严格或负载变动较小的场合。

U/f 控制是转速开环控制，无需速度传感器，控制电路简单，负载可以通用标准异步电动机，所以通用性强，经济性好，是目前变频器中使用较多的一种控制方式。

2. 转差频率控制

在没有任何附加措施的情况下，采用 U/f 控制方式，如果负载变化，转速也会随之变化，转速的变化量与转差率成正比。U/f 控制的静态调速精度显然较差，为提高调速精度，采用转差频率控制方式。

根据速度传感器的检测，可以求出转差频率 Δf，把它与频率设定值 f^* 相叠加，以该叠加值作为逆变器的频率设定值 f_1^*，就实现了转差补偿。这种实现转差补偿的闭环控制方式称为转差频率控制方式。与 U/f 控制方式相比，其调速精度大为提高。但是使用速度传感器求取转差频率，要针对具体电动机的机械特性调整控制参数，因而转差频率控制方式的通用性较差。

3. 矢量控制

上述的 U/f 控制方式和转差频率控制方式的控制思想都建立在异步电动机的动态数学模型上，利用坐标变换的手段，将交流电动机的定子电流分解成磁场分量电流和转矩分量电流，并分别加以控制，即模仿自然解耦的直流电动机的控制方式，对电动机的磁场和转矩分别进行控制，以获得类似于直流调速系统的动态性能。

在矢量控制方式中，磁场电流 i_{m1} 和转矩电流 i_{t1} 可以根据可测定的电动机定子电压、电流的实际值经计算求得。磁场电流和转矩电流再与相应的设定值相比较并根据需要进行必要的校正。高性能速度调节器的输出信号可以作为转矩电流（或称有功电流）的设定值，动态频率前馈控制 $\mathrm{d}f/\mathrm{d}t$ 可以保证快速动态响应。

（四）按主开关器件分类

逆变器主开关器件的性能，往往对变频器装置的性能有较关键的影响。通用变频器中最常用的主开关器件都是自关断器件，主要有 IGBT（绝缘栅双极型晶体管）、GTO（门极关断晶闸管）和 BJT（双极晶体管）。目前采用以 IGBT 为主开关器件的 IPM（智能电力模块），也成为一种趋势，但仅在小容量变频器中开始采用。

第二节　交-直-交变频器

一、交-直-交电压型变频器

交-直-交电压型变频器在技术上成熟得比较早，实际应用也比较广泛。它既可以为单台交流电动机提供变压变频电源（VVVF 电源），又可以同时向多台容量相近的交流电动机供电，实现多机同步运行或转速协调控制。

1. 电压型逆变器的基本电路

三相电压型逆变器的基本电路如图 11-5 所示，直流电源并联大容量滤波电容器 C_d；对异步电动机变频调速系统而言，这个大电容又是缓冲负载无功功率的储能元件。由于存在这个大电容，直流输出电压具有电压源特性，内阻很小。这使逆变器的交流输出电压被钳位为矩形波，与负载性质无关，交流输出电流的波形与相位则由负载功率因数决定。

三相逆变电路由六只具有单向导电性的功率半导体开关 S1～S6 组成。每只功率开关上反并联一只续流二极管，为负载电流提供一条反馈到电源的通路。六只功率开关每隔

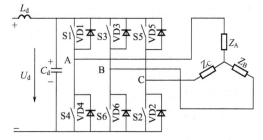

图 11-5　三相电压型逆变器的基本电路

60°电角度触发导通一只，相邻两相的功率开关触发导通时间互差120°电角度，一个周期共换相六次，对应六个不同的工作状态（又称六拍）。

2. 串联电感式电压型变频器

逆变器中的电流必须从一个功率开关准确地转移到另一个功率开关中去，这个过程称为换相。当图11-5所示的功率开关采用全控器件时，由于器件本身就有自关断能力，主电路原理与基本电路完全相同。若采用晶闸管，由于这种半控型器件不具备自关能力，用于异步电动机变频调速系统时，必须增加专门的换相电路进行强迫换相，即通过换相电路对晶闸管施加反向电压使其关断。图11-6所示为三相串联电感式电压型变频器的主电路。

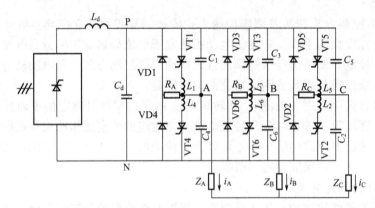

图11-6 三相串联电感式电压型变频器主电路

该电路由晶闸管整流器、电容器及晶闸管逆变器组成，整流器可根据使用场合采用单相或三相晶闸管整流电路。C_d为滤波电容器，L_d为直流电路电感，C_d、L_d构成中间滤波环节，通常L_d很小，可忽略不计，C_d较大。逆变器中VD1～VD6为反馈二极管，VT1～VT6为主晶闸管，取代了图11-5中的功率开关元件S_1～S_6，R_A、R_B、R_C为衰减电阻，C_1～C_6为换流电容，L_1～L_6为换流电感，位于同一桥臂上的两个换相电感紧密耦合，因而称之为串联电感式，Z_A、Z_B、Z_C为变频器的三相对称负载。

逆变器中六个晶闸管的导通顺序为VT1→VT2→VT3→VT4→VT5→VT6→VT7，各晶闸管的触发间隔为60°电角度，每个晶闸管导通之后，经180°电角度被关断。

按照每个晶闸管触发间隔为60°电角度，触发导通且维持180°电角度才被关断的特征，可以作出六个晶闸管导通区间分布，由导通区间分布，可以作出各导通区间内的等效电路，并由此求出输出相电压与线电压（图11-7）。

交-直-交变频器的逆变部分无法采用电网电压换流，逆变器中晶闸管只能采用强迫换流方式，即通过换向电路对晶闸管施加反压使其关断。由于晶闸管元件没有自关断能力，这些逆变器都需要配置专门的换流元件来换流，装置的体积与重量大，输出波形与频率均受到限制。随着各种自控式开关元件的研制与应用，在三相变频器中已较少采用晶闸管作开关。

二、交-直-交电流型变频器

电流型逆变器是在电压型逆变器之后发展起来的，由于它具有电路简单、工作安全可靠，可以使用廉价的普通晶闸管以及具有向电网回馈电功率的能力等一系列优点，因此受到越来越多的重视。

按换流方式，电流型逆变器可以分为负载换流逆变器和强迫换流逆变器。前者主要用于感应

第十一章 交流调速控制系统

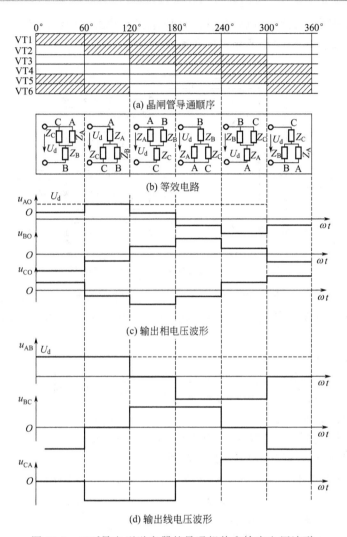

图 11-7 180°导电型逆变器的导通规律和输出电压波形

加热和直流无换相器的电动机；后者则用于异步电动机的变频调速。强迫换流的电流型逆变器也有多种类型，但在异步电动机变频调速中应用较多的则是串联二极管式三相电流型逆变器。

1. 电流型逆变器的基本电路

图 11-8 所示为三相电流型逆变器的基本电路。

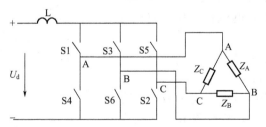

图 11-8 三相电流型逆变器的基本电路

与电压型逆变器不同，直流电源上串联了大电感滤波。在变频器调速系统中，这个大电感同时又是缓冲负载无功能量的储能元件。由于大电感的限流作用，为逆变器提供的直流电流波形平直，脉动很小，具有电流源特性。这使逆变器输出的交流电流为矩形波，与负载性质无关，而输出的交流电压波形及相位随负载而变化。

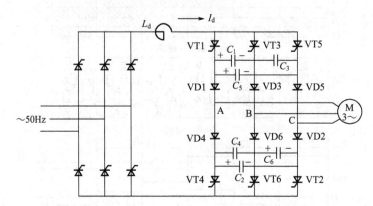

图 11-9 串联二极管电流型变频器主电路

逆变电路仍由六只功率开关 S1～S6 组成，无需反并联续流二极管，因为在电流型变频器中，电流方向无需改变。电流型逆变器一般采用 120°导电型，即每只功率开关导通时间为 120°。

2. 串联二极管电流型变频器

当功率开关采用晶闸管时，必须在图 11-8 所示的基本电路中增加换相电路。图 11-9 所示为三相串联二极管式电流型变频器的主电路。

L_d 为直流平波电抗器，是整流与逆变两部分电路的中间储能环节，VT1～VT6 为晶闸管，取代了图 11-8 中的功率开关 S1～S6，C_1～C_6 为换相电容，VD1～VD6 为隔离二极管，其作用是使换相电容器与负载隔离，防止电容充电电荷的损失，更为有效地发挥电容的换相能力。

电流型逆变器一般采用 120°导电型，六个晶闸管的触发间隔为 60°，每只管子在持续导通 120°后换流。

负载为三角形接法时的输出电流波形如图 11-10 所示。此时线电流为矩形波，三相对称。如果负载为星形接法，则相电流也为矩形波，与线电流完全相同。

3. 基本变频电路的多重化

前述基本逆变电路都是每周期换相六次，又称三相六脉波逆变器，输出波形为矩形波，含有一系列的 ($6K\pm1$) 次谐波，特别是五次和七次谐波，对异步电动机的运行极为不利。

消除谐波的方法是将基本逆变电路输出的矩形波，按一定的相位差叠加起来，使其谐波分量

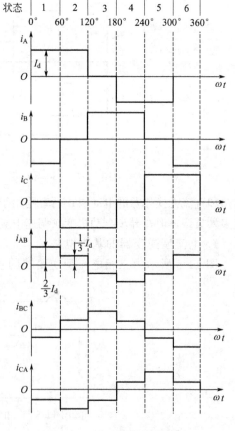

图 11-10 交-直-交电流型逆变器的输出电流波形

相互抵消，这就是变频器的多重化。例如，将 N 个电流型基本逆变电路并联起来，使其相位彼此错开 $\theta = 60°/N$ 电角度，即可得到 N 重电流型变频器。

实现多重连接的方式有直接输出型——无输出变压器的多重连接和变压器耦合输出型两种。变频器的多重连接，不仅可以消除谐波，改善波形，而且扩大了变频器的输出容量，便于实现大容量化。

前述基本逆变器加上可控整流器构成的三相六脉波变频器还存在下述三点不足。

① 调频由逆变器完成，调压由可控整流器实现，两者之间需要协调配合，而且由于中间直流电路采用大惯性环节滤波，电压调节速度缓慢。

② 使用可控整流器，对于电网产生谐波污染，网侧功率因数降低，电压和频率调得越低，功率因数也越低。

③ 输出波形为矩形波或阶梯波，含有一系列的 $(6K\pm1)$ 次谐波。尽管可以通过多重连接来消除部分谐波，但要达到较为理想的波形，线路将相当复杂。

脉宽调制变频器可以较好地解决上述问题。

第三节　高速磨床的变频调速

一、异步电动机的调速原理与调速方式

每一台交流异步电动机都有额定值，如额定转速、额定电压（电流）、额定频率等。以额定值为界限，供电频率低于额定值时称为基频以下调速，高于额定值时称为基频以上调速。

图 11-11 所示为两种情况下的特性曲线。

1. 基频以下调速

当 Φ_m 处在饱和值不变时，降低 f_1 必须减小 U_1，保持 U_1/f_1 为常数。若不减小 U_1，将使定子铁芯处在过饱和供电状态，这时不但不能增加 Φ_m，反而会烧坏电动机。

在基频以下调速时，保持 Φ_m 不变，即保持绕组电流不变，转矩不变，为恒转矩调速。

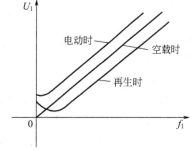

图 11-11　异步电动机调速特性曲线

2. 基频以上调速

在基频以上调速时，频率从额定值向上升高，受电动机耐压的影响，相电压不能升高，只能保持额定电压值，在电动机定子内，因供电的频率升高，使感抗增加，相电流降低，使磁通 Φ_m 减小，因而输出转矩也减小，但因转速升高而使输出的功率保持不变，这时为恒功率调速。

二、高速磨床拖动系统的结构和工作特点

1. 高速磨床的主拖动电动机

高速磨床主拖动系统使用的电动机不同于普通的异步电动机而称为电主轴。电主轴的外形结构较普通电动机细长，其内部一般均有冷却水腔，目的是消散电主轴高速运转产生的热量。同时采用油雾润滑轴承，正常使用时使油雾压力保持在 0.1～0.12MPa 范围内。高速磨床电主轴系统如图 11-12 所示。

2. 电主轴对电源的要求

由于电主轴输入电压及频率的稳定性直接影响着加工件的粗糙度及成品合格率，故对变

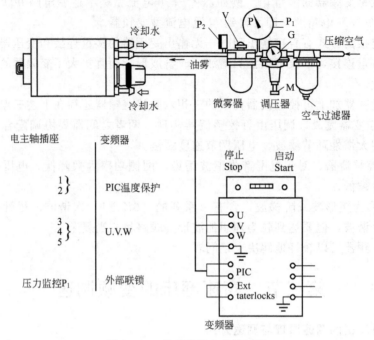

图 11-12 高速磨床电主轴系统

频电源也提出了一些特殊要求，使其有别于通用型交流变频调速器。

(1) 输出电压要求　如工频输入电压在 $-15\%\sim+10\%$ 范围内变化时，要求输出电压的变化在 $\pm5\%$ 以内，频率精度及稳定度允许误差为 $\pm10\%$。为了保证输出电压的稳定度，必须引入电压反馈环节。

(2) 安全要求　另外，由于磨床电主轴的工作环境较差，受潮后容易造成对地绝缘电阻减小，甚至短路，加上主电路自关断器件过流能力差，故为提高整机的安全性能，必须引入完善的高可靠性的过电流及对地保护电路。

(3) 电主轴的电压等级　国内的电主轴产品受东欧技术标准影响，电压规格较多，一般在 220～350V 之间。而进口设备中的电主轴多为西欧国家产品，电压标准等级为 350V。

(4) 电主轴的工作特点　电主轴不同于标准电动机，其转动惯量小，低频时阻抗小，工作电流大，不适合长期低频运行，加速时间不应过长，启、制动不能太频繁，应注意选择合适的启动频率。

三、原拖动方案及存在问题

1. 原拖动方案

如图 11-13 所示，为了获得可调的中频电源拖动磨床的电主轴，系统的组成是十分复杂的。直流发电机组由一台异步电动机 AM、一台直流发电机 DG 和一台励磁机 LF 组成。变频发电机组则由一台直流电动机 DM 和一台同步变频发电机 AG 组成；改变直流发电机 DG 的励磁和直流电动机 DM 的励磁，即可改变同步变频发电机的输出频率和电压。

对于一些专用高速磨床，其转速要求是不变的，可以采用恒定的频率，这样同步变频发电机的输出频率和电压是固定不变的，可以取消直流发电机 DG、直流电动机 DM、同步变频发电机 AG，由异步电动机 AM 直接拖动。

2. 存在问题

① 体积大，浪费能源，效率低。

② 环境噪声大，车间噪声超过 90dB，给操作者的健康带来很大威胁。

因此，静止式变频器的出现，在轴承行业的高速磨床上迅速得到了广泛的推广。

四、高速磨床的变频调速系统

1. 高速磨床变频调速系统原理

（1）主电路　本变频器为一电压型变频器，两相半控整流桥将三相工频交流电进行可控整流，经过 LG 滤波器变成比较平直的直流，然后由六组晶体管组成的逆变桥，逆变成频率可调的中频交流电，去拖动电主轴。

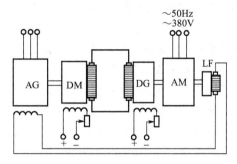

图 11-13　高速磨床变频机组拖动方案

逆变桥由大功率开关晶体管及其控制电路组成，控制系统原理如图 11-14 所示。

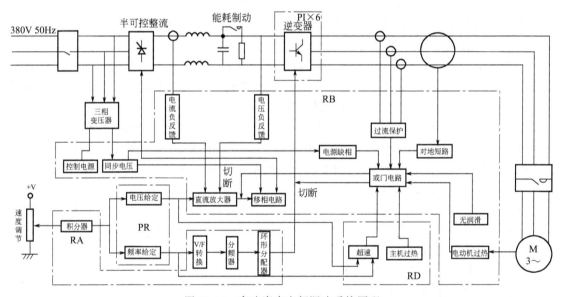

图 11-14　高速磨床变频调速系统原理

（2）给定与控制电路　变频器的输出频率、电压及电流由一些无源元件（电阻）和连线组成的编码板（PR 板）决定。

电压给定：编码板所接电阻的大小，决定了送到直流放大器电压的大小，从而控制了三相半控整流桥的移相触发电路，使输出电压受到控制。

频率给定：所接电阻的大小，也决定了送到 V/F 变频器的电压大小，通过电压/频率转换，得到一个所需的频率。

变频器采用软启动方式。通过积分电路，启动时电压和频率同时上升，保持 V/F 值不变，以得到在启动过程中的恒转矩运行。

编码板上的补偿电阻（一般为 2.7MΩ），使电动机在频率很低的时候，也能得到较大的启动转矩。速度调节电位器可控制电动机的升速和降速。电位器在最大位置时，电机速度等于其额定转速。

电动机制动时，送到电动机的频率及电压按同样积分规律下降，同时变频器接入制动电阻,变频调速系统进入能耗制动状态,制动时间通常为10s左右。

(3) 保护 当变频器及输出电流超出额定值时,整流板上的直流电流互感器的电流信号使得晶闸管导通角变小;直流侧电压下降,从而使变频器输出电压下降,限制了负载电流的增长。

变频器的交流输出端接有中频电流互感器,分别监测过电流及对地短路故障。另外,电路还设有工频电压瞬间过压吸收保护、电流缺相保护、变频器过热、缺少润滑、电动机过热及超速保护等电路。只要任一种故障动作,立即切断中频输出及整流触发脉冲,有效地保护了负载及变频器本身不被损坏。与此同时,面板上将显示出相应的故障类别,用户可据此进行检查维修。

2. 高速磨床变频器的使用

(1) 编码板 变频器必须根据所用的电主轴配上相应的编码板才能正常工作,根据电主轴的额定频率、电压和电流等,编码板可以配接合适的电阻及连线。

(2) 应用中需注意的问题

① 电主轴与中频变频器的电气指标应相符。由于一般中频变频器有多种V/F曲线供用户选择,电主轴电压等级较多,在调试中应使电主轴额定电压与选择的额定频率交汇点落在变频器V/F恒转矩特性线段上。若考虑电网的影响,可允许适当偏移。

② 根据电主轴结构和特性对变频器进行预置。例如,与标准电动机相比,电主轴具有转动惯量小、低频阻抗小、工作电流大等特点,故不适合长期低频运行,加速时间不应过长,启动不能太频繁,注意选择合适的启动频率。

③ 不同的使用环境,宜选择不同的安装方式。通常情况下,中频变频器可安装在保护等级为IP23的金属机箱内,箱内应提供通风通道,确保通风满足散热要求,并且应加过滤装置。

防尘防潮的场合,应选用IP54的专用金属机箱。满足具有多尘、腐蚀气体和高湿度引起冷凝的环境下变频器正常运行的要求。

由于电主轴配有水冷设备、油雾润滑及磨头冷却系统,故设备长时间断电时会引起凝结。在机箱内应自动启动箱体加热系统,使箱内温度略高于箱外温度。设备停止运行时,使变频器仍处于通电状态,达到防冷凝目的。

五、高速磨床变频器的技术发展

1. 高速磨床电主轴用SPWM变频器

高速磨床电主轴用变频器第一代产品均采用脉幅调制(PAM)方式,或非正弦的PWM方式。近年来,随着电力电子技术和微电子技术的发展,特别是IGBT或MOSFET器件的广泛应用,使得高频SPWM成为可能。这样,可以减少逆变器输出电压中的谐波含量,减少转矩脉动,使电主轴运行更加平稳。

下面简单介绍一种由8098单片机和波形生成芯片SLE4520(德国西门子公司)产生高速磨床SPWM调制波的概况。

SLE4520是一个可编程器件,它与单片机及相应的软件结合后,能以很简单的方式产生三相逆变器所需要的六路SPWM控制信号,逆变载波频率可高达20kHz。这种模式设计的电主轴专用变频器,最高输出频率可达2000Hz,输出电压可在100~350V之间任意设定并具有完善的保护功能。

变频器的控制系统由8098单片机专用系统(包括相应的软件)、高频PWM专用集成芯片SLE4520、信号检测电路、驱动与保护电路等组成,如图11-15所示。

8098单片机是控制系统的核心,它接收来自外部的控制信息,按预定算法实时计算三

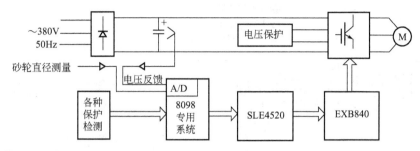

图 11-15 SPWM 变频器组成原理

相 SPWM 波形数据并定时送至 SLE4520，控制 SLE4520 产生三相逆变所需的六路 SPWM 信号，再经驱动电路驱动逆变器功率管完成三相 SPWM 波输出。

变频器稳定运行后，如由于某种干扰（如网压波动）造成直流电压波动，控制系统将根据对直流侧电压采样的结果进行电压补偿，以维持输出电压稳定；磨削过程中砂轮会磨损或被修整，导致砂轮线速度降低，控制系统将根据对砂轮直径变化的采样结果来进行频率补偿（或跟踪），以保持砂轮线速度基本不变。对直流侧电压与砂轮直径变化的采样均由 8098 片载 A/D 完成。

为减小电主轴启动过程中启动电流及其对电网的影响，同时为减小变频器主电路器件的功率储备，采用软启动方式，使电主轴在启动过程中处于恒磁通运行状态。

变频器运行参数可通过键盘预置。8098 单片机专用系统中包括一片 EEPROM，用以记忆预置信息，因此掉电后不需重新预置。另有一微调电位器（输出至 8098 片载 A/D）用以补偿因网压偏离额定值造成的设定电压偏差。

2. 技术的发展

通常把额定转速超过 3600r/min 的交流异步电动机称作高速电动机。电主轴便是变频调速的高速电动机。目前，高频电主轴及变频器正向着高转速、大功率、高效率、小体积方向发展。在国外，电主轴的最高转速达 260000r/min。在国内，最高转速仅达 180000r/min，电主轴的功率一般在 15kW 以下，近年来也有 19kW 和 30kW 的产品问世。

目前随着电力电子技术和微电子技术的飞速发展，输出频率达到 5000Hz 的高速变频器已经投入市场。技术的进步为满足高速磨床拖动系统的要求提供了有力的保证。

第四节 数控车床的变频调速

一、通用变频器接口定义

随着数字控制的 SPWM 变频调速系统的发展，采用通用变频器驱动越来越多。"通用"，一是指可以和通用的笼型异步电动机配套应用；二是指具有多种可供选择的功能，应用于不同性质的负载。

通用变频器的接口大同小异，只是符号不同而已。三菱 FR-A500 系列变频器的接口定义如图 11-16 所示。

二、通用变频器在数控车床上的应用

在车床中，通常齿轮变速式的主轴转速最多只有 30 级可供选择，无法进行精细的恒线速控制，而且还必须定期维修离合器板。另一方面，直流调速型的主轴虽然可以无级调速，但存在电刷维护和最高转速受限制问题。对主轴采用交流变频调速驱动就可以消除这些缺点。

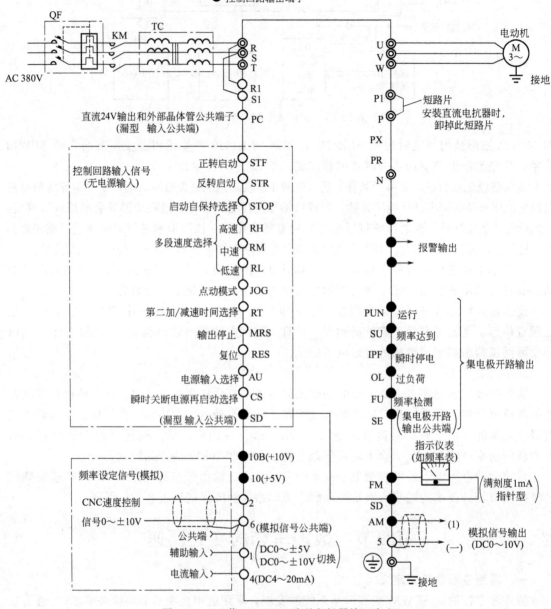

图 11-16　三菱 FR-A500 系列变频器接口定义

在 20 世纪 70 年代初，以高级车床为中心开始了将车床主轴由齿轮有级变速传动转变为直流无级调速传动，到 70 年代中期批量生产的数控车床主轴也采用了直流调速，进入 80 年代后，采用逆变器方式的交流调速主轴不断增加。虽然车床主轴采用直流或交流调速都比较昂贵，小型机很少采用，但由于近年来价廉物美的通用变频器问世，小型机及廉价的数控车床的主轴采用交流调整正在迅速普及。

使用通用型变频器可以对标准电动机直接变速传动，实现主轴的无级调速和正反转，同时变频器还可以外接制动电阻，实现电动机快速制动。

1. 数控车床主轴变频调速线路的连接

图 11-17 所示是将通用型富士变频器 FVR075G7S-4EX 应用于数控车床主轴调速的功率接口配置情况。

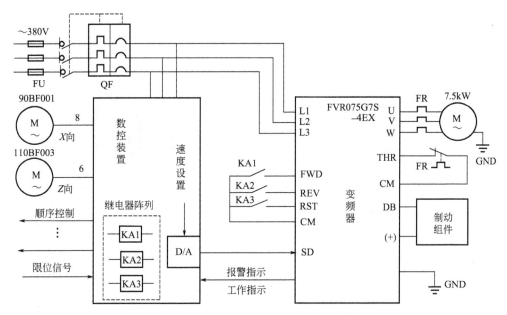

图 11-17 通用变频器应用于数控车床

2. 数控车床主轴变频调速原理

数控车床有两个进给坐标，X 向和 Z 向分别由 90BF001 和 110BF003 步进电动机驱动。主轴采用通用变频器实现无级调速，数控装置将转速指令译码和数模转换后得到 0～10V 的直流模拟电压输入到变频器的 SD 端子，该端子即为频率设置模拟电压输入端子，变频器输出电源频率与 SD 端输入的模拟电压成正比。变频器的 L1、L2、L3 端子为电源输入端子，U、V、W 为电源输出端子，THR 为过热保护端子，CM 为公共端，FWD 为正转控制端，REV 为反转控制端，RST 为变频器故障复位端，（＋）和 DB 为制动组件连接端，用于电动机快速制动。FWD、REV、RST 由数控装置中的继电器 KA1、KA2、KA3 控制。因此根据加工指令可方便地实现主轴的正转、反转、制动和无级调速，从而提高了加工效率。

变频调速系统的构成、调整及使用实训

掌握变频器的连接、调试和运行性能，是合理使用变频器的基础，也是对变频调速系统进行维修的前提条件。

一、实验目的

1. 掌握变频器的接口定义及其连接。
2. 掌握变频调速电动机的特性测试。
3. 掌握变频调速系统的控制原理。

二、实训设备

各教学单位可根据所使用的变频器，选择合适的电动机、控制器件、机械负载和制动装置。

三、实训内容与步骤

1. 按图 11-18 所示变频器的控制框图，将变频器、感应电动机、三相（380V）交流电源连接起来，并仔细检查其正确性。

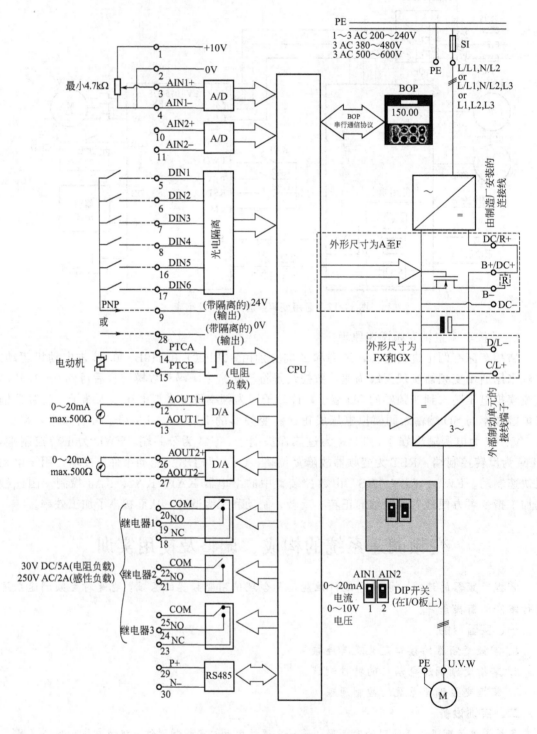

图 11-18　变频器控制框图

2. 用基本操作面板（BOP）进行调试，把变频器所有参数复位为出厂时的缺省设置值。接通变频器三相（380V）输入电源，然后进行快速调试，将参数 P0010 设置为"1"，设置参数 P0100(=0) 和电动机参数：

电动机额定电压　　P0304＝380V
电动机额定电流　　P0305＝1.5V
电动机额定功率　　P0307＝0.55kW
电动机额定频率　　P0310＝50Hz
电动机额定转速　　P0311＝1390r/min

再依次设置参数 P0700＝1（将变频器设置为基本操作版面 BOP 控制方式）、P1000＝0（用 BOP 控制频率的升降）、P1080＝0（电动机最小频率 0Hz）、P1082＝50（电动机最大频率 50Hz）、P1120＝10（斜坡上升时间 10s）和 P1121＝10（斜坡下降时间 10s）。完成上述步骤后，将参数 P3900 设置为"1"，使变频器自动执行必要的电动机其他参数的计算；并使其余参数恢复为缺省设置值，自动将 P0010 参数设置为"0"。

3. 完成上述步骤后，变频器已经进入待命状态。按启动键，电动机运转，这时可通过按加减键来增加（减小）给定频率；按转向键可以改变电动机的旋转方向，按停止键，停止电动机；按 JOG 键则为点动操作，其缺省设置的频率为 50Hz，其方向也可由方向键来改变。

4. 压频比为线性时电动机机械特性测试（变频器的缺省设置）。

将感应电动机与磁粉制动器用联轴器连接起来，接通三相输入电源，启动电动机使其进入运转状态，调节给定频率至 50Hz（额定频率），用"F_n"功能键浏览辅助信息，记录输出频率、输出电压、输出电流；若修改参数 P0005＝31，可以显示电动机的输出转矩（或修改 P0005＝22，显示电动机的实际转速）；通过磁粉制动器逐渐给电动机增加负载，稳定后，记录输出频率、输出电压、输出电流、输出转矩。逐级增加负载，重复上述步骤，直至输出电流等于 2A。改变给定频率 5Hz 和 2Hz，重复上述步骤。将测试结果记录在表 11-1 中。

表 11-1　压频比为线性时电动机机械特性测试

输出频率/Hz	输出电流/A	输出电压/V	输出转矩/N·m
50			
50			
50			
50			
5			
5			
5			
5			
2			
2			
2			
2			

机床电气自动控制

5. 矢量控制时电动机的机械特性测试。

修改变频器的控制方式为"无传感器矢量控制",设置"P1300=20"后,启动电动机,调节给定频率至50Hz(空载状态下),记录空载下的输出频率、输出电压、输出电流、输出转矩和转速。然后逐级加大负载,记录输出电压、输出电流、输出转矩和转速,直至输出电流等于2A。在空载状态下将给定频率分别调至5Hz和2Hz,重复上述步骤。将测试结果记录在表11-2中。

表 11-2 矢量控制时电动机的机械特性测试

输出频率/Hz	输出电流/A	输出电压/V	输出转矩/N·m
50			
50			
50			
50			
5			
5			
5			
5			
2			
2			
2			
2			

6. 感应电动机恒功率运行特性测试(控制方式为无传感器矢量控制)。

接通三相输入电源后,修改变频器的最大频率参数为100Hz,即"P1082=100Hz",启动电动机,使其进入运转状态,调节给定频率从10Hz至额定频率50Hz,由磁粉制动器加载至电动机的额定电流1.5A,读取输出频率、输出电压、输出转矩。将负载降至零后,增加给定频率至60Hz,再加载至电动机的额定电流值,读取输出频率、输出电压、输出转矩;依次增加10Hz给定频率,重复上述测试步骤,直至给定频率达到100Hz。将测试结果记录在表11-3中。

表 11-3 感应电动机恒功率运行特性测试

输出电流/A							
输出频率/Hz							
输出电压/V							
输出转矩/N·m							

7. 由端口输入控制信号,试运行电动机。

接通三相(380V)输入电流后,修改控制信号源参数,使"P0700=2"(由端口输入控制,信号源为模拟输入),使"P1000=2"(这时输入模拟电压从AIN1+和AIN1-接入,电压范围为0~10V,单极性,其对应的缺省设置频率范围为0~50Hz;若要扩大控制频率范围,例如扩大至100Hz则可将基准频率参数设置为P2000=100Hz)。缺省设置的I/O功能如下。

数字输入端口：

DIN1⑤　　启动/停止
DIN2⑥　　正/反转
DIN3⑦　　故障反复
DIN4⑧　　固定频率选择
DIN5⑯　　固定频率选择
DIN6⑰　　固定频率选择

数字输出端口：

RELAY1　　变频器故障
RELAY2　　变频器报警
RELAY3　　变频器准备就绪

图 11-19 所示为采用电位器作为速度的给定模拟量，用开关作为启动/停止和正/反转控制的简单试运行连接图，按图连接以后，确认无误即可作为操作。

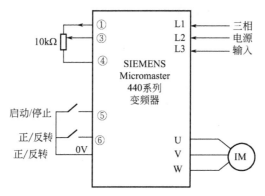

图 11-19　变频器简单试运行连接图

图 11-20 所示为 Micromaster440 系列变频器与华中世纪星数控系统的连接图，为了与华中世纪星数控系统 I/O 控制逻辑功能配合，需将 Micromaster440 系列变频器的 DIN2 设置为"反转/停止"控制方式，即将"P0701"设置为"2"（P0701＝2）。

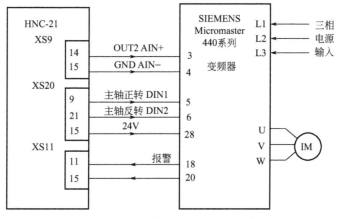

图 11-20　变频器与华中世纪星数控系统连接图

上述连接确认无误后，接通各部分电源，由华中世纪星数控系统的主轴控制命令，控制变频器的运行。

思考题与习题

1. 什么是恒磁通（恒转矩）变频调速？影响低频段最大转矩 T_{max} 减小的原因是什么？
2. 变频器的基本构成部分有哪些？各部分是如何工作的？
3. 变频器可以按哪些方式分类？具体方式如何？
4. 交-直-交变频器是怎样变压变频的？180°导电型和120°导电型逆变器六个开关的工作规律是什么？
5. 指出电压型变频器和电流型变频器的特点。
6. 变频器有哪些控制方式？
7. 通用变频器的接口有哪些端子？各端子的作用如何？
8. 简单介绍由8098单片机和波形生成芯片SLE4520产生高速磨床SPWM调制波的概况。
9. 变频器应避免在电磁制动器抱住的情况下输出较高频和因"过流"而跳闸产生的误动作，避免这些情况的具体控制方法是什么？

第十二章 位置随动控制系统

第一节 概 述

一、位置随动系统及其组成

以加工指令脉冲为输入量,以机床移动部件的位置为输出量的随动系统称为位置随动系统,数控机床的伺服系统就是位置随动系统,简称伺服系统。数控机床伺服系统包括进给伺服系统和主轴伺服系统,但通常是指进给伺服系统。

伺服系统的一般结构框图如图 12-1 所示。

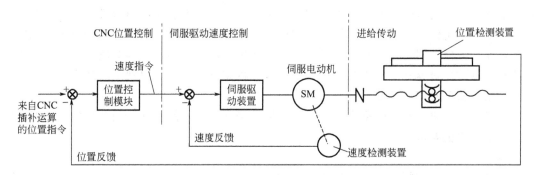

图 12-1 伺服系统的一般结构框图

伺服系统的一般结构通常由位置控制环和速度控制环组成。位置控制环由位置指令、位置检测装置、位置反馈比较环节、位置控制模块、速度控制环、机械传动装置组成。而速度控制环则是由伺服电动机、速度检测装置、速度反馈比较环节、伺服驱动装置组成。

二、数控机床的伺服系统分类

伺服系统按伺服电动机类型,可分为步进伺服系统、直流伺服系统和交流伺服系统;按调节器类型,可分为模拟型伺服系统、数字型伺服系统和混合型伺服系统;按其控制方式,可分为开环、闭环和半闭环伺服系统三种。

1. 开环伺服系统

开环伺服系统没有位置和速度检测装置,执行元件一般是步进电动机,指令信号经放大后控制电动机,通过机械传动驱动工作台。

开环伺服系统的精度主要由步进电动机的制造精度和机械传动精度决定,精度较低。低速时容易产生振动,影响加工精度。另外如果负荷突变(如切削量突增)或者脉冲频率突变(如加减速),则运动部件可能发生"失步",即丢失部分进给指令脉冲,从而造成进给运动的速度和行程误差。但开环伺服系统结构简单,安装调试方便,且细分技术的发展,使步进电动机开环伺服系统定位精度得到提高,改善了其低速振动状况,使开环伺服系统在速度和精度要求不太高的场合及经济型数控机床中,得到了较广泛的应用。

2. 闭环伺服系统

闭环伺服系统采用直流伺服电动机或交流伺服电动机驱动,工作台的实际位移通过位置检测装置直接及时地送到位置反馈比较环节,与位置指令信号进行比较,两者差值经位置控制模块输出,作为速度控制环的速度指令,通过速度控制环控制伺服电动机速度,带动工作台运动以消除位置误差。

闭环伺服系统有位置和速度检测装置,其位置检测元件直接测量和反馈工作台的实际位置,因为机械传动系统各部分的误差都包含在反馈控制回路内,所以工作台的定位精度主要取决于位置检测装置的误差。

反馈系统中包含了机械传动装置,受机床振动、爬行等很多因素的影响,闭环伺服系统容易引起振荡,工作稳定性差,调试困难。

闭环控制可以获得较高的精度和速度,但制造和调试费用大,适合于大中型和精密数控机床应用。

3. 半闭环伺服系统

半闭环伺服系统位置检测装置安装在电动机轴或传动丝杠上,间接测量工作台的实际位置,由于丝杠螺距误差等影响,采用间隙和螺距补偿后,也不能完全消除机械传动装置各部分误差对工作台定位精度的影响,控制精度比闭环要低一些。但半闭环伺服系统结构简单,检测装置安装方便,同时由于它不包括运动部件和传动机构,一般不会造成系统振荡,工作稳定性好,调试相对容易,所以在中等精度的数控机床进给系统中得到了广泛应用。

三、数控机床对伺服系统的基本要求

数控机床的高精度和高效率在很大程度上取决于伺服系统的性能,因此数控机床对伺服系统提出了很高的要求。

1. 高精度

伺服系统的精度指标主要有定位精度、重复定位精度、分辨率和脉冲当量。定位精度一般要求 $1\sim5\mu m$,高精度机床可达 $0.1\mu m$。位置检测元件的分辨率是决定系统分辨率和脉冲当量的关键元件,目前闭环伺服系统都能达到 $1\mu m$ 的分辨率,高精度数控机床可达到 $0.1\mu m$ 的分辨率甚至更小。

2. 调速范围宽

为适应不同的加工条件,要求伺服系统转速在较大范围内应有良好的稳定性,并具备优良的无级调速性能。一般调速比应大于 1:10000,当速度低于 $0.1r/min$ 时仍应有稳定的速度。

3. 响应快

快速响应特性反映了系统的跟踪精度,会影响到轮廓切削加工精确度和表面粗糙度。电动机转速从零升到最大或从最大降低到零,一般应在 0.2s 以内,同时在负载突变时应没有振荡现象。

4. 不受负载影响

由于电动机的惯量是定值,负载惯量是变化值,在加工过程中动态变化很大,这就要求伺服系统在负载变量和转矩干扰等使电动机负载发生变化时,不影响伺服系统的工作,引起加工精度恶化。

数控机床位置闭环伺服系统是由指令信号与反馈信号相比较后得到偏差,再实现偏差控制的。在伺服系统中,由于采用的位置检测元件不同,位置指令信号与反馈信号比较方式通

常可分为三种,脉冲比较、相位比较和幅值比较。

第二节 脉冲比较伺服系统

在数控机床中,插补器给出的指令信号是数字脉冲。如果选择磁尺、光栅、光电编码器等元件作为机床移动部件位移量的检测装置,输出的位置反馈信号也是数字脉冲。这样,给定量与反馈量的比较就是直接的脉冲比较,由此构成的伺服系统就称为脉冲比较伺服系统,简称脉冲比较系统。这里介绍应用透射光栅进行位置反馈及实现脉冲比较的原理和方法。

一、脉冲比较伺服系统组成原理

脉冲比较伺服系统的结构框图如图 12-2 所示。

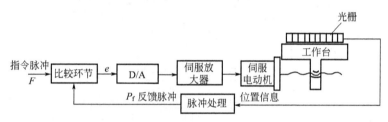

图 12-2 脉冲比较伺服系统的结构框图

由图 12-2 知,该系统位置检测元件——透射光栅产生的位置负反馈脉冲 P_f 与指令脉冲 F 相比较,得到位置偏差信号 e,从而实现偏差的闭环控制。

现假设指令脉冲 $F=0$,且工作台原来处于静止状态。这时,反馈脉冲 P_f 仍为零,经比较环节可得偏差 $e=F-P_f=0$,则伺服系统的输入为零时,工作台保持静止不动。

然后,设有指令脉冲加入,$F\neq0$,则在工作台尚没有移动之前反馈脉冲 P_f 仍为零,经比较判别后 $e\neq0$。若设 F 为正,则 $e=F-P_f>0$,该系统驱动工作台按正向进给。随着电动机运转,光栅将输出的反馈脉冲 P_f 进入比较环节。按负反馈原理,只有当指令脉冲 F 和反馈脉冲 P_f 的个数相当时,偏差 $e=0$,工作台才重新稳定在指令所规定的位置上。显而易见,上述比较后产生的偏差 e 仍为数字量,只有经数/模转换后得到对应的模拟电压,才能去控制伺服电动机运行。

若 F 为负,则工作台作反向进给后准确地停止在指令所规定的位置上。

二、脉冲比较电路

在脉冲比较伺服系统中,完成指令脉冲 F 和反馈脉冲 P_f 的比较,采用的是二进制双时钟可逆计数器。如果把机床工作台运行的方向用正、负来区分,则指令脉冲和反馈脉冲 P_f 可分别用 F_+、F_-、P_{f+}、P_{f-} 来表示。此时可逆计数器的接法是,当输入指令脉冲为 F_+ 或反馈脉冲为 P_{f-} 时,可逆计数器进行加法计数;当输入指令脉冲 F_- 或反馈脉冲为 P_{f+} 时,可逆计数器进行减法计数。

在使用可逆计数器进行脉冲比较时值得注意的是,F 和 P_f 到来的时刻互相可能错开或重叠。当两路计数脉冲先后到来并有一定时间间隔时,计数器无论先加后减或先减后加都能可靠地工作。但是如果两者同时进入可逆计数器,则会出现信号的竞争冒险,而产生误操作。因此不允许这样的情况出现。必须在 F 和 P_f 进入可逆计数器之前先进行脉冲分离处理,如图 12-3 所示。

脉冲分离电路也称错开电路,脉冲分离电路原理如图 12-4 所示。

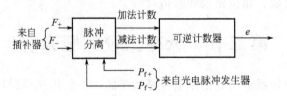

图 12-3　脉冲分离与可逆计数框图

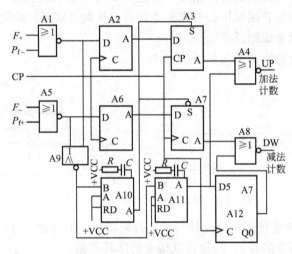

图 12-4　脉冲分离电路原理

当加、减脉冲先后分别到来时，各自按预定的要求经加法计数或减法计数的脉冲输出端进入可逆计数器；若加、减脉冲同时到来时，则由硬件逻辑电路保证，先进行加法计数，然后经过几个时钟的延时再进行减法计数。这样，可保证两路计数脉冲信号均不会丢失。

第三节　相位比较伺服系统

在高精度的数控伺服系统中，旋转变压器和感应同步器是两种应用广泛的位置检测元件。根据励磁信号的不同形式，它们都可以采取相位工件方式或幅值工作方式。

当位置检测元件采用相位工作方式时，控制系统中要把指令信号与反馈信号都变成某个载波的相位，然后通过两者相位的比较，得到实际位置与指令位置的偏差。由此可以说，旋转变压器或感应同步器相位工作方式相位工作状态下的伺服系统，指令信号与反馈信号的比较就采用相位比较方式，该系统称为相位比较伺服系统，简称相位伺服系统。由于这种系统调试比较方便，精度又高，特别是抗干扰性能好而在数控系统中得到较为普遍的应用，是数控机床常用的一种位置控制系统。

在本节中将着重介绍相位比较伺服系统的组成原理及脉冲调相器、鉴相器等主要部件。

一、相位比较伺服系统组成原理

图 12-5 所示为一个采用感应同步器作为位置检测元件的相位伺服系统原理框图。

数控装置送来的进给指令脉冲 F 首先经脉冲调相器变换成相位信号，即变换为重复频率为 f_0 的 $P_A(\theta)$。感应同步器采用相位工作状态，以定尺的相位检测信号经整形放大后得的 $P_B(\theta)$ 作为位置反馈信号，$P_B(\theta)$ 代表了机床移动部件的实际位置。这两个信号在鉴相器中进

第十二章 位置随动控制系统

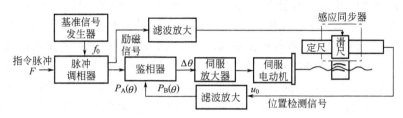

图 12-5 相位伺服系统原理框图

行比较，它们的相位差 $\Delta\theta$，就反映了实际位置和指令位置的偏差。由此偏差信号放大后驱动机床移动部件朝指令位置进给，实现精确的位置控制。该系统的工作原理概述如下。

设感应同步器装在机床工作台上。当指令脉冲 $F=0$，即工作台处于静止状态时，$P_A(\theta)$ 和 $P_B(\theta)$ 是两个同频同相的脉冲信号，经鉴相器进行相位比较，输出的相位差 $\Delta\theta=0$，此时伺服放大器输入为零，伺服电动机的输出也为零，工作台维持静止状态。

当指令脉冲 $F\neq 0$ 时，工作台将从静止状态向指令位置移动。如果设 F 为正，经过脉冲调相器 $P_A(\theta)$ 产生正的相位移 $+\theta_0$，鉴相器的输出将产生 $\Delta\theta=+\theta_0-0=+\theta_0>0$，此时，伺服电动机应按指令脉冲方向使工作台正向移动以消除 $P_B(\theta)$ 与 $P_A(\theta)$ 的相位差。反之，若设 F 为负，则 $P_A(\theta)$ 产生负的相移 $-\theta_0$，鉴相器的输出将产生 $\Delta\theta=-\theta_0-0=-\theta_0<0$，此时，伺服电动机应按指令脉冲方向使工作台反向移动。因此，反馈脉冲 $P_B(\theta)$ 的相位必须跟随指令 $P_A(\theta)$ 的相位进行相应的变化，直到 $\Delta\theta=0$ 为止。

位置控制系统要求，$P_A(\theta)$ 相位的变化应满足指令脉冲的要求，而伺服电动机则应有足够大的驱动力使工作台向指令位置移动，位置检测元件则应及时地反映实际位置的变化，改变反馈脉冲信号 $P_B(\theta)$ 的相位，满足位置闭环控制的要求。一旦 F 为零，正在运动着的工作台就应迅速制动，这样，$P_A(\theta)$ 和 $P_B(\theta)$ 在新的相位值上继续保持同频同相的稳定状态。

二、脉冲调相器

脉冲调相器又称数字调相器，是一种把脉冲变换成相位位移的变换器。它由两个外分频器和一个加减器组成。脉冲调相器的组成原理框图如图 12-6 所示。

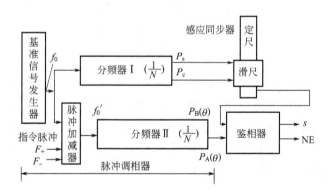

图 12-6 脉冲调相器的组成原理框图

时钟脉冲频率 f_0 分成两路：一路经分频器Ⅰ进行 N 分频后，产生基准相位的参考信号；另一路先到脉冲加减器，接受指令脉冲的调制，每当一个正向指令脉冲输入时，便向 f_0 脉冲序列中插入一个脉冲（在时间上不重合）；而每当一个负向指令脉冲输入时，便从 f_0 脉冲序列中扣除一个脉冲，然后再经分频器Ⅱ进行 N 分频后产生指令脉冲方波，它相对于基准信号有相位超前或滞后的变化。当没有指令脉冲时，即 $F=0$ 时，$f_0=f'_0$，分频器 I 和分频器 II 完全同频同相工作，在接到 N 个脉冲后，同时输出一个方波。因此 $P_A(\theta)$ 和反馈信号 $P_B(\theta)$ 必然同频同相，两者相位差 $\Delta\theta=0$。当 $F\neq 0$ 时，加减器按照正的指令脉冲使 f'_0 脉冲数增加，负的指令脉冲使 f'_0 脉冲数减少的原则，使得输入到分频器 II 的计数脉冲数发生变化，结果是该分频器产生溢出脉冲的时刻将提前或者推迟产生，因此在指令脉冲的作用下，$P_A(\theta)$ 不再保持与反馈信号 $P_B(\theta)$ 同相，其相位差大小和极性与指令脉冲有关。

三、鉴相器

鉴相器又称相位比较器。它的作用是鉴别指令信号与反馈信号的相位，判别两者之间相位差大小，以及相位的超前与滞后变化，把它变成一个带极性的误差电压信号。

不对称触发的双稳态触发器是一种最简单的矩形波鉴相器，如图 12-7 所示。

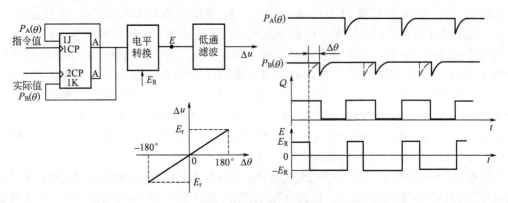

图 12-7　矩形波鉴相器及其工作波形

用指令信号 $P_A(\theta)$ 和反馈信号 $P_B(\theta)$ 的两个差的方波后沿分别控制触发器的两个触发端，当两者正好相差 180°时，从电平转变器输出对称方波，且正负幅值对零电位也对称，经低通滤波器输出的直流平均电压为零。若反馈信号 $P_B(\theta)$ 超前于指令信号 $P_A(\theta)$，则输出方波为上窄下宽，其直流平均值为一个负电压 $-\Delta u$；反之，当反馈信号 $P_B(\theta)$ 滞后于指令信号 $P_A(\theta)$，输出一个正电压 $+\Delta u$。从输出特性可以看出，相位差 $\Delta\theta$ 与误差电压 Δu 呈线性关系。该鉴相器的灵敏度（即相位-电压变换系数）为

$$K_d=\frac{E_R}{180}.$$

式中　E_R——电平转换器输出方波的幅值。

该鉴相器的最大鉴相范围为 ±180°，超过此范围，就要产生失步，伺服系统就不能正确工作。实际系统的跟踪误差 $\Delta\theta$ 往往会超过 ±180°，为此，需要扩大鉴相范围。扩大方波鉴相范围的方法是，先对两个方波信号分别进行 N 倍分频，使其相位差也减小 N 倍，然后再进行鉴相。这样，可使鉴相范围扩大 N 倍。

第四节　幅值比较伺服系统

位置检测元件旋转变压器或感应同步器采用幅值工作状态，输出模拟信号，其特点是幅值的大小与机械位移成正比。将此信号作为位置反馈信号与指令信号比较而构成的闭环系统称为幅值比较伺服系统，简称幅值伺服系统。

一、幅值比较伺服系统的组成原理

采用感应同步器作为位置检测元件的幅值伺服系统原理框图如图 12-8 所示。

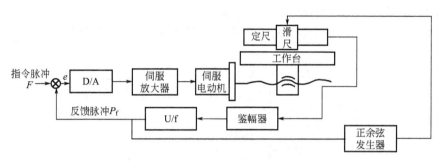

图 12-8　幅值伺服系统原理框图

当感应同步器在幅值工作方式时，滑尺的 cos、sin 两个绕组上分别施加频率相同、幅值不同的正弦电压。这两个正弦电压的幅值又分别与相角 φ 成正、余弦关系，在把励磁电压接到 sin 绕组和 cos 绕组时，注意使这两个绕组在定尺绕组中感应的电势是相减的。

感应同步器定尺绕组的输出信号是一个正弦波，其幅值 U_{om} 与相角 φ 和位移角 θ （与位移对应的角度）的相对关系成正比。当定、滑尺相对移动一个节距 2τ 时，θ 从 0 变到 2π。

在幅值伺服系统中，由鉴幅器检测出表示 φ 和 θ 相对关系的定尺输出幅值，经过电压/频率变换后得到相应的数字脉冲，然后与指令脉冲 F 相比较。同样，数字脉冲的比较可采用脉冲比较伺服系统中应用的可逆计数器。比较后的偏差 e 自然是一个数字量，再经过数/模转换变换成模拟量以驱动工作台的运动。

下面举例说明幅值比较的闭环控制过程。

当机床静止时，指令脉冲 $F=0$，有 $\theta=\varphi$，经鉴幅器测得定尺电势幅值为零，由电压/频率变换器所得的反馈脉冲 P_f 也为零。经比较后的位置偏差 $e=F-P_f=0$，工作台继续处于静止状态。

设插补器送入正的指令进给脉冲时，$F>0$。在伺服电动机尚未转动前，φ 和 θ 仍保持相等，所以反馈脉冲 P_f 仍为零。比较后的 $e=F-P_f>0$，于是伺服电动机使工作台向正方向移动。从此，位移角 θ 不断增大，使 $\theta-\varphi>0$，定尺感应电势的幅值 $U_{om}>0$。随着 P_f 的出现，偏差 e 逐渐减小，直到 $P_f=F$ 后，偏差为零，系统在新的指令位置上达到平衡。

必须指出的是，由于工作台的移动，位移角 θ 发生变化，应相应改变励磁信号电气角 φ 的大小，使 φ 角跟踪 θ 的变化，才能通过 φ 角检测出工作台的实际位置。一旦指令脉冲停止时，系统方能在变化了的 $\varphi=\theta$ 条件下停止，工作台位置也必然为指令位置。因此，在幅值伺服系统的构成中，电压/频率变换器的输出脉冲 P_f 一方面与指令脉冲去比较，另一方面要作为滑尺励磁信号 φ 值的设定输入，保证 φ 角对 θ 角的跟踪。

若进给指令脉冲 F 为负时，系统使工作台反向运动，工作过程是相同的。

值得一提的是，在幅值伺服系统中，励磁信号中的 φ 角是跟随工作移动作被动的变化，因此，可以利用这个 φ 值，作为工作台实际位置的测量值，并通过数显装置将其显示出来。当工作台在进给后到达指令所规定的平衡位置并稳定下来，数显装置所显示的是指令位置的实测值。

二、鉴幅器

感应同步器定尺绕组的输出是正弦交变的电势信号，其振幅 U_{om} 与 $(\theta-\varphi)$ 的正弦值成比例。其实，只有当差值 $(\theta-\varphi)$ 在 $\pm 90°$ 范围内，该幅值的绝对值 $|U_{om}|$ 才与 $|\sin(\theta-\varphi)|$

成正比,而幅值的数符由($\theta-\varphi$)的符号决定:当$\theta=\varphi$时,$U_{om}=0$;当$\theta>\varphi$时,U_{om}为正;当$\theta<\varphi$时,U_{om}为负。该幅值的正负表明了指令位置与实际位置之间超前或滞后的关系。θ与φ的差值越大,则表明位置的偏差越大。

鉴幅器的作用是把正弦交变信号转换成相应的直流信号,其原理如图12-9所示。

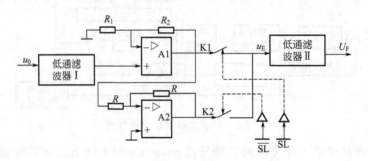

图12-9 鉴幅器原理

u_0是由感应同步器定尺绕组输出的交变电势,因为其中除了基波之外,还包含丰富的奇次谐波分量,需要用低通滤波器Ⅰ将其滤除。完成鉴幅任务的是相敏检波电路,由运算放大器A1、A2,电子开关K1、K2和低通滤波器Ⅱ构成。运算放大器A1为比例放大器,A2为1:1的倒相器。两个电子开关K1、K2分别由一对互为反相的开关信号SL和$\overline{SL}$实现通断控制,其开关频率与输入信号相同。

相敏检波的过程是,当在$0\sim\pi$的前半周期中,SL=1,K1接通,A1的输出端与低通滤波器Ⅱ相连;在$\pi\sim2\pi$的后半周期中,$\overline{SL}=1$,K2接通,A2的输出端与低通滤波器Ⅱ相连,这样,运算放大输出端子上是一个全波整流波形,即u_E是一个单向脉动的直流信号,经过低通滤波器Ⅱ后就得到平滑的直流信号。

图12-10所示为当输入定尺感应电势u_0是分别在工作台正向或反向进给时,开关信号SL、脉动直流信号u_E和直流输出信号U_F的波形图。

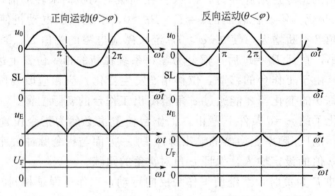

图12-10 鉴幅器工作波形

信号U_F的极性表示了工作台进给的方向,U_F绝对值的大小反映了θ与φ的差值。换个角度讲,U_F是一个双极性的直流信号。

三、极性处理电路和电压/频率变换器

由于电压/频率变换电路要求输入信号是单极性的正的直流电压,因此,双极性的直流信号U_F在进入电压/频率变换器之前应先经过极性处理电路。

双极性直流信号处理电路如图 12-11 所示。

极性处理电路包括绝对值电路和极性判别电路两部分。绝对值电路由放大器 A4、A5 和二极管 VD1、VD2 分别构成两路，各自通过 U_F 信号的正值和负值部分。在输出端上得到的总是正值的信号 U_n，U_n 反映了 u_0 的大小。

极性判别电路由 A3 组成。当 U_F 为正极性时，$U_S \approx 0$，为低电平；当 U_F 为负极性时，由稳压管 VS 箝位使 $U_S \approx 3V$，为高电平。由此可见，U_S 信号是与 TTL 逻辑电平相匹配的开关信号。

电压/频率变换器是把鉴幅器输出的模拟电压 U_n 变换成相应的脉冲序列。能实现电压/频率变换的办法很多，其中比较简单常用的电压/频率变换电路是采用主要由 CMOS 施密特触发器组成的压控振荡器（简称 VCO）。

压控振荡器能将输入的单极性直流电压转换成相应频率的脉冲输出。输出的脉冲频率与输入的直流电压呈良好的线性关系。

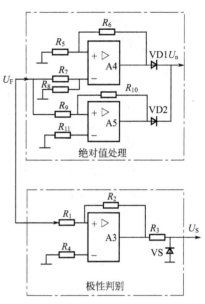

图 12-11 双极性直流信号处理电路

至此，由感应同步器取得的幅值信号，转变成相应的脉冲信号和电平信号，即可用来作为位置闭环控制的反馈信号。

第五节 交流伺服电动机驱动模块及其应用

随着交流伺服电动机应用日益广泛，系列化、模块化的交流伺服电动机驱动模块不断涌现，各生产厂家的交流伺服电动机驱动模块接口定义基本相同，为简化交流伺服控制系统的设计、调试，提供了重要的基础。下面具体介绍上海开通数控有限公司 KT220 系列交流伺服电动机驱动模块及其应用。

KT220 系列交流伺服电动机驱动模块为双轴驱动模块，即在一个驱动模块内含有两个驱动器，可以同时驱动两个交流伺服电动机。表 12-1 介绍了 KT220 系列交流伺服电动机驱动模块的功能及性能指标。

表 12-1 KT220 系列交流伺服电动机驱动模块功能及性能指标

驱动模块规格	1515		3015		3030		5030		5050	
轴号	Ⅰ	Ⅱ	Ⅰ	Ⅱ	Ⅰ	Ⅱ	Ⅰ	Ⅱ	Ⅰ	Ⅱ
适配电动机型号	19	19	30	19	30	30	40	30	40	40
电流规格/A	15	15	25	15	25	25	50	25	50	50
控制方式	矢量控制 IPM 正弦波 PWM									
速度控制范围	1:10000									
转矩限制	0～122% 额定力矩									
转矩监测	连接 DC1mA 表头									
转速监测	连接 DC1mA 表头									
反馈信号	增量式编码器 2048P/R									
位置输出信号	相位差为 90° 的 A、$\overline{A}$、B、$\overline{B}$、Z、$\overline{Z}$									
报警功能	过电流、短路、过速、过热、过电压、欠电压									

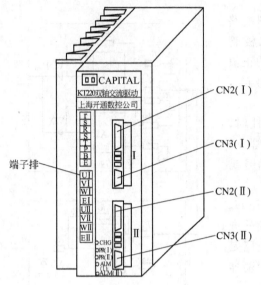

图 12-12 交流伺服电动机驱动模块外形和接口

交流伺服电动机本身附装了增量式光电编码器,用于电动机控制的速度及位置反馈,目前大多数数控机床都采用这种半闭环控制方式。若需要进行全闭环控制,则在机床导轨上安装直接位置测量传感器,如光栅、磁栅等。

在交流伺服电动机驱动模块中还具有转矩和转速监测两个输出信号,可供用户对电动机的转矩和转速进行显示或控制。

交流伺服电动机驱动模块外形和接口如图 12-12 所示。

由图 12-12 可见,交流伺服电动机驱动模块面板由左侧的接线端子排、Ⅰ轴驱动信号连接器端子 CN2(Ⅰ)、Ⅱ轴驱动信号连接器端子 CN2(Ⅱ)、编码器连接器端子 CN3(Ⅰ) 和 CN3(Ⅱ)、工作状态显示部分等组成。

表 12-2 为接线端子排中各端子定义。

表 12-2 交流伺服电动机驱动模块接线端子定义

项 目	端子记号	名 称	意 义
TB1 输入侧	r、s	控制电源端子	1Φ 交流电源 220V(−15%～+10%)50Hz
	R、S、T	主回路电源端子	3Φ 交流电源 220V(−15%～+10%)50Hz
	P、B	再生放电电阻端子	接外部放电电阻
	E	接地端子	接地
TB2 输出侧	UⅠ、VⅠ、WⅠ、EⅠ	电动机接线端子	接到电动机Ⅰ的 T1、T2、T3 三相进线及接地
	UⅡ、VⅡ、WⅡ、EⅡ	电动机接线端子	接到电动机Ⅱ的 T1、T2、T3 三相进线及接地

在机械负载惯量折算到电动机轴端惯量的 4 倍以下时,交流伺服电动机驱动模块都能正常运行。当惯量太大时,在电动机减速或制动时将出现过电压报警,面板上 ALM(Ⅰ) 和 ALM(Ⅱ) 灯亮。因此 KT220 交流伺服电动机驱动模块需要外接再生放电电阻,通过再生放电电阻释放能量,避免电压过高而造成故障。

Ⅰ轴驱动信号连接器端子 CN2(Ⅰ) 和Ⅱ轴驱动信号连接器端子 CN2(Ⅱ) 相同,脚号定义见表 12-3。

表 12-3 中各信号说明如下。

1. 速度指令信号±DIFF（CN2-7、CN2-19）

速度指令信号范围为 0～±10V,对应电动机转速 0～±2000r/min(最大转速),当 +DIFF 输入电压相对于 −DIFF 为正电压时,电动机正转(从负载端看为反时针方向),否则电动机反转。

2. 驱动使能信号 PR(CN2-24)

驱动使能信号 PR 为 +24V 时,驱动模块工作,速度指令电压有效;若驱动使能信号 PR 在电动机运转时断开,电动机将自由运转直至停止。

第十二章 位置随动控制系统

表 12-3　轴驱动信号连接器端子 CN2 脚号定义

脚　号	记　号	名　　称	意　　义
CN2-1	−5V	−5V 电源	调试用,用户不能使用
CN2-2	GND	信号公共端	
CN2-7	+DIFF	速度指令(+差动)	0～±10V 对应于 0～±2000r/min
CN2-19	−DIFF	速度指令(−差动)	
CN2-22	BCOM	0V(−24V)	+24V 的参考点
CN2-23	−ENABLE	负使能(输入)	接入+24V,允许反转
CN2-11	+ENABLE	正使能(输入)	接入+24V,允许反转
CN2-8	TORMO	转矩监测(输出)	输出与电动机转矩成比例的电压(±2V 对应于±最大转矩)
CN2-20	VOMO	转速监测(输出)	输出与电动机转速成比例的电压(±2V 对应于±最大转速)
CN2-21	GND	监测公共点	
CN2-18	$\overline{Z}$	$\overline{Z}$ 相信号(输出)	编码脉冲输出(线驱动方式)
CN2-5	Z	Z 相信号(输出)	
CN2-17	$\overline{B}$	$\overline{B}$ 相信号(输出)	
CN2-4	B	B 相信号(输出)	
CN2-16	$\overline{A}$	$\overline{A}$ 相信号(输出)	
CN2-3	A	A 相信号(输出)	
CN2-6	GND	信号公共端	
CN2-14	E	接地端子	用于屏蔽线接地
CN2-24	PR	驱动能使(输入)	接+24V,允许电动机运行
CN2-13	RCOM	伺服准备好公共端	集电极开路输出
CN2-12	READY	伺服准备好(输出)	正常时,输出三极管射极、集电极导通
CN2-15	+5V	+5V 电源	调试用,用户不能使用

3. 正使能信号+ENABLE(CN2-11) 和负使能信号−ENABLE(CN2-23)

正使能信号+ENABLE 和负使能信号−ENABLE 与+24V 接通后,允许电动机正转或反转。正使能信号+ENABLE 或负使能信号−ENABLE 又可用作正向和反向限位开关的常闭触点,一旦被断开,那么正转或反转转矩指令即为零,此时电动机立即停止转动。

4. 伺服准备好信号 READY(CN2-12)

当开机正常,驱动模块输出伺服准备好信号。

表 12-4 为各轴编码器连接器端子 CN3(Ⅰ) 和 CN3(Ⅱ) 脚号定义。

表 12-4　各轴编码器连接器端子 CN3 脚号定义

脚　号	记　号	名　　称	编码器侧连接器端子
CN3-1	Z	Z 相信号	C
CN3-2	$\overline{B}$	$\overline{B}$ 相信号	I
CN3-3	B	B 相信号	B
CN3-4	$\overline{A}$	$\overline{A}$ 相信号	H
CN3-5	A	A 相信号	A
CN3-6	$\overline{Z}$	$\overline{Z}$ 相信号	J
CN3-7	GND	信号公共端(0V)	F
CN3-8	+5V	(+5V)电源	D
CN3-9	E	接线端子,接屏蔽线	G

表 12-4 中驱动器连接端子 CN3 与编码器侧连接器端子的连接方式,可参见图 12-13。

CN2 端子中输出的位置信号是供控制器进行位置监测使用的信号。

由此可见,对于交流伺服电动机的控制主要是通过 CN2-7、CN2-19 输入 0～±10V 的模拟电压,来控制电动机的转速和转向。交流伺服电动机、伺服驱动模块、数控系统的典型连接如图 12-14 所示。

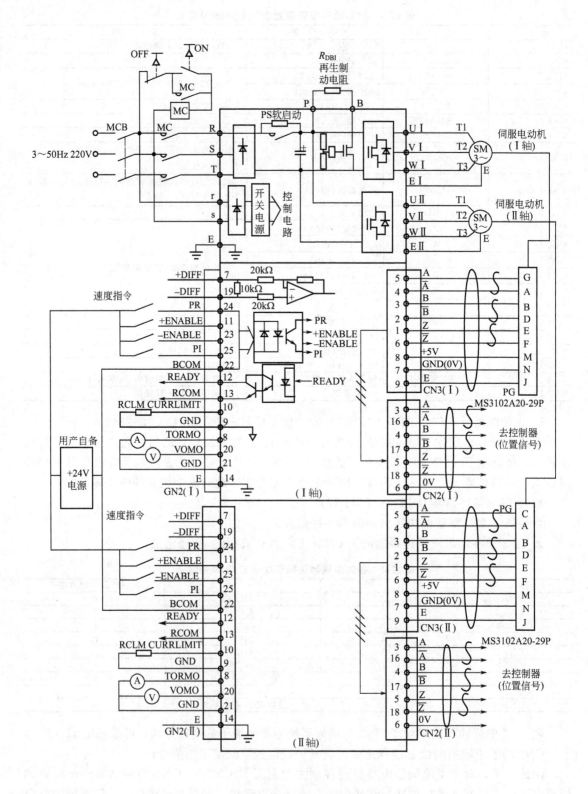

图 12-13 驱动模块与编码器连接方式

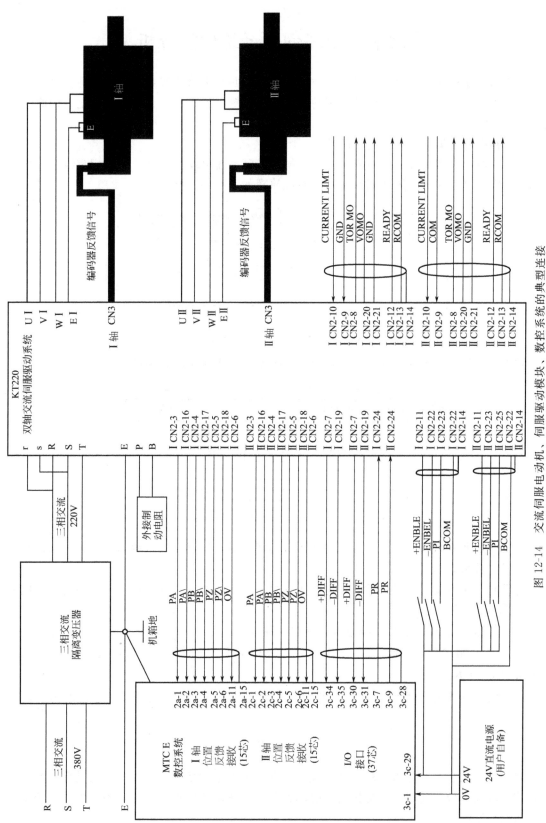

图 12-14 交流伺服电动机、伺服驱动模块、数控系统的典型连接

第六节　闭环伺服系统性能分析

从控制论观点出发，对数控系统的技术要求即可归纳为对伺服系统的稳定性，静、动态特性等品质指标的要求。一台数控机床的速度和精度等技术指标，在很大程度上由伺服系统的性能所决定。

一、典型闭环伺服系统的传递函数

这里介绍的典型伺服进给系统，是由晶闸管控制直流电动机驱动，并采用直线位移检测器作为位置检测元件的双闭环伺服系统，系统原理如图 12-15 所示。

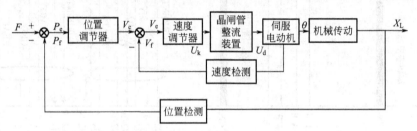

图 12-15　典型闭环伺服系统原理

将各环节的传递函数分别代入，可得典型伺服进给系统结构，如图 12-16 所示。

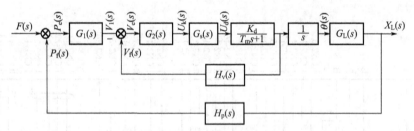

图 12-16　典型闭环伺服系统结构

在较为全面考虑伺服系统的各个组成部分的特性后，所建立的系统 $G(s)$ 是一个带滞后环节的五阶系统。

为研究问题方便，工程上常采用允许条件之下，简化系统的数学模型。为使讨论问题的简便，进行如下假设。

① 位置调节器和速度调节器都为比例作用调节。

② 对于晶闸管整流装置，当 T_s 远小于系统其他环节的时间常数时，近似认为 $T_s=0$，则可得 $G_s(s)=K_s$。

③ 对于容量较小的直流伺服电动机，即可取 $T_d=0$，这样直流伺服电动机的传递函数可简化为

$$G_d(s)=\frac{K_d}{s(T_m s+1)}$$

需要指出的是，在分析系统动态特性时，若系统的放大倍数较低时，上式是允许的。但当系统的放大倍数很高时，电动机的小时间常数对系统动态特性的影响就不能忽略，否则会得出错误的结论。

④ 对于机械传动机构，如果忽略折算惯量 J_L 和折算阻尼系数 f_L，简化后 $G_L(s)=K_L$。经简化后的系统框图如图 12-17 所示。

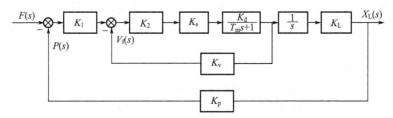

图 12-17　简化闭环伺服系统框图

若令速度环传递函数为 $G_v(s)$，则

$$G_v(s)=\frac{\omega(s)}{V_c(s)}=\frac{K_2 K_s K_d}{T_m s+1}\bigg/\left(1+\frac{K_2 K_s K_d K_v}{T_m s+1}\right)$$

$$=\frac{K_2 K_s K_d}{T_m s+K_2 K_s K_d K_v+1}$$

$$=\frac{K_2 K_s K_d}{K_2 K_s K_d K_v+1}\bigg/\left(\frac{T_m}{K_2 K_s K_d K_v+1}s+1\right)$$

$$=\frac{K_0}{T_0 s+1}$$

整个系统传递函数为 $G(s)$，则

$$G(s)=\frac{X_L(s)}{F(s)}$$

$$=\frac{K_1 K_L K_0}{s(T_0 s+1)}\bigg/\left[1+\frac{K_1 K_L K_0}{s(T_0 s+1)}\right]$$

$$=\frac{K_1 K_L K_0}{s(T_0 s+1)+K_1 K_L K_0 K_p}$$

$$=\frac{K_1 K_L K_0}{T_0 s^2+s+K_1 K_L K_0 K_p}=\frac{K\omega_n^2}{s^2+2\xi\omega_n s+\omega_n^2}$$

其中，系统增益 $\quad K=\dfrac{1}{K_p}$

系统的阻尼系数 $\quad \xi=\dfrac{1}{2\sqrt{K_1 K_L K_0 K_p T_0}}$

系统的自然频率 $\quad \omega_n=\sqrt{\dfrac{K_1 K_L K_0 K_p}{T_0}}$

这说明，直流伺服电动机构成的闭环控制系统简化后为二阶系统。

二、闭环伺服系统的性能分析

(一) 系统的稳定性

如果一台数控机床的伺服控制系统是不稳定的，那么机床工作台就不可能稳定在指定位置，是无法进行切削加工的。因此在控制系统中，最重要的是稳定性问题，或者说，任何控制系统首先必须是稳定的。

(二) 稳定性能分析

位置伺服系统的稳定性能指标主要是定位精度，指的是系统过渡过程终了时实际状态与期望状态之间的偏差程度。一般数控机床的定位精度应不低于 0.01mm，而高性能的数控机床的定位精度将达到 0.001mm 以上。影响伺服系统稳态精度的原因可以有两类：一类是位置测量装置的误差和测量误差；另一类是系统误差。系统误差与系统输入信号的性质和形式有关，也与系统本身的结构和参数有关。本节主要讨论系统误差对稳态精度的影响。

1. 典型输入信号

在伺服系统的分析中常用几种典型的输入信号如下。

(1) 位置输入　即位置阶跃输入。当阶跃的幅值 $A=1$ 时，称为单位阶跃信号，其拉氏变换式为 $R(s)=1/s$。点位控制的数控机床是这种输入的典型例子。

(2) 速度输入　又称斜坡输入，在分析中，常用单位速度信号，其拉氏变换式为 $R(s)=1/s^2$。直线插补的数控伺服系统是速度输入的典型例子。

(3) 扰动输入　凡是力图使系统离开给定输入准确跟踪的输入量，统称扰动输入。典型的扰动输入有恒值负载扰动、正弦负载扰动、随机性负载扰动以及从检测装置输入的噪声干扰等。

伺服系统的任务也可以说是要尽可能使系统的输出准确地跟踪给定输入，同时，各种扰动输入对系统跟踪精度的影响应当减少到最小。

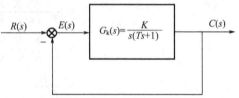

图 12-18　简化整理后二阶典型伺服系统框图

2. 单位阶跃给定输入时的稳态误差

经简化整理后二阶典型伺服系统结构框图如图 12-18 所示。其中，$G_k(s)$ 是系统的开环传递函数，K 为开环放大倍数，T 为时间常数。

由于开环传递函数中只包含一个积分环节，习惯上也称为 I 型系统。

在单位阶跃给定输入下，即输入信号 $R(s)=1/s$。由于 $E(s)=R(s)-C(s)$、$C(s)=E_k(s)E(s)$。经整理得

$$E(s)=R(s)-E_k(s)E(s)=\frac{1}{1+G_k(s)}R(s)=\frac{Ts+1}{s(Ts+1)+K}$$

利用拉氏变换的终值定理，求得系统的稳态误差如下：

$$e(\infty)=\lim_{s\to 0}sE(s)=\lim_{s\to 0}s\frac{Ts+1}{s(Ts+1)+K}=0$$

上式表明，在单位阶跃的给定输入下，I 型系统的稳态误差为零，这个结论是在忽略电动机轴上负载的条件下才成立的。由于伺服系统电动机的转速到位移之间是一个积分环节，只要输出 $C(t)$ 与输入 $R(t)$ 不相等，它们之间的偏差电压经放大后就使电动机旋转，当负载为零时，电动机将一直转到偏差电压等于零为止，因此稳态误差为零。如果考虑负载，则当电动机输出转矩与负载转矩平衡时停止进给。为了维持这个转矩，放大器输入端就得有一定的偏差电压，因而稳态误差不等于零。

3. 单位速度给定输入时的稳态误差

单位速度输入信号 $R(s)=1/s^2$，稳态误差为

$$e(\infty)=\lim_{s\to 0}sE(s)=\lim_{s\to 0}s\frac{1}{1+G_k(s)}R(s)=\lim_{s\to 0}s\frac{s(Ts+1)}{s(Ts+1)+K}\times\frac{1}{s^2}=\frac{1}{K}$$

此式表明在单位速度给定输入时，I 型系统的稳态误差等于开环放大倍数的倒数，这说明在速度输入下，要实现准确跟踪，电动机的输出轴必须随着作同步变化，因此电动机的电枢上应保持有一定数值的电压。由于 I 型系统中只有一个积分环节，放大器只能是比例环

节，要维持一定的电枢电压，放大器输入端必须有一个偏差电压，所以系统的稳态误差不会等于零。当然，开环放大倍数 K 越大，稳态误差的值越小。

4．单位恒值负载扰动输入的影响

如前所述，伺服系统所承受的各种扰动作用也是要影响系统的跟随精度的。扰动可来自负载、检测装置及其他各种原因。最常见的扰动是负载扰动和从测量装置引入的噪声干扰。为了简便，仅讨论单位恒值负载扰动的影响。

图 12-19(a) 是给定输入为零，只考虑负载扰动输入时的系统结构图。

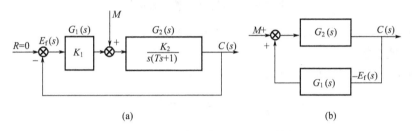

图 12-19　负载扰动输入时的系统结构图

$G_1(s)$ 表示 M 作用点之前的传递函数，$G_2(s)$ 是 M 作用点之后的传递函数。对于 I 型系统，$G_1(s)$ 中没有积分环节，$G_2(s)$ 中包含一个积分环节。对于单位恒值负载扰动 $M(s)=1/s$。图 12-19(b) 可以更清楚地表达负载扰动输入下的系统结构。

设由 M 引起的稳态误差为 e_f，其拉氏变换式为 $E_f(s)$。由于 $R(t)=0$，$E_f(s)=R(s)-C(s)=-C(s)$，可得

$$e(\infty)=\lim_{s\to 0}sE_f(s)=-\lim_{s\to 0}sC(s)=-\lim_{s\to 0}s\frac{K_2}{[s(Ts+1)-K_1K_2]s}=\frac{1}{K_1}$$

这表明恒值负载扰动会使 I 型系统产生稳态误差，误差值的大小与负载扰动作用点之前的传递函数的放大倍数成反比。

（三）动态过程分析

位置伺服系统在跟踪加工的连续控制过程中，几乎始终处于动态的过程之中。

前面已经提到，通常有给定与扰动两种输入作用于控制系统。理想的控制系统应该对给定输入的变化能够准确地跟踪，同时应该完全不受扰动输入的影响。换句话说，系统应该具有很好的跟随性和抗干扰性。

在位置闭环控制中，可以把从伺服放大器、伺服电动机到位置检测元件取得位置反馈信息整个视为伺服控制的对象，而把对系统性能按预期的要求进行校正而加入的部分视为调节器，如图 12-20 所示。

若设调节对象为二阶典型环节，即传递函数 $G_{k2}(s)=\dfrac{K_2}{s(Ts+1)}$，调节器的传递函数为 $G_{k1}(s)$，则可以通过设计 $G_{k1}(s)$ 的结构与参数，来取得整个系统良好的闭环性能。

为讨论简便起见，同时又能说明基本概念，设 $G_{k1}(s)$ 为比例调节器，$G_{k1}(s)=K_1$。则系统的开环传递函数为

$$G_k(s)=G_1(s)G_2(s)=\frac{K_1K_2}{s(Ts+1)}=\frac{K}{s(Ts+1)}$$

式中　K——开环放大倍数，也称开环增益，$K=K_1K_2$；

　　　T——时间常数。

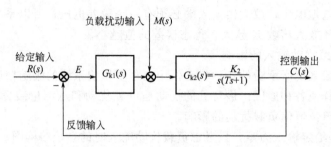

图 12-20 位置闭环控制系统

下面分别对系统的跟随性能和抗扰性能进行分析。

1. 跟随性能分析

讨论跟随性能时,令 $M=0$,则系统的传递函数

$$G(s)=\frac{K}{Ts^2+s+K}=\frac{K/T}{s^2+\frac{1}{T}s+K/T}$$

对照二阶系统的标准形式 $G(s)=\dfrac{\omega_n^2}{s^2+2\xi\omega_n s+\omega_n^2}$,可得,自然频率 $\omega_n=\sqrt{\dfrac{K}{T}}$,阻尼系数 $\xi=\dfrac{1}{2\sqrt{KT}}$。

由此可见,表征系统动态性能的参数 ω、ξ 与系统的结构参数 K、T 有关。由于时间常数 T 反映系统惯性的大小,决定于构成系统元件的特性。一个系统一旦确定,往往时间常数 T 就固定下来而不便随意改动,而开环放大倍数的 K 值就有一个正确选择确定的问题,因此有必要讨论开环放大倍数的选取与系统性能的关系。

在工程上,常把系统设计在 $0<\xi<1$ 的欠阻尼状态,表 12-5 列出了二阶典型系统阶跃响应指标与参数的关系。

表 12-5 二阶典型系统阶跃响应指标与参数的关系

开环放大倍数 K	$\dfrac{1}{4T}$	$\dfrac{1}{3.24T}$	$\dfrac{1}{2.56T}$	$\dfrac{1}{2T}$	$\dfrac{1}{1.44T}$	$\dfrac{1}{T}$	$\dfrac{6.25}{T}$
阻尼系数 ξ	1.0	0.9	0.8	0.707	0.6	0.5	0.1
超调量 $\sigma/\%$	0	0.15	1.5	4.3	9.5	16.3	73.0
$t_s(5\%)/T$	9.5	7.2	5.4	4.2	6.3	5.3	6.0
$t_s(2\%)/T$	11.7	8.4	6.0	8.4	8.4	8.1	8.0

可见,随着开环放大倍数 K 的增大,ξ 值单调变小,超调量逐渐增大,而调节时间 T_s 随着 K 值的增大先是从大到小,后又增大,这主要是由于系统在快速调节中产生了过大的超调,甚至出现振荡的倾向,导致到达进入误差带的时间延长。

从表 12-5 中可以看出,当 $K=1/(2T)$ 时,系统的动态性能指标为 $\sigma=4.3\%$,$t_s(2\%)=8.4T$,$t_s(5\%)=4.2T$。按综合性能指标,系统在该参数情况下,既有较快的响应速度,又不出现过大的超调,被认为是一种二阶系统的"工程最佳参数",在工程上,也常常把 $\xi=0.707$ 称为典型二阶系统的最佳动态过程。

2. 抗扰性能分析

讨论抗扰性能时，设 $R(s)=0$，系统的传递函数 $G_f(s)=C(s)/M(s)$，伺服系统的抗扰性能是系统应能使各种扰动输入对系统跟踪精度的影响减至最小。

对于二阶典型系统，当负载扰动输入后，同时做到动态变化与恢复时间两项指标最小，但有时存在矛盾。据分析认为，当调节对象（即负载扰动作用点之后的这部分环节）的时间常数越大，则输出响应的最大动态变化越小，而恢复时间越长。反之，时间常数越小，动态变化越大，则恢复时间越短。

另一方面，如果一个伺服系统在给定输入作用下输出响应的超调量较大、过程时间越短，则它的抗扰性能就好；而超调量较小，过程时间较长的系统，恢复时间就长（除非调节对象的时间常数很小）。这就是二阶典型系统的跟随性能与抗扰性能之间存在一定的内在制约和矛盾的地方，也是这类闭环控制系统固有的局限性。

三、伺服系统的可靠性

数控机床是一种高精度、高效率的自动化设备，如果发生故障其损失就更大，所以提高数控机床的可靠性就显得更为重要。

可靠度是评价可靠性的主要定量指标之一，其定义为：产品在规定条件下和规定时间内，完成规定功能的概率。对数控机床来说，它的规定条件是指其环境条件、工作条件及工作方式等，例如温度、湿度、振动、电源、干扰强度和操作规程等。这里的功能主要指数控机床的使用功能，例如数控机床的各种机能、伺服性能等。

平均故障（失效）间隔时间（MTBF）是指发生故障经修理或更换零件还能继续工作的可修复设备或系统，从一次故障到下一次故障的平均时间，数控机床常用它作为可靠性的定量指标。由于数控装置采用微机后，其可靠性大大提高，所以液压伺服系统的可靠性比电气伺服系统的可靠性差，电磁阀、继电器等电磁元件的可靠性较差，应尽量用无接触点元件代替。

目前数控机床因受元件质量、工艺条件及费用等限制，其可靠性还不很高。为了使数控机床能得到工厂的欢迎，必须进一步提高其可靠性，从而提高其使用价值。在设计伺服系统时，必须按设计的技术要求和可靠性选择元器件，并按严格的测试检验进行筛选，在机械互锁装置等方面，必须给予密切注意，尽量减少因机械部件引起的故障。

第七节　闭环伺服系统性能对加工的影响

一、开环增益对加工的影响

在典型的二阶系统中，阻尼系数 $\xi=1/(2\sqrt{KT})$，速度稳态误差 $e(\infty)=1/K$，其中 K 是开环放大倍数，工程上多称为开环增益。

显然，系统的开环增益是影响伺服系统的静、动态指标的重要参数之一。

一般情况下，数控机床伺服机构的增益取为 20~30。通常把 $K<20$ 范围的伺服系统称为低增益或软伺服系统，多用于点位控制。而把 $K>20$ 的伺服系统称为高增益或硬伺服系统，应用于轮廓加工系统。

若为了不影响加工零件的表面粗糙度和精度，希望阶跃响应不产生振荡，即要求 ξ 选择小一些，即希望开环增益 K 增加些，同时 K 值的增大对系统的稳态精度也能有所提高。因此，对 K 值的选取是个综合考虑的问题。换句话说，并非系统的增益越高越好。当输入速度突变时，高增益可能导致输出剧烈的变动，机械装置要受到较大的冲击，有的还可能引起系统的稳定性问题。这是因为在高阶系统中系统稳定性对 K 值有取值范围的要求。低增益系统也有一定的优点，例如系统调整比较容易，结构简化，对扰动不敏感，加工的表面粗糙度好。

在实际系统中，对稳态与动态性能都必须有较高的要求时，可以采取称为非线性控制的控制方法。其设计思想是 K 值的选取可根据需要而变化，而不是一个定值。例如，在动态响应的开始阶段可取为高增益值，由于阻尼系数 $\xi=1/(2\sqrt{KT})$，则在 T 不变时 ξ 偏小，曲线上升变陡。在接近稳态的 90% 左右时，K 取低值，使 ξ 接近于 1，过程趋于平稳，无超调，如图 12-21 所示。

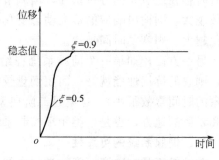

图 12-21 非线性增益控制

二、位置精度对加工的影响

位置伺服控制系统的位置精度在很大程度上决定了数控机床的加工精度。因此位置精度是一个极为重要的指标。为了保证有足够的位置精度，一方面是正确选择系统中开环放大倍数的大小，另一方面是对位置检测元件提出精度的要求。因为在闭环控制系统中，对于检测元件本身的误差和被检测量的偏差是很难区分出来的，反馈检测元件的精度对系统的精度常常起着决定性的作用。可以说，数控机床的加工精度主要由检测系统的精度决定。位移检测系统能够测量的最小位移称为分辨率。分辨率不仅取决于检测元件本身，也取决于测量线路。在设计数控机床、尤其是高精度或大中型数控机床时，必须精心选用检测元件。选择测量系统的分辨率或脉冲当量，一般要求比加工精度高一个数量级。

总之，高精度的控制系统必须有高精度的检测元件作为保证。例如，数控机床中常用的直线感应同步器的精度已可达 $0.1\mu m$，灵敏度为 $0.05\mu m$，重复精度 $0.2\mu m$；而圆形感应同步器的精度可达 $0.5''$，灵敏度 $0.05''$，重复精度 $0.1''$。

三、调速范围对加工的影响

在数控机床的加工过程中，伺服系统为了同时满足高速快移和单步点动，要求进给驱动具有足够宽的调速范围。

单步点动作为一种辅助工作方式常常在工作台的调整中使用。

伺服系统在低速情况下实现平稳进给，则要求速度必须大于死区范围。死区指的是由于静摩擦力的存在使系统在很小的输入下，电动机克服不了摩擦力而不能转动。此外，还由于存在机械间隙，电动机虽然转动，但拖板并不移动，这些现象也可用死区来表示。

伺服系统最高速度的选择要考虑到机床的机械允许界限和实际加工要求，高速度固然能提高生产效率，但对驱动要求也就更高。此外，从系统控制角度看也有一个检测与反馈的问题，尤其是在计算机控制系统中，必须考虑软件处理的时间是否足够。

一个较好的伺服系统，调速范围 D 往往可达到 $800\sim1000$。当今最先进的水平是在脉冲当量 $\delta=1\mu m$ 的条件下，进给速度从 $0\sim240mm/min$ 范围内连续可调。

四、速度误差系数对加工的影响

由前面的分析可知，Ⅰ型系统的特点是对阶跃输入能够无静差地复现，不存在位置误差。但在数控机床加工作业中，多数情况下加工命令并不是按位置阶跃方式输入的，而是按速度输入的形式给出的，所以Ⅰ型系统输出的稳态响应存在一个常值的速度跟随误差。为了表征这个特点,在控制理论中,设在单位速度输入下,Ⅰ型系统的速度误差 $e(\infty)=\dfrac{1}{K_v}$,这里定义 K_v 为速度误差系数,引进速度误差系数 K_v,是为了突出地反映系统跟随能力的强弱。

在数控机床的位置伺服系统中,对 K_v 的要求可由下式给出:

$$K_v = \frac{V_{\max}}{e}$$

式中 $V_{\max}$——最高进给速度;
　　　e——允许的跟随误差。

当 $V_{\max}$ 为空行程的最高速度时,e 可规定得宽一些,只要不失步就行。但在轮廓加工中,e 不能随便设定,e 要控制在精度范围内。这是因为在数控机床中,除了走直线外,还要走圆弧,过大的误差会直接引起工件的尺寸误差。考虑到这一点,提高伺服系统的 K_v 值是至关重要的,即 K_v 越大,系统的跟随误差小,但过大的 K_v 会影响系统的稳定性。

对于连续切削系统要求同时精确地控制每个坐标轴运动的位置与速度,实际上由于每个轴的系统存在着稳态误差,就会影响坐标轴的协调运动和位置的精确性,产生轮廓跟随误差,简称轮廓误差。

轮廓误差是指实际轨迹与要求轨迹之间的最短距离,用 ε 来表示。

(1) 两轴同时运动加工直线轮廓的情况　若两轴的输入指令为

$$x(t) = v_x t$$
$$y(t) = v_y t$$

则轨迹方程为

$$y = \frac{v_x}{v_y} x$$

由于存在跟随误差(图 12-22),在某一时刻指令位置在 $P(x,y)$ 点,实际位置在 P' 点,其坐标位置为

$$x' = v_x t - E_x$$
$$y' = v_y t - E_y$$

跟随误差 e_x、e_y 由下式求出:

$$e_x = \frac{v_x}{K_{vx}}, \quad e_y = \frac{v_y}{K_{vy}}$$

式中 K_{vx},K_{vy}——x 轴和 y 轴的系统速度误差系数。

用解析几何法可求出轮廓误差 ε 为

$$\varepsilon = \frac{\Delta K_v}{K_v}$$

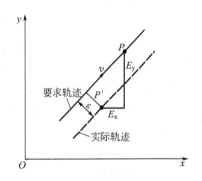

图 12-22　速度误差系数对直线加工的影响

式中 K_v——平均速度误差系数,$K_v = \sqrt{K_{vx} K_{vy}}$;
　　　ΔK_v——x、y 轴系统速度误差系数的差值,$\Delta K_v = K_{vx} - K_{vy}$。

当 $K_{vx} = K_{vy}$ 时,$\Delta K_v = 0$,可得 ε=0。说明当两轴的系统速度误差系数相同时,即使有跟随误差,也不会产生轮廓误差。ΔK_v 增大,ε 就增大,实际运动轨迹将偏离指令轨迹。

(2) 圆弧加工时的情况　若指令圆弧为 $x^2 + y^2 = R^2$,所采用的 x、y 两个伺服系统的速度误差系数相同,$K_{vx} = K_{vy} = K_v$ 时,进给速度 $v = \sqrt{v_x^2 + v_y^2}$ = 常数,当指令位置在 $P(x,$

y) 点，实际位置在 $P'(x-e_x, y-e_y)$ 点处，描绘出圆弧 $A'B'$，如图 12-23 所示。

其半径误差 ΔR 可由几何关系求得：

$$(R+\Delta R)^2 - R^2 = \overline{PP'}$$

$$\Delta R = \frac{\overline{PP'}^2}{2R}, \quad 又 \overline{PP'} = \sqrt{e_x^2+e_y^2} = \sqrt{\left(\frac{v_x}{K_v}\right)^2 + \left(\frac{v_y}{K_v}\right)^2} = \frac{v}{K_v}, \quad 故$$

$$\Delta R = \frac{v^2}{2RK_v^2}$$

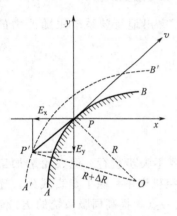

图 12-23 速度误差系数对圆弧加工的影响

从上式可见加工误差与进给速度的平方成正比，与系统速度误差系数的平方成反比。降低进给速度，增大速度误差系数将大大提高轮廓加工精度。同时可以看出，加工圆弧的半径越大，加工误差越小。对于一定的加工条件，当两轴系统的速度误差系数相同时，ΔR 是常值，即只影响尺寸误差，不产生形状误差。

实际上，大多数连续切削控制系统中两轴的速度误差系数常有差别，此时加工圆弧时将会产生轮廓误差，会形成椭圆。因此要求各轴的系统速度误差系数 K_v 值尽量接近，其值应尽量高。

交流伺服系统的构成、调整及使用实训

交流伺服电动机驱动模块的应用好坏，直接关系到机床的加工性能。交流伺服电动机驱动模块，也是机床中故障多发部件，掌握其连接、控制和调试，也是维修数控机床的重要技能。

一、实训目的
1. 掌握交流伺服电动机驱动模块的接口定义及其连接。
2. 掌握交流伺服电动机驱动模块的参数设置及控制。
3. 掌握交流伺服电动机驱动模块的性能测试。

二、实训设备
各教学单位可根据所使用的交流伺服电动机驱动模块，选择合适的电动机、控制器件、机械负载和制动装置。

三、实训内容与步骤
1. 主回路接线

按图 12-24 所示，连接（或检查）r、t 及 L1、L2、L3 与电源的接线；连接（或检查）伺服驱动器 U、V、W 与伺服电动机 A、B、C 之间的接线；连接（或检查）伺服电动机位置传感器与伺服驱动器的连接电缆，如图 12-25 所示；连接（或检查）伺服 ON 控制线及开关。

2. 空载下试运行电动机。

① 松开伺服电动机与负载之间的联轴器，连通伺服驱动器的电源，按 Panasonic 交流伺服驱动器 MINAS-A 系列使用说明书中 PAGE-51 的步骤，先设置用户参数为"出厂设定"，

第十二章 位置随动控制系统

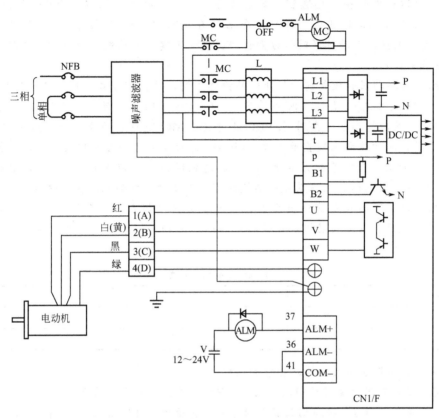

图 12-24 交流伺服驱动装置主回路线路

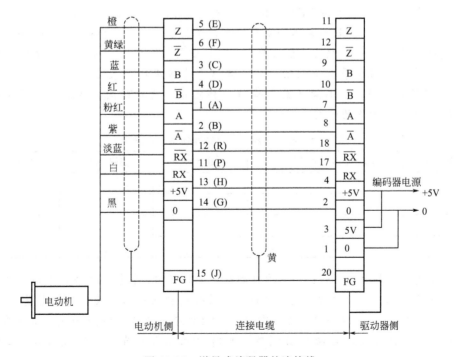

图 12-25 增量式编码器的连接线

用 JOG 模式试运行电动机。接通驱动器电源后，初始显示"r-0"；按 MODE 键及上下键，显示"AF-JOG"；按 SET 键后，再按住向上键直至出现"ready"；按住向左键直至出现"Srv-on"。按向上键，电动机逆时针方向旋转；按向下键，电动机顺时针方向旋转，其速率有 PA57 参数来确定。

② 按照伺服驱动器的控制前面板所示的操作方法，将控制方式设置为"速度控制方式"（PA02=1），给定方式设置为"内部给定"（PA05=1），速度给定值设置为 100r/min（PA53=100），然后将参数保存到 EEPROM 中（按 MODE 键，直至显示 EEPROM 写入模式；按 SET 键，再按住向上键直至出现"Finish"，断开电源约 30s 后接通电源，使写入的内容生效）。在确认没有报警或异常情况后，接通伺服使能（伺服 ON）闭合，这时伺服电动机应在给定转速下运转。在当前监视器模式下，显示伺服电动机的实际转速。

③ 将伺服驱动器的控制前面板设置转换至参数设置模式，修改转速给定值（PA53），再按 SET 键生效后，伺服电动机应在新给定转速下运转。记录给定转速及实际转速，计算转速误差，填入表 12-6。

表 12-6 空载转速误差

给定转速/r·min^{-1}					
实际转速/r·min^{-1}					
转速误差/%					

3. 测试交流伺服电动机的转速动态响应特性。

（1）将伺服驱动器的速度监视输出接口 SP 及 G（在控制系统前面板显示器下方）连接至数字存储示波器通道 1，接通伺服驱动器电源，将给定转速设置为 0r/min(PA53=0)；然后接通伺服 ON（这时伺服电动机不转动或处于低速漂移状态），修改给定转速，将其设置为 1000r/min(PA53=1000)，在按 SET 键使其生效。这时，伺服电动机应从静止状态加速至给定转速，由数字存储示波器捕获这个加速过程，不显示，存储下来；再将给定转速设置为 0r/min(PA53=0)，按 SET 键使设置生效，这时伺服电动机应从运转状态制动为静止状态，同样由数字存储示波器记录这个制动过程。读取主要数据填入表 12-7 中（上升时间，从 0.1~0.9 稳定值的时间；超调量=最大峰值-稳定值；稳定时间，从 0 开始至幅值进入 0.95~1.05 稳定值范围内的时间）。

表 12-7 交流伺服电动机转速动态响应特性

速度环增益/Hz	速度环积分时间常数/ms	上升时间/s	超调量/%	稳定时间/s

（2）修改速度环增益（PA11）、速度环积分时间常数（PA12），以及改变转子上的转动惯量后，重复上述启、制动过程，观察速度响应特性的变化；取定某一转动惯量（如 10 倍转子惯量），通过改变 PA11 及 PA12，使响应特性的超调变小、响应加快。上述有关 MINAS 交流伺服驱动器常规自动增益调节、实时自动增益调节，现设定参数 PA11=2，PA12=6。

(3) 记录并比较增益调整前后速度响应特性的差别,列出最佳的速度环增益和速度环积分时间常数。记录数据,填入表12-8中。

表 12-8 最佳的速度环增益和速度环积分时间常数

项 目	常规自动增益调节	实时自动增益调节
速度环增益/Hz		
速度环积分时间常数/ms		

4. 测试交流伺服电动机的频带宽度。

(1) 接通伺服驱动器电源,将给定方式设定为"外部给定"(PA05=0),将速度指令输入增益设置为"300rpm/V"(PA50=300);然后将参数保存至EEPROM中,并断开驱动器电源。

(2) 将正弦波频率发生器的输出电压幅值调至0.1V(频率范围为0~500Hz),预先将频率调至1Hz;把正弦波发生器的输出电压连接至伺服驱动器的速度指令输出端口CN1-14,接地端连接至(CN1-15),同时也将该输出电压接至示波器的通道1;将伺服驱动器的速度监视输出端口SP及G(在控制系统前面板显示器下方)连接至示波器的通道2。

(3) 接通伺服驱动器的电源,确认没有报警或异常情况后,接通伺服ON,这时伺服应以1Hz的频率正(反)转(可从示波器上观察给定的速度和伺服电动机的实际速度之间的差别,两者在相位上接近同相,转速的幅值因计算系数不等而不同)。逐渐升高正弦波发生器的输出频率,并保持其幅值为0.1V,记录电动机转速的幅值及其与给定转速信号的相位差,直至相位差达到$\pi/2$;记录此时的频率,作为速度环的频带宽度。记录相关数据,填入表12-9中。

表 12-9 交流伺服电动机频带宽度

输入信号频率/Hz								
输出信号幅值/V								
相位差/(°)								

5. 测试交流伺服电动机的稳速误差。

(1) 接通伺服驱动器电源,将给定方式设置为"内部给定"(PA05=1),将给定转速设置为3000r/min(额定转速),即PA53=3000,然后保存参数到EEPROM中,断开伺服驱动器电源。

(2) 将伺服电动机与负载联轴器连接起来,接通伺服驱动器电源后,再接通伺服ON,打开监视器模式;选择转矩项(dp_Lrp),按SET键,显示伺服电动机输出转矩百分数;逐渐增加电动机的负载转矩至额定转矩($L=100$,即100%),再转换至显示速度项,读取伺服电动机的实际转速。调整电源的输入电压为110%(即220V),保持负载转矩不变,记录伺服电动机的转速;将主电源输入电压调至85%(即170V),保持负载转矩不变,记录伺服电动机的实际转速。

计算电压变化时伺服电动机的稳速误差Δn:

$$\Delta n = \frac{实际转速-额定转速}{额定转速} \times 100\%$$

将相关数据填入表12-10中。

机床电气自动控制

表 12-10　交流伺服电动机的稳速误差

项　目	110%额定电压(220V)	85%额定电压(170V)
伺服电动机实际转速/r·min^{-1}		
稳速误差/%		

6. 测试位置闭环下伺服电动机的静态刚度。

(1) 接通伺服驱动器电源，将控制方式设置为"位置控制方式"(PA02=0)，然后保存参数到 EEPROM，断开伺服驱动器电源。

(2) 连接伺服电动机输出与负载联轴器。接通伺服驱动器电源后，再接通伺服 ON，这时伺服电动机静止不动，处于定位状态。

(3) 将转矩监视器信号输出 IM 及 G（控制系统前面板显示器下方）接至示波器或外用表电压挡，打开监视器模式，选择位置偏差项（dp_Eps）；按 SET 键，显示出位置偏差值（以脉冲数表示）。用手在联轴器上施加转矩，使转矩达到额定转矩，即 IM 输出到 3V，记录该时刻的位置偏差值 Δps_1；断开伺服 ON 和伺服驱动器电源，将伺服电动机输出轴转动约 120°后，接通伺服驱动器电源和伺服 ON，对转子轴施加额定转矩，记录其位置偏差值 Δps_2；断开伺服 ON 及伺服驱动器电源，转子轴再经过约 120°，重复上述步骤，记录下位置偏差值 Δps_3。静态刚度按下式计算：

$$静态刚度 = \frac{额定转矩(N \cdot m)}{最大位置偏差值(弧度)}$$

将相关数据填入表 12-11 中。

表 12-11　交流伺服电动机的静态刚度

项　目	位置1	位置2	位置3
位置偏差/脉冲数			
静态刚度/N·m/(°)			

7. 位置控制方式运行的测试。

将伺服驱动器与数控系统连接起来，连线如图 12-26 所示。

按表 12-12 和表 12-13 分别对数控系统的轴参数和硬件参数进行设置，修改伺服驱动器的参数设置，PA02=0 为"位置控制方式"。

表 12-12　坐标轴参数

伺服驱动器型号	45	速度环比例系数	0	最大跟踪误差	0～60000
伺服驱动器部件号	0	速度环积分时间常数	0	电动机每转脉冲数	2500
位置环开环增益	0	最大力矩值	0	伺服内部参数0~6	0
位置环前馈系数	0	额定力矩值			

表 12-13　硬件配置参数

参数名	型　号	标　识	地　址	配置0	配置1
部件0	5301	45	0	0010000	0

由数控系统发送控制轴的运转指令，把伺服驱动器置于监视器模式，分别读取电动机转速 (dp_spd) 及位置 (dp-Eps) 偏差。逐渐改变指令速度，记录电动机转速和位置偏差。

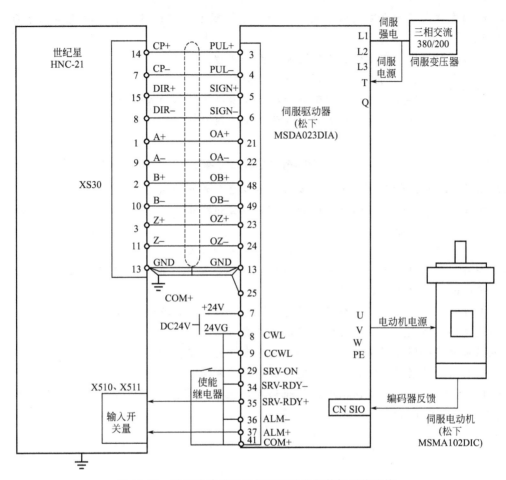

图 12-26 采用脉冲接口的伺服驱动器与数控系统连接

提高伺服驱动器的位置环增益（PA10 参数），观察速度和位置偏差的变化（增益设定越高，定位时间越快，但增益太高，将会发生位置超调）。将相关数据填入表 12-14 和表 12-15 中。

表 12-14 位置环增益 1

进给速度/r·min^{-1}							
位置误差/mm							

表 12-15 位置环增益 2

进给速度/r·min^{-1}							
位置误差/mm							

四、实训报告要求

1. 绘制永磁式同步交流伺服系统电气连接图。
2. 计算伺服系统的稳态精度。
3. 根据速度控制方式的最低转速和额定转速，计算伺服系统的调速比。
4. 根据速度阶跃超调小、稳定时间短的原则，从实验数据中选择一组速度环增益和积分时间常数。

5. 绘制永磁式同步交流伺服系统工作于位置控制方式下伺服电动机转速与位滞后量的关系曲线。
6. 分析永磁式同步交流伺服系统控制框图和原理。
7. 永磁式同步交流伺服系统强弱电如何区分？
8. 说明 MINAS-A 系列交流伺服电动机驱动器投入运转的操作步骤。
9. 如何调整位置环和速度环参数以优化系统响应？

思考题与习题

1. 伺服系统的作用是什么？试比较伺服系统与调速系统的异同。
2. 说明闭环、半闭环和开环伺服系统的组成及各自的特点。
3. 数控机床对进给伺服系统有何要求？
4. 位置比较有哪些方法？与位置检测装置的选择有什么关系？
5. 典型进给伺服系统的传递函数有何特点？在单位位置输入和单位速度输入时，典型进给伺服系统的稳态误差分别是多少？
6. 伺服系统的开环增益、位置精度和调速范围对加工性能各有何影响？
7. 两轴速度误差系数的差异对直线和圆弧加工有何影响？
8. 交流伺服电动机驱动模块为什么需要外接再生放电电阻？
9. 交流伺服系统位置控制环和速度控制环是如何实现的？
10. 如何将 KT220 系列交流伺服电动机驱动模块连接成交流伺服电动机进给控制系统？试简单分析其工作原理。

附录一 常用电气图形符号新旧对照表

名称	新符号	旧符号	名称	新符号	旧符号
直流			导线的连接		
交流			导线的多线连接		
交直流					
接地一般符号			导线的不连接		
无噪声接地（抗干扰接地）			接通的连接片		
保护接地			断开的连接片		
接机壳或接底板			电阻器一般符号	优选形	
等电位			电容器一般符号		
故障			极性电容器		
闪络、击穿			半导体二极管一般符号		
导线间绝缘击穿			光电二极管		
导线对机壳绝缘击穿			电压调整二极管（稳压管）		
			晶体闸流管（阴极侧受控）		
			PNP 型半导体三极管		
导线对地绝缘击穿			NPN 型半导体三极管		

续表

名 称	新 符 号	旧 符 号	名 称	新 符 号	旧 符 号
荧光灯启动器			示波器		
转速继电器		或	热电偶		
压力继电器			电喇叭		
温度继电器	或	或	扬声器		或
液位继电器			受话器		或
火花间隙			电铃		或
避雷器			蜂鸣器		或
熔断器			原电池或蓄电池		或
跌开式熔断器			换向器上的电刷		
熔断器式开关			集电环上的电刷		
熔断器式隔离开关			桥式全波整流器	或	或
熔断器式负荷开关					

附录一 常用电气图形符号新旧对照表

续表

名　称	新符号	旧符号	名　称	新符号	旧符号
动合(常开)触点		或	位置开关的动合触点	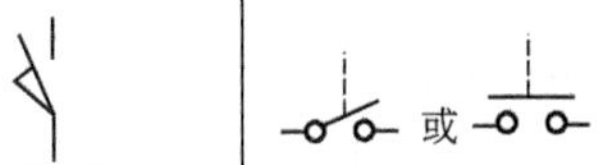	或
动断(常闭)触点	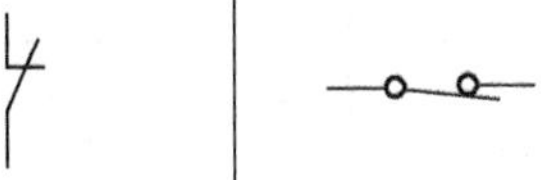		位置开关的动断触点	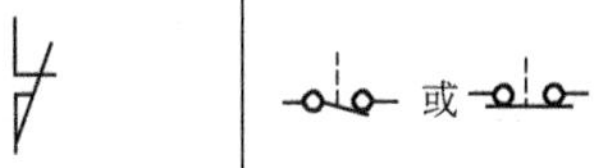	或
先断后合的转换触点			热继电器的触点	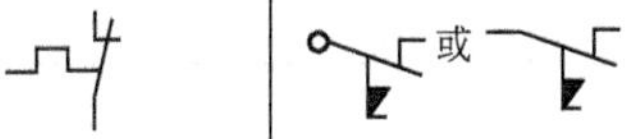	或
先合后断的转换触点	或		接触器的动合触点		
中间断开的双向触点			接触器的动断触点		
延时闭合的动合触点		或	三极开关	或	或
延时断开的动合触点		或	三极高压断路器		
延时闭合的动断触点		或	三极高压隔离开关		
延时断开的动断触点		或	三极高压负荷开关		
延时闭合和延时断开的动合触点		或	继电器线圈	或	
延时闭合和延时断开的动断触点		或	热继电器的驱动器件		
带动合触点的按钮			灯		照明灯 信号灯
带动断触点的按钮	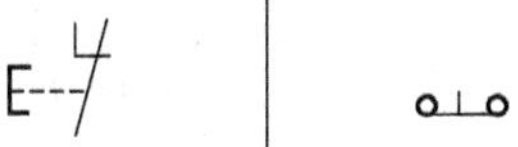				
带动合和动断触点的按钮	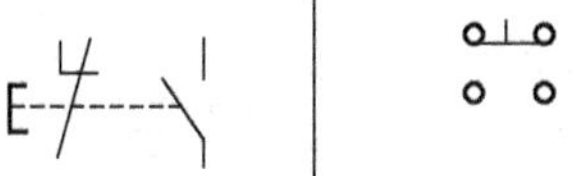		电抗器	或	

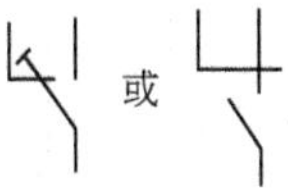

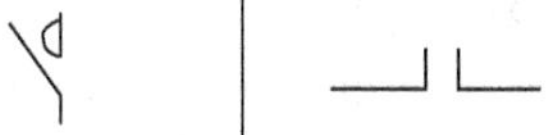

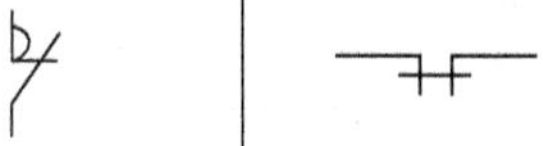

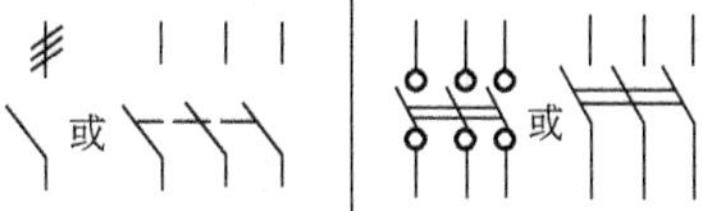

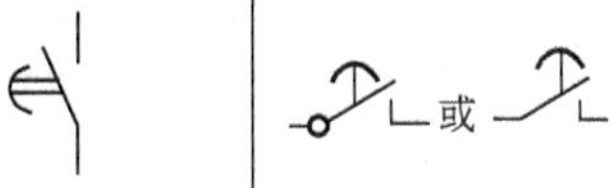

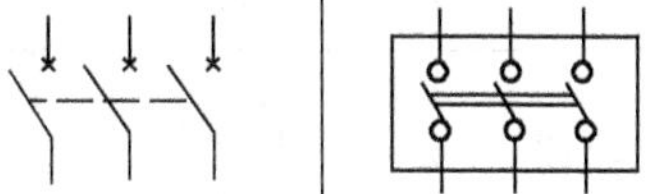

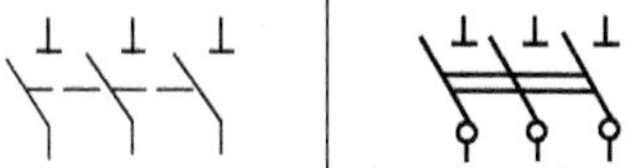

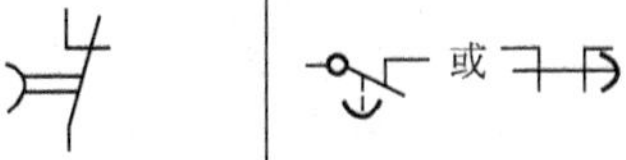

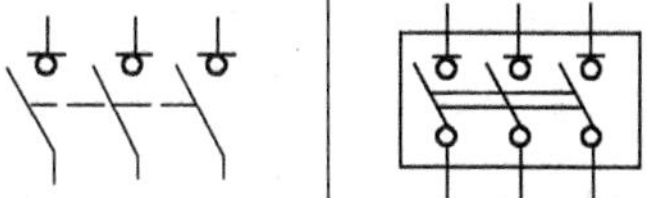

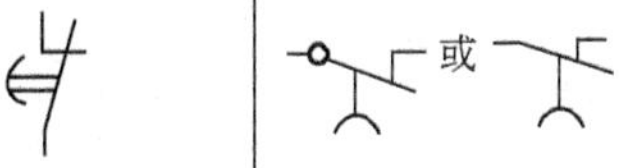

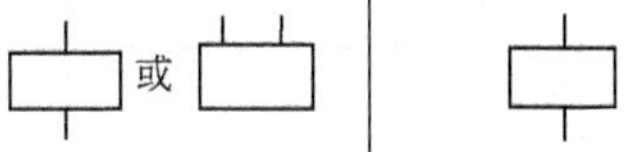

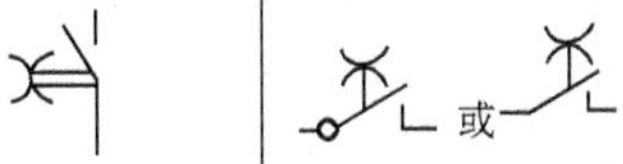

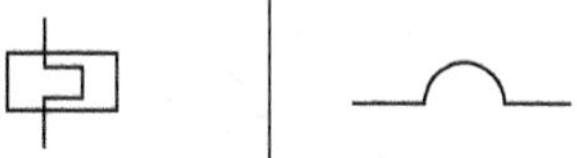

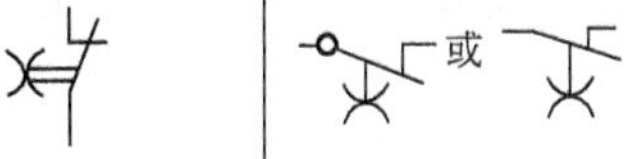

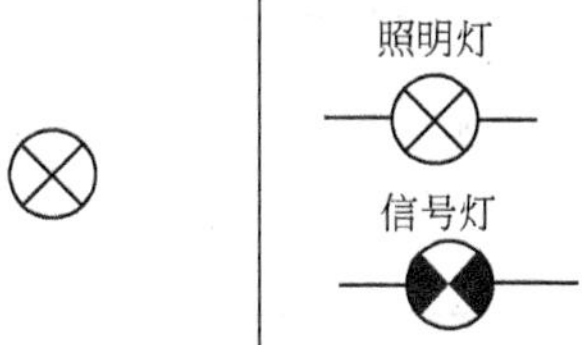

289

续表

名 称	新符号	旧符号	名 称	新符号	旧符号
换向绕组			串励直流电动机		
补偿绕组			他励直流电动机		
串励绕组					
并励或他励绕组		或	并励直流电动机		
发电机	G	F			
直流发电机	G―	F―	复励直流电动机		
交流发电机	G∼	F∼	铁芯带间隙的铁芯		
电动机	M	D	单机变压器		
直流电动机	M―	D―			
交流电动机	M∼	D∼	有中心抽头的单相变压器		
直线电动机	M				
步进电动机	M		三相变压器有中性点引出线的星形-星形连接		
手摇发电机	G				
三相笼型异步电动机	M 3∼		三相变压器有中性点引出线的星形-三角形连接		
三相绕线转子异步电动机	M 3∼		电流互感器脉冲变压器	或	或

附录二 常用基本文字符号新旧对照表

名称	新符号 单字母	新符号 双字母	旧符号	名称	新符号 单字母	新符号 双字母	旧符号	名称	新符号 单字母	新符号 双字母	旧符号
发电机	G		F	刀开关	Q	QK	DK	照明灯	E	EL	ZD
直流发电机	G	GD	ZF	控制开关	S	SA	KK	指示灯	H	HL	SD
交流发电机	G	GA	JF	行程开关	S	ST	CK	蓄电池	G	GB	XDC
同步发电机	G	GS	TF	限位开关	S	SL	XK	光电池	B		GDC
异步发电机	G	GA	YF	终点开关	S	SE	ZDK	晶体管	V		BG
永磁发电机	G	GM	YCF	微动开关	S	SS	WK	电子管	V	VE	G
水轮发电机	G	GH	SLF	脚踏开关	S	SF	TK	调节器	A		T
汽轮发电机	G	GT	QLF	按钮开关	S	SB	AN	放大器	A		FD
励磁机	G	GE	L	接近开关	S	SP	JK	晶体管放大器	A	AD	BF
电动机	M		D	继电器	K		J	电子管放大器	A	AV	GF
直流电动机	M	MD	ZD	电压继电器	K	KV	YJ	磁放大器	A	AM	CF
交流电动机	M	MA	JD	电流继电器	K	KA	LJ	变换器	B		BH
同步电动机	M	MS	TD	时间继电器	K	KT	SJ	压力变换器	B	BP	YB
异步电动机	M	MA	YD	频率继电器	K	KF	PJ	位置变换器	B	BQ	WZB
笼型电动机	M	MC	LD	压力继电器	K	KP	YLJ	温度变换器	B	BT	WDB
绕组	W		Q	控制继电器	K	KC	KJ	速度变换器	B	BV	SDB
电枢绕组	W	WA	SQ	信号继电器	K	KS	XJ	自整角机	B		ZZJ
定子绕组	W	WS	DQ	接地继电器	K	KE	JDJ	测速发电机	B	BR	CSF
转子绕组	W	WR	ZQ	接触器	K	KM	C	送话器	B		S
励磁绕组	W	WE	LQ	电磁铁	Y	YA	DT	受话器	B		SH
控制绕组	W	WC	KQ	制动电磁铁	Y	YB	ZDT	拾声器	B		SS
变压器	T		B	牵引电磁铁	Y	YT	QYT	扬声器	B		Y
电力变压器	T	TM	LB	起重电磁铁	Y	YL	QZT	耳机	B		EJ
控制变压器	T	TC	KB	电磁离合器	Y	YC	CLH	天线	W		TX
升压变压器	T	TU	SB	电阻器	R		R	接线柱	X		JX
降压变压器	T	TD	JB	变阻器	R		R	连接片	X	XB	LP
自耦变压器	T	TA	OB	电位器	R	RP	W	插头	X	XP	CT
整流变压器	T	TR	ZB	启动电阻器	R	RS	QR	插座	X	XS	CZ
电炉变压器	T	TF	LB	制动电阻器	R	RR	ZDR	测量仪表	P		CB
稳压器	T	TS	WY	频敏电阻器	R	RF	PR	高	H	G	G
互感器	T		H	附加电阻器	R	RA	FR	低	L	D	D
电流互感器	T	TA	LH	电容器	C		C	升	U	S	S
电压互感器	T	TV	YH	电感器	L		L	降	D	J	J
整流器	U		ZL	电抗器	L	LS	DK	主	M	Z	Z
变流器	U		BL	启动电抗器	L		QK	辅	AUX	F	F
逆变器	U		NB	感应线圈	L		GQ	中	M	Z	Z
变频器	U		BP	电线	W		DX	正	FW	Z	Z
断路器	Q	QF	DL	电缆	W		DL	反	R	F	F
隔离开关	Q	QS	GK	母线	W		M	红	RD	H	H
自动开关	Q	QA	ZK	避雷器	F		BL	绿	GN	L	L
转换开关	Q	QC	HK	熔断器	F	FU	RD	黄	YE	U	U

附录三　常用辅助文字符号的新旧对照表

名　称	新符号	旧符号		名　称	新符号	旧符号	
		单组合	多组合			单组合	多组合
白	WH	B	B	附加	ADD	F	F
蓝	BL	A	A	异步	ASY	Y	Y
直流	DC	ZL	Z	同步	SYN	T	T
交流	AC	JL	J	自动	A,AUT	Z	Z
电压	V	YL	Y	手动	M,MAN	S	S
电流	A	L	L	启动	ST	Q	Q
时间	T	S	S	停止	STP	T	T
闭合	ON	BH	B	控制	C	K	K
断开	OFF	DK	D	信号	S	X	X

附录四 C 系列 P 型可编程控制器指令表

指令	符号	助记符	数据	数据内容
装入	─┤ ├─	LD	点号	
装入非	─┤/├─	LD NOT	点号	
与	─┤ ├─	AND	点号	□
与非	─┤/├─	AND NOT	点号	0000～1907
或	─┤ ├─	OR	点号	HR 000～915 TIM/CNT 00～47
或非	─┤/├─	OR NOT	点号	TR 0～7(LD)
与装入		AND LD		
或装入		OR LD		
输出	─○─	OUT	点号	□
				0500～1807
输出非	─⌀─	OUT NOT	点号	HR 000～915 TR 0～7(OUT)
计时器	─(TIM)	TIM	计时号 设定值	计时号 计数号 TIM/CNT 00～46 设定值 ♯0000～9999
计数器	CP─┤CNT├ R─┘	CNT	计数号 设定值	外部设置 00～17 HR CH 0～9

功能码	指令	符号	助记符	数据	功能	数据内容
00	空操作		NOR(FUN00)			
01	END	─[END]	END(FUN01)		结束程序	
02	IL	─[IL]	IL(FUN02)		根据这条指令之前的直接结果,可使这条指令与ILC间所有继电器线圈全部复位或被执行	
03	ILC	─[ILC]	ILC(FUN03)		清除 IL	
04	JMP	─[JMP]	JMP(FUN04)		根据这条指令之前的直接结果可使这条指令与JME间所有程序内容被忽略或者被执行	JMP与JME可以成对使用8次
05	JME	─[JME]	JME(FUN05)		清除 JMP	

续表

功能码	指令	符号	助记符	数据	功 能	数据内容
10	SFT	IN/CP/R SFT	SFT(FUN10)	开始 CH 号 结束 CH 号	位移寄存器操作 15 0 15 0 End CH │ Start CH ←IN	CH NO. 05~17 HR CH 0~9 • 开始 CH≤结束 CH • 开始结束通道必须在相同继电器区
11	KEEP	S KEEP R	KEEP(FUN11)	点号	锁存寄存器操作	点号 0500~1807 HR 000~915
12	CNTR	ACP/SCP/R CNTR	CNTR(FUN12)	计数号 设置值	UP-DOWN(可逆)计数操作 设置值:0~9999 计数次	CNT 00~48 计数号 ♯0000~9999 设置值 外部设置 00~17 HR CH 0~9
13	DIFD	DIFU	DIFU(FUN13)	点号	输入信号前沿使后面的指令操作一次扫描时间	点号 0500~1807 HR 000~915 Up~48 DIFUs and DIFDs can be usad.
14	DIFD	DIFD	DIFD(FUN14)	点号	输入信号后沿使后面的指令操作一次扫描时间	
15	JIMH	JIMH	JIMH(FUN15)	计时号 设置值	高速定时器操作 设定值:0.01~99.99s	TIM 00~46 计时号 ♯0002~9999 设置值 外部设置 00~17 HR CH 0~9
16	WSFT	WSFT	WSFT(FUN16)	D1 D2	以通道为单位移位数据 数据"0"→ D1 D2	D1 D2 05~17 HR CH 0~9 DM CH 00~31 • 开始 CH≤结束 CH • 开始结束通道必须在相同继电器区
20	CMP	CMP	CMP(FUN20)	S1 S2	把一个通道数据或一个四位数常数与另一个通道的数据进行比较	S S1 S2 00~19 HR CH 0~9 TIM/CNT 00~47 DM CH 00~63 ♯0000~FFFF S1 和 S2 不能都是常数
21	MOV	MOV	MOV(FUN21)	S D	把一个通道数据或一个四位常数传送到一个指定通道	D 05~17 HR CH 0~9 DM CH 00~31
22	MVN	MVN	MVN(FUN22)	S D	把通道数据或一个四位常数取反后传送到一个指定通道	

续表

功能码	指令	符号	助记符	数据	功　能	数据内容
23	BIN	BIN	BIN(FUN23)	S D	将BCD码数据转换为二进制数据	S 00~17 HR CH 0~9 TIM/CNT 00~47 DM CH 00~53 • TIM/CNT(BIN) D 05~17 HR CH 0~9 DM CH 00~31
24	BCD	BCD	BCD(FUN24)	S D	将二进制数据转换为BCD码数据	
30	ADD	ADD	ADD(FUN30)	S1 S2 D	执行一个通道数据或一个四位常数与另一个通道数据的BCD码加法	S1　S2 00~17 HR CH 0~9 TIM/CNT 00~47 DM CH 00~63 ♯0000~9999 S1和S2不能都是常数 D 05~17 HR CH 0~9 DM CH 00~31
31	SUB	SUB	SUB(FUN31)	S1 S2 D	执行一个通道数据或一个四位常数与另一个通道数据的BCD码减法	
40	STC	STC	STC(FUN40)		将进位标志(CY)置1	
41	CLC	CLC	CLC(FUN41)		将进位标志(CY)置0	
76	MLPX	MLPX	MLPX(FUN76)	S 指定数字 D	将一个数字(4bit)数据译码为一个通道(16bit)数据 　　　　3　0 S □□□□ 0~F D □□□□	S 00~17 HR CH 0~9 TIM/CNT 00~47 DM CH 00~63 D 05~17 HR CH 0~9 DM CH 00~31 指定数字
77	DMPX	DMPX	DMPX(FUN77)	S D 指定数字	将一个通道(16bit)数据转换为一数字(4bit)数据 　15　　　　0 S MSB　LSB D □□□□ 0~F 　　　　3　0	00~17 HR CH 0~9 TIM/CNT 00~47 DM CH 00~63 ♯0000~0033
98	FUN98 (High-speed counter)	FUN 98	FUN98	D	高速计数操作可用软件、硬件复位	D 05~17 HR CH 0~9 DM CH 00~31

参 考 文 献

[1] 武惠芳主编. 电机与电力拖动. 北京：清华大学出版社，2005.
[2] 刘建清主编. 从零开始学电动机控制与维修技术. 北京：国防工业出版社，2007.
[3] 赵承荻主编. 电机与电气控制技术. 北京：高等教育出版社，2007.
[4] 金仁贵主编. 电机与电气控制. 合肥：安徽科学技术出版社，2008.
[5] 何利民，尹全英编著. 电气制图与读图. 北京：机械工业出版社，2003.
[6] 朱献清，郑静编著. 电气制图. 北京：机械工业出版社，2009.
[7] 曹祥主编. 机床电气控制技术. 北京：国防工业出版社，2009.
[8] 刘玉敏主编. 机床电气线路原理及故障处理. 北京：机械工业出版社，2005.
[9] 陶维利主编. 机床电气与 PLC. 西安：西安电子科技大学出版社，2006.
[10] 戴一平主编. 可编程控制器技术及应用. 北京：机械工业出版社，2004.
[11] 汪志峰主编. 可编程控制器原理与应用. 西安：西安电子科技大学出版社，2004.
[12] 温希东主编. 自动控制原理及其应用. 西安：西安电子科技大学出版社，2004.
[13] 袁燕主编. 电力电子技术. 北京：中国电力出版社，2009.
[14] 丁荣军主编. 现代变流技术与电气传动. 北京：科学出版社，2009.
[15] 田林红主编. 数控技术. 郑州：郑州大学出版社，2008.